AF499204

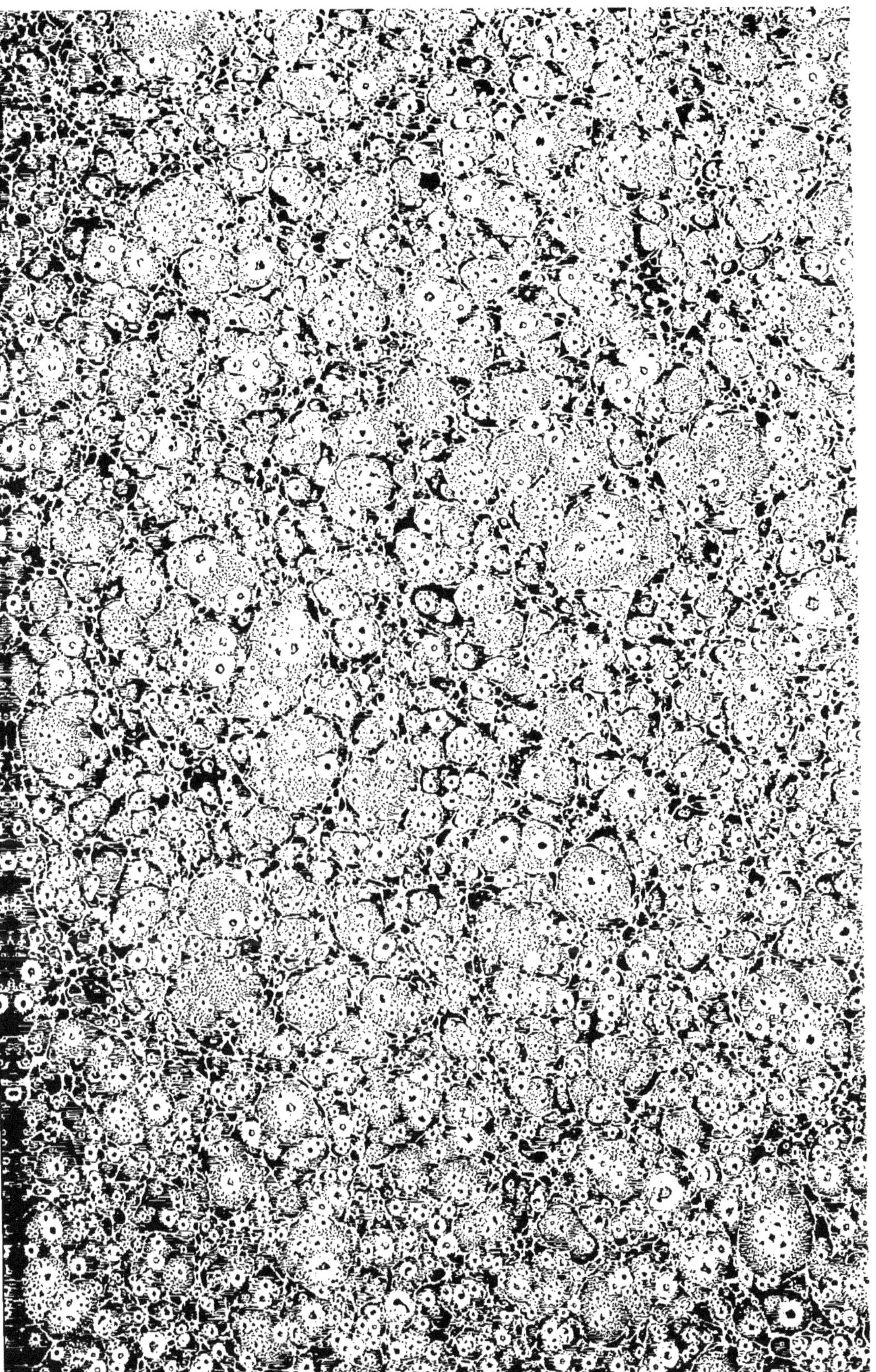

ARITHMÉTIQUE

DE

BEZOUT.

ARITHMÉTIQUE DE BEZOUT,

A L'USAGE DE LA MARINE ET DE L'ARTILLERIE.

Cette Arithmétique est suivie des Principes fondamentaux de l'Arithmétique, de toutes les Règles nécessaires au Commerce et à la Banque, et d'un Traité succinct des nouveaux poids et mesures,

PAR F. PEYRARD,

TRADUCTEUR D'EUCLIDE ET D'ARCHIMÈDE.

HUITIÈME ÉDITION,

FAISANT LA PREMIÈRE PARTIE DU COURS DE MATHÉMATIQUES EN QUATRE VOLUMES, PAR LES MÊMES AUTEURS.

L'Arithmétique de Bezout fait partie des livres élémentaires adoptés par l'Université royale.

A PARIS,

Chez C.-F. PATRIS, Imprimeur-Libraire, rue de la Colombe en la Cité, n° 4.

Et chez TARDIEU-DENESLE, Libraire, quai des Augustins, n° 37.

M. PATRIS, seul propriétaire du BEZOUT-PEYRARD, et qui a rempli toutes les formalités voulues par la loi,

Déclare qu'il poursuivra avec toute rigueur les nombreux et déhontés contrefacteurs de cet ouvrage, ainsi que les recèleurs et débitants de contrefaçons.

Tous les exemplaires qui ne seraient pas revêtus de cette signature, seraient des exemplaires contrefaits.

PRÉFACE.

Dans ces nouveaux Éléments d'arithmétique, j'ai fait tous mes efforts pour donner aux démonstrations de chaque proposition toute la rigueur possible.

Pour rendre les démonstrations plus faciles, et en même temps pour les rendre générales, je me suis souvent servi des caractères de l'alphabet. Euclide, pour arriver au même but, représente les nombres par des lignes, dans ses livres d'arithmétique.

Cette manière de démontrer accoutume les élèves à généraliser leurs idées, et à lire, pour ainsi dire, dans la formule d'une proposition démontrée, les démonstrations d'une foule d'autres propositions.

Dans toutes nos arithmétiques, on suppose sans démonstration, ou bien l'on démontre d'une manière défectueuse que le produit de tant de facteurs que l'on voudra est toujours le même, quel que soit le facteur que l'on prène pour multiplicande, quel que soit celui des facteurs restants que l'on prène pour premier multiplicateur, quel que soit celui des autres facteurs restants que l'on prène pour second multiplicateur, etc.; que les racines carrées, les racines cubiques des nombres entiers qui ne sont pas les carrés, les cubes, etc. des nombres 1, 2, 3, etc., sont incommensurables ou irrationnelles (17).

Cependant, faute d'une démonstration rigoureuse de

la première proposition, il était impossible de démontrer la règle de la réduction des fractions au même dénominateur; et, faute de la démonstration de la seconde, on n'était pas en droit d'affirmer que la racine carrée, la racine cubique, etc. de deux, par exemple, était irrationnelle.

J'ai démontré rigoureusement ces deux propositions.

Mais un des plus grands vices de nos arithmétiques et de nos géométries, celle de M. Legendre exceptée, est la manie de vouloir démontrer directement ce qui, par sa nature, ne peut être démontré que par l'absurde.

Pour en citer ici un exemple, la seconde partie de la démonstration de la règle pour trouver le plus grand commun diviseur de deux nombres, est inintelligible dans toutes nos arithmétiques, et rien n'est plus clair que cette démonstration en faisant usage de l'absurde. (*Voyez* Euclide, liv. 7, prop. 3, et mon Arithmétique, n° 60.)

J'ai exposé une théorie de l'extraction des racines et une théorie des logarithmes entièrement nouvelle.

Mes Éléments d'arithmétique sont terminés par les règles d'intérêt simple et composé dans tous leurs développements; par le calcul des annuités, la règle conjointe et la règle de société; et par un traité succinct des nouvelles mesures.

TABLE.

DÉFINITION

ET

AXIOMES ADDITIONNELS.

23* La puissance 4ᵉ d'un nombre est le produit de ce nombre par son cube, etc.

25*. La racine 4ᵉ d'un nombre est le nombre dont la quatrième puissance est égale au nombre proposé, etc.

27*. Si à des nombres inégaux, on ajoute des nombres égaux, les sommes sont inégales.

27**. Si de nombres inégaux on retranche des nombres égaux, les restes sont inégaux.

29*. Si l'on multiplie deux nombres inégaux par le même nombre, les produits sont inégaux.

29**. Si l'on divise des nombres inégaux par le même nombre, les quotients sont inégaux.

31*. Si deux nombres sont égaux, leurs quatrièmes puissances sont égales, etc.

33*. Si deux nombres sont égaux, leurs racines quatrièmes sont égales, etc.

36*. Deux nombres qui sont égaux à un troisième, sont égaux entre eux.

ÉLÉMENTS

D'ARITHMÉTIQUE.

Notions préliminaires sur la nature et les différentes espèces de Nombres.

1. On appèle, en général, *quantité*, tout ce qui est susceptible d'augmentation et de diminution. L'étendue, la durée, le poids, etc, sont des quantités. Tout ce qui est quantité est de l'objet des Mathématiques; mais l'Arithmétique, qui fait partie de ces sciences, ne considère les qualités qu'en tant qu'elles sont exprimées en nombres.

2. L'Arithmétique est donc la science des nombres : elle en considère la nature et les propriétés; et son but est de donner des moyens aisés, tant pour représenter les nombres que pour les composer et les décomposer; ce qu'on appèle *calculer*.

3, Pour se former une idée exacte des nombres, il faut d'abord savoir ce qu'on entend par *unité*.

4. L'unité est une quantité que l'on prend (le plus souvent arbitrairement) pour servir de terme de comparaison à toutes les quantités d'une même espèce : ainsi lorsqu'on dit, un tel corps pèse *cinq* livres, la livre est l'unité, c'est la quantité à laquelle on compare le poids de ce corps; on aurait pu également prendre l'once pour unité, et alors le poids de ce corps eût été marqué par quatre-vingt.

5. Le nombre exprime de combien d'unités ou de parties d'unité une quantité est composée.

Si la quantité est composée d'unités entières, le nombre qui l'exprime s'appèle *nombre entier;* et si elle est composée d'unités entières et de parties de l'unité, ou simplement de parties de l'unité, alors le nombre est dit *fractionnaire* ou *fraction : trois et demi* font un nombre fractionnaire, *trois quarts* est une fraction.

6. Un nombre qu'on énonce sans désigner l'espèce des unités, comme quand on dit simplement *trois* ou *trois fois*, *quatre* ou *quatre fois*, s'appèle un *nombre abstrait;* et lorsqu'on énonce en même temps l'espèce des unités, comme quand on dit *quatre livres*, *cent tonneaux*, on l'appèle *nombre concret.*

Nous définirons les autres espèces de nombres à mesure qu'il en sera question.

De la Numération et des Décimales.

7. La numération est l'art d'exprimer tous les nombres par une quantité limitée de noms et de caractères : ces caractères s'appèlent *chiffres*.

Nous nous dispenserons de donner ici les noms des nombres; c'est une connaissance familière à tout le monde.

Quant à la manière de représenter les nombres par des chiffres, plusieurs raisons nous engagent à en exposer les principes.

8. Les caractères dont on fait usage dans la numération actuelle, et les noms des nombres qu'ils représentent, sont tels qu'on les voit ici :

zéro,	un,	deux,	trois,	quatre,	cinq,	six,	sept,	huit,	neuf.
0	1	2	3	4	5	6	7	8	9

Pour exprimer tous les autres nombres avec ces caractères, on est convenu que de dix unités on en ferait une seule à laquelle on donnerait le nom de *dixaine*, et que l'on compterait par dixaines comme on compte par unités, c'est-à-dire que l'on compterait deux dixaines, trois dixaines, etc. jusqu'à 9 : que pour représenter ces nouvelles unités on emploierait les mêmes chiffres que pour les unités simples, mais qu'on les en distinguerait par la place qu'on leur ferait occuper, en les mettant à la gauche des unités simples.

Ainsi, pour représenter *cinquante-quatre*, qui renferment cinq dixaines et quatre unités, on est convenu d'écrire 54. Pour représenter *soixante*, qui contiènent un nombre exact de dixaines et point d'unités, on écrit 60, en mettant un zéro, qui marque qu'il n'y a point d'unités simples, et détermine le chiffre 6 à marquer un nombre de dixaines. On peut, par ce moyen, compter jusqu'à *quatre-vingt-dix-neuf* inclusivement.

9. Remarquons, en passant, cette propriété de la numération actuelle; savoir, qu'un chiffre placé à la gauche d'un autre, ou suivi d'un zéro, représente un nombre dix fois plus grand que s'il était seul.

10. Depuis 99 on peut compter jusqu'à *neuf cent quatre-vingt-dix-neuf*, par une convention semblable. De dix dixaines, on composera une seule unité qu'on nommera *centaine*, parce que dix fois dix font cent; on comptera ces centaines depuis un jusqu'à neuf, et on les représentera par les mêmes chiffres, mais en plaçant ces chiffres à la gauche des dixaines.

Ainsi pour marquer *huit cent cinquante-neuf*, qui contiènent huit centaines, cinq dixaines, et neuf unités, on écrira 859. Si l'on avait *huit cent neuf*, qui contiènent huit centaines, point de dixaines, et neuf unités, on écrirait 809; c'est-à-dire que l'on mettrait un zéro pour tenir la place des dixaines qui manquent. Si les unités manquaient aussi, on mettrait deux zéros : ainsi pour marquer *huit cents*, on écrirait 800.

11. Remarquons encore, qu'en vertu de cette convention, un chiffre suivi de deux autres, ou de deux zéros, marque un nombre cent fois plus grand que s'il était seul.

12. Depuis *neuf cent quatre-vingt-dix-neuf*, on peut compter, par le même artifice, jusqu'à *neuf mille neuf cent quatre-vingt-dix-neuf,* en formant de dix centaines une unité qu'on appèle *mille*, parce que dix fois cent font mille, comptant ces unités comme ci-devant, et les représentant par les mêmes chiffres placés à la gauche des centaines,

Ainsi, pour marquer *sept mille huit cent cinquante-neuf*, on écrira 7859; pour marquer *sept mille neuf*, on écrira 7009, et pour *sept mille*, on écrira 7000, où l'on voit qu'un chiffre suivi de trois autres, ou de trois zéros, marque un nombre mille fois plus grand que s'il était seul.

13. En continuant ainsi de renfermer dix unités d'un certain ordre, dans une seule unité, et de placer ces nouvelles unités dans des rangs de plus en plus avancés vers la gauche, on parvient à exprimer d'une manière uniforme, et avec dix caractères seulement, tous les nombres entiers imaginables.

14. Pour énoncer facilement un nombre exprimé par tant de chiffres qu'on voudra, on les partagera, par la pensée, en tranches de trois chiffres chacune, en allant de droite à gauche : on donnera à chaque tranche les noms suivants, en partant de la droite, *unités*, *mille*, *millions*, *billions*, *trillions*, *quatrillions*, *quintillions*, *sextillions*, *etc.* Le premier chiffre de chaque tranche (en partant toujours de la droite) aura le nom de la tranche, le second celui de dixaines, et le troisième celui de centaines.

Ainsi, en partant de la gauche, on énoncera chaque tranche comme si elle était seule, et l'on prononcera à la fin de chacune le nom de cette même tranche : par exemple, pour énoncer le nombre suivant :

quatrillions,	trillions,	billions,	millions,	mille,	unités.
23,	456,	789,	234,	565,	456.

On dira vingt-trois *quatrillons*, quatre cent cinquante-six *trillions*, sept cent quatre-vingt-neuf *billions*, deux cent trente-quatre *millions*, cinq cent soixante-cinq *mille*, quatre cent cinquante-six *unités*.

15. De la numération que nous venons d'exposer, et qui est purement de convention, il résulte qu'à mesure qu'on avance de droite à gauche, les unités dont chaque nombre est composé, sont de dix en dix fois plus grandes; et que par conséquent pour rendre un nombre dix fois, cent fois, mille fois plus grand, il suffit de

mettre à la suite du chiffre de ses unités, un, deux, trois, etc. zéros : au contraire, à mesure qu'on rétrograde de gauche à droite, les unités sont de dix en dix fois plus petites.

16. Telle est la numération actuelle : elle est la base de toutes les autres manières de compter, quoique dans plusieurs arts on ne s'assujétisse pas toujours à compter uniquement par dixaines, par dixaines de dixaines, etc.

17. Pour évaluer les quantités plus petites que l'unité qu'on a choisie, on partage celle-ci en d'autres unités plus petites. Le nombre en est indifférent en lui-même, pourvu qu'on puisse mesurer les quantités qu'on a dessein de mesurer; mais ce qu'on doit avoir principalement en vue dans ces sortes de divisions, c'est de rendre les calculs le plus commodes qu'il sera possible; c'est par cette raison qu'au lieu de partager d'abord l'unité en un grand nombre de parties, afin de pouvoir évaluer les plus petites, on ne la partage d'abord qu'en certain nombre de parties, et qu'on subdivise celles-ci en d'autres, et ces nouvelles encore en d'autres plus petites. C'est ainsi que dans les monnaies on partage la livre en 20 parties qu'on appèle *sous*; le sou en 12 parties qu'on appèle *deniers*. De même dans les mesures de poids, on partage la livre en 2 *marcs*, le marc en 8 *onces*, l'once en 8 *gros*, etc. en sorte que dans le premier cas on compte par vingtaines et par douzaines; dans le second, par deuxaines et par huitaines, etc.

18. Un nombre qui est composé de parties rapportées ainsi à différentes unités, est ce qu'on appèle un nombre *complexe*; et par opposition, celui qui ne renferme qu'une seule espèce d'unités, s'appelle *nombre incomplexe*. 8#, ou 8 livres sont un nombre incomplexe. 8# 17s 8d ou 8 livres 17 sols 8 deniers, sont un nombre complexe.

19. Chaque art subdivise à sa manière l'unité principale qu'il s'est choisie. Les subdivisions de la toise sont différentes de celles de la livre; celles de la livre, différentes de celles du jour, de l'heure; celles-ci différentes de celles du marc; et ainsi de suite: nous les ferons connaître lorsque nous traiterons des nombres complexes.

20. Mais de toutes les divisions et subdivisions qu'on peut faire de l'unité, celle qui se fait par décimales, c'est-à-dire, en partageant l'unité en parties de dix en dix fois plus petites, est incontestablement la plus commode dans les calculs. Elle est fort en usage dans la pratique des Mathématiques; la formation et le calcul des décimales sont absolument les mêmes que pour les nombres ordinaires ou entiers : nous allons les faire connaître.

21. Pour évaluer en décimales les parties plus petites que l'unité, on conçoit que cette unité, quelle qu'elle soit, livre, toise, etc. est composée de dix parties, comme on imagine la dixaine composée de dix unités simples, ou comme on imagine la livre composée de 20 sous. Ces nouvelles unités, par opposition aux dixaines,

sont nommées *dixièmes;* on les représente par les mêmes chiffres que les unités simples, et comme elles sont dix fois plus petites que celles-ci, on les place à la droite du chiffre qui représente les unités simples.

Mais pour prévenir l'équivoque, et ne point donner lieu de prendre ces dixièmes pour des unités simples, on est convenu en même temps de fixer, une fois pour toutes, la place des unités par une marque particulière : celle qui est le plus en usage, est une virgule que l'on met à la droite du chiffre qui représente les unités, ou ce qui est la même chose, entre les unités et les *dixièmes;* ainsi pour marquer *vingt-quatre unités* et *trois dixièmes*, on écrira 24,3.

22. On peut, de même, regarder actuellement les *dixièmes* comme des unités qui ont été formées de dix autres, chacune dix fois plus petites que les *dixièmes*, et par la même raison d'analogie, les placer à la droite des *dixièmes.* Ces nouvelles unités, dix fois plus petites que les *dixièmes*, seront cent fois plus petites que les unités principales, et pour cette raison seront nommées *centièmes.* Ainsi pour marquer *vingt-quatre unités, trois dixièmes* et *cinq centièmes*, on écrira 24,35.

23. Concevons pareillement les *centièmes* comme formés de dix parties; ces parties seront mille fois plus petites que l'unité principale, et pour cette raison seront nommées *millièmes;* et, comme dix fois plus petites que les *centièmes*, on les placera à la droite de celles-ci. En continuant de subdiviser ainsi de dix en dix, on formera de nouvelles unités qu'on nommera successivement des *dix-millièmes*, *cent-millièmes*, *millioniémes*, *dix-millioniémes*, *cent-millioniémes*, *billioniémes*, etc. et qu'on placera dans des rangs de plus en plus reculés sur la droite de la virgule.

24. Les parties de l'unité que nous venons de décrire, sont ce que l'on appèle *décimales.*

25. Quant à la manière de les énoncer, elle est la même que pour les autres nombres. Après avoir énoncé les chiffres qui sont à la gauche de la virgule, on énonce les décimales de la même manière; mais on ajoute à la fin le nom des unités décimales de la dernière espèce : ainsi pour énoncer ce nombre 34,572, on dirait trente-quatre unités et cinq cent soixante et douze *millièmes;* si c'étaient des toises, par exemple, on dirait trente-quatre toises et cinq cent soixante et douze *millièmes* de toise.

La raison en est facile à apercevoir, si l'on fait attention que dans le nombre de 34,572, le chiffre 5 peut indifféremment être rendu, ou par cinq *dixièmes*, ou par cinq cent *millièmes*, puisque le *dixième* (21) valant dix *centièmes*, et le *centième* (22) valant dix *millièmes*, le *dixième* contiendra dix fois dix *millièmes*, ou cent *millièmes;* ainsi les cinq dixièmes valent cinq cents *millièmes.* Par une raison semblable, le chiffre 7 pourra s'énoncer en disant soixante et dix *millièmes*, puisque (23) chaque *centième* vaut dix *millièmes.*

26. A l'égard de l'espèce des unités du dernier chiffre, on la trouvera toujours facilement en comptant successivement de gauche à droite sur chaque chiffre depuis la virgule, les noms suivants : *dixièmes*, *centièmes*, *millièmes*, *dix-millièmes*, etc.

27. Si l'on n'avait point d'unités entières, mais seulement des parties de l'unité, on mettrait un zéro pour tenir la place des unités ; ainsi, pour marquer cent vingt-cinq *millièmes*, on écrirait 0,125. Si l'on voulait marquer 25 *millièmes*, on écrirait 0,025, en mettant un zéro entre la virgule et les autres chiffres, tant pour marquer qu'il n'y a point de *dixièmes*, que pour donner aux parties suivantes leur véritable valeur. Par la même raison, pour marquer six *dix-milliemes*, on écrirait 0,0006.

28. Examinons maintenant les changements qu'on peut faire naître dans un nombre, par le déplacement de la virgule.

Puisque la virgule détermine la place des unités, et que tous les autres chiffres ont des valeurs dépendantes de leurs distances à cette même virgule, si l'on avance la virgule d'une, deux, trois, etc. places sur la gauche; on rend le nombre 10, 100, 1000, etc. fois plus petit; et au contraire, on le rend 10, 100, 1000, etc. fois plus grand, si l'on recule la virgule d'une, deux, trois, etc. places sur la droite.

En effet, si l'on a 4327,5264, et qu'en avançant la virgule d'une place sur la gauche, on écrive 432,75264, il est visible que les mille du premier nombre sont des centaines dans le nouveau ; les centaines sont des dixaines ; les dixaines, des unités ; les unités, des dixièmes ; les dixièmes, des centièmes ; et ainsi de suite. Donc chaque partie du premier nombre est devenue dix fois plus petite par ce déplacement Si au contraire, en reculant la virgule d'une place sur la droite, on eût écrit 43275,264, les mille du premier nombre se trouveraient changés en dixaines de mille, les centaines en mille, les dixaines en centaines, les unités en dixaines, les dixièmes en unités, et ainsi de suite. Donc le nouveau nombre est dix fois plus grand que le premier.

29. Un raisonnement semblable fait voir qu'en avançant sur la gauche, de deux ou de trois places, on rendrait le nombre cent ou mille fois plus petit, et au contraire, cent ou mille fois plus grand, en reculant la virgule de deux ou de trois places sur la droite.

30. La dernière observation que nous ferons sur les décimales, est qu'on n'en change point la valeur en mettant à la suite du dernier chiffre décimal tel nombre de zéros qu'on voudra. Ainsi 43,25 est la même chose que 43,250, ou que 43,2500, ou que 43,25000, etc.

Car chaque *centième* valant dix *millièmes* ou cent *dix-millièmes*, etc. les vingt-cinq *centièmes* vaudront deux cent cinquante *millièmes* ou deux mille cinq cents *dix-millièmes*, etc. En un mot, c'est la même chose que lorsqu'au lieu de dire 25 pistoles, on dit 250 livres, ou que lorsqu'au lieu de dire 25 quintaux, on dit 2500,

Des opérations de l'Arithmétique.

31. Ajouter, soustraire, multiplier, et diviser, sont les quatre opérations fondamentales de l'Arithmétique. Toutes les questions qu'on peut proposer sur les nombres, se réduisent à pratiquer quelques-unes de ces opérations, ou toutes ces opérations. Il est donc important de se les rendre familières, et d'en bien saisir l'esprit.

32. Le but de l'Arithmétique, est, comme nous l'avons déjà dit, de donner des moyens de calculer facilement les nombres. Ces moyens consistent à réduire le calcul des nombres les plus composés, à celui de nombres plus simples, ou exprimés par le plus petit nombre de chiffres possible. C'est ce qu'il s'agit d'exposer actuellement.

De l'Addition des nombres entiers et des Parties décimales.

33. Exprimer la valeur totale de plusieurs nombres, par un seul, est ce qu'on appelle *faire une addition.*

Quand les nombres qu'on se propose d'ajouter n'ont qu'un seul chiffre, on n'a pas besoin de règle; mais lorsqu'ils ont plusieurs chiffres, on trouve leur valeur totale qu'on appèle *somme*, en observant la règle suivante.

Ecrivez, les uns sur les autres, tous les nombres proposés, de manière que les chiffres des unités de chacun, soient dans une même colonne verticale; qu'il en soit de même des dixaines, de même des centaines, etc. Soulignez le tout.

Ajoutez d'abord tous les nombres qui sont dans la colonne des unités; si la somme ne passe pas neuf, écrivez-la au-dessous; si elle surpasse neuf, elle renfermera des dixaines; n'écrivez au-dessous que l'excédent du nombre des dixaines : comptez ces dixaines pour autant d'unités, et ajoutez-les avec les nombres de la colonne suivante : observez, à l'égard de la somme des nombres de cette seconde colonne, la même règle qu'à l'égard de la première, et continuez ainsi de colonne en colonne jusqu'à la dernière, au-dessous de laquelle vous écrirez la somme telle que vous la trouverez. Eclaircissons cette règle par des exemples.

EXEMPLE I.

Qu'il soit question d'ajouter 54925 avec 2023 : j'écris ces deux nombres comme on le voit ici 54925

2023

56948 somme.

Et après avoir souligné le tout, je commence par les unités, en disant : 5 et 3 font 8, que j'écris sous cette même colonne.

Je passe à celle des dixaines, dans laquelle je dis : 2 et 2 font 4, que j'écris au-dessous.

A la colonne des centaines, je dis : 9 et o font 9, que j'écris sous cette même colonne.

Dans la colonne des mille, je dis : 4 et 2 font 6, que j'écris sous cette colonne.

Enfin, dans la colonne des dixaines de mille, je dis : 5 et rien font 5, que j'écris de même au-dessous.

Le nombre 56948, trouvé par cette opération, est la somme des deux nombres proposés, puisqu'il en renferme les unités, les dixaines, les centaines, les mille, et les dixaines de mille que nous avons rassemblés successivement.

EXEMPLE II.

On demande la somme des quatre nombres suivants : 6903, 7854, 953, 7327 : je les écris comme on le voit ici

```
 6903
 7854
  953
 7327
-----
23037 somme.
```

Et en commençant, comme ci-dessus, par la droite, je dis : 3 et 4 font 7, et 3 font 10, et 7 font 17; j'écris les 7 unités sous la première colonne, et je retiens la dixaine pour la joindre, comme unité, aux nombres de la colonne suivante, qui sont aussi des dixaines.

Passant à cette seconde colonne, je dis : un que je retiens et o font 1, et 5 font 6, et 5 font 11, et 2 font 13; j'écris 3 sous la colonne actuelle, et je retiens pour la dixaine une unité que j'ajoute à la colonne suivante, en disant : une et 9 font 10, et 8 font 18, et 9 font 27, et 3 font 30; je pose o sous cette colonne, et je retiens, pour les trois dixaines, trois unités que j'ajoute à la colonne suivante, en disant pareillement : 3 et 6 font 9, et 7 valent 16, et 7 font 23; j'écris 3 sous cette colonne, et comme il n'y a plus d'autre colonne, j'avance d'une place les deux dixaines qui appartiendraient à la colonne suivante, s'il y en avait une. Le nombre 23037 est la somme des quatre nombres proposés.

34. S'il y a des parties décimales, comme elles se comptent, ainsi que les autres nombres, par dixaines, à mesure qu'on avance de droite à gauche, la règle pour les ajouter est absolument la même, en observant de mettre toujours les unités de même ordre dans une même colonne.

Ainsi, si on propose d'ajouter les trois nombres 72,957...12,8... 124,03, j'écrirai . . . .

```
 72,957
 12,8
124,03
-------
209,787 somme.
```

Et en suivant la règle ci-dessus, j'aurai 209,787 pour la somme.

De la soustraction des Nombres entiers et des Parties décimales.

35. La soustraction est l'opération par laquelle on retranche un nombre d'un autre nombre. Le résultat de cette opération s'appèle *reste*, ou *excès*, ou *différence*.

Pour faire cette opération, on écrira le nombre qu'on veut retrancher au-dessous de l'autre, de la même manière que dans l'addition; et ayant souligné le tout on retranchera, en allant de droite à gauche, chaque nombre inférieur de son correspondant supérieur; c'est-à-dire les unités des unités, les dixaines des dixaines, etc. : on écrira chaque reste au-dessous, dans le même ordre, et zéro lorsqu'il ne restera rien.

Lorsque le chiffre inférieur se trouvera plus grand que le chiffre supérieur correspondant, on ajoutera à celui-ci dix unités qu'on aura, en empruntant, par la pensée, une unité sur son voisin à gauche, lequel doit, par cette raison, être regardé comme moindre d'une unité dans l'opération suivante.

Au lieu de diminuer d'une unité le chiffre sur lequel on a emprunté, on peut, si l'on veut, le laisser tel qu'il est, et augmenter au contraire d'une unité celui que l'on doit en retrancher : le reste sera toujours le même.

EXEMPLE I.

On propose de retrancher 5432 de 8954. J'écris ces deux nombres comme il suit :

8954
5432
3522 reste.

Et en commençant par le chiffre des unités, je dis : 2 ôté de 4, il reste 2 que j'écris au-dessous; puis, passant aux dixaines, je dis: 3 ôté de 5, reste 2, que j'écris sous les dixaines. A la troisième colonne, je dis : 4 ôté de 9, reste 5 que j'écris sous cette colonne. Enfin à la quatrième, je dis : 5 ôté de 8 reste 3, que j'écris sous 5, et j'ai 3522 pour le reste de 5432 retranché de 8954.

EXEMPLE II.

On veut ôter 7987 de 27646.

On écrira 27646
7987
19659 reste.

Comme on ne peut ôter 7 de 6, on ajoutera à 6 dix unités qu'on empruntera en prenant une unité sur son voisin 4, et on dira : 7 ôté de 16, il reste 9, qu'on écrira sous 7.

Passant aux dixaines, on ne dira plus, 8 ôté de 4, mais 8 ôté de 3 seulement, parce que l'emprunt qu'on a fait a diminué 4 d'une unité : comme on ne peut ôter 8 de 5, on ajoutera de même à 5 dix unités qu'on empruntera, en prenant une unité sur le chiffre 6 de la gauche, et on dira : 8 ôté de 15, il reste 5, qu'on écrira sous 8. Passant à la troisième colonne, on dira de même, 9 ôté de 5, ou plutôt 8 ôté de 15, (en empruntant comme ci-dessus), il reste 6, qu'on écrira sous 9.

A la quatrième colonne, on dira par la même raison, 7 ôté de 6, ou plutôt de 16, il reste 9 qu'on écrira sous 7; et comme il n'y a rien à retrancher dans la cinquième colonne, on écrira sous cette colonne non pas 2, parce qu'on vient d'emprunter une unité sur ce 2, mais seulement 1, et on aura 19659 pour le reste.

36. Si le chiffre sur lequel on doit faire l'emprunt étoit un zéro, l'emprunt se ferait, non pas sur ce zéro, mais sur le premier chiffre significatif qui viendrait après; or, quoique ce soit alors emprunter 100, ou 1000, ou 10000, selon qu'il y a un, deux, ou trois zéros consécutifs, on n'en opérera pas moins comme ci-dessus; c'est-à-dire qu'on ajoutera seulement 10 au chiffre pour lequel on emprunte; et comme ces 10 sont censés pris sur les 100 ou 1000, etc. qu'on a empruntés, pour employer les 90 ou les 990, etc. qui restent, on comptera les zéros suivants pour autant de 9; c'est ce que l'exemple ci-après va éclaircir.

EXEMPLE III.

	99
Si de	20064
on veut retrancher.	17489
	2575 reste.

On dira d'abord : 9 ôté de 4, ou plutôt de 14 (en empruntant sur le chiffre suivant), il reste 5. Puis, pour ôter 8 de 5, comme cela ne se peut, et qu'il n'est pas possible non plus d'emprunter sur le chiffre suivant qui est un zéro, on empruntera sur le 2 une unité, laquelle vaut mille à l'égard du chiffre sur lequel on opère. De ce mille on ne prendra que dix unités qu'on ajoutera à 5, et on dira, 8 ôté de 15, il reste 7.

Comme on n'a employé que dix unités sur mille qu'on a empruntées, on emploiera les 990 restantes pour en retrancher les nombres qui répondent au-dessous des zéros; ce qui revient au même que de compter chaque zéro comme s'il valait 9. Ainsi l'on dira : 4 ôté de 9, reste 5 : puis 7 ôté de 9, reste 2; et enfin 1 ôté de 1, il ne reste rien.

37. S'il y a des parties décimales dans les nombres sur lesquels on veut opérer, on suivra absolument la même règle; mais pour éviter tout embarras dans l'application de cette règle, il n'y aura qu'à rendre le nombre des chiffres décimaux le même dans chacun des deux nombres proposés, en mettant un nombre suffisant de

zéros à la suite de celui qui a le moins de décimales : cette préparation ne change rien à la valeur de ce nombre (30)

EXEMPLE IV.

De. 5403,25
on veut ôter 385,6552

Je mets deux zéros à la suite des décimales du nombre supérieur; après quoi j'opère sur les deux nombres ainsi préparés, précisément selon l'énoncé de la règle donnée pour les nombres entiers.

5403,2500
385,6552
―――――――
5017,5948 reste.

Et je trouve pour reste. . . . . 5017,5948.

De la Preuve de l'Addition et de la Soustraction.

38. Ce qu'on appèle preuve d'une opération arithmétique est une autre opération que l'on fait pour s'assurer de l'exactitude du résultat de la première.

La preuve de l'addition se fait en ajoutant de nouveau, par parties, mais en commençant par la gauche, les sommes qu'on a déjà ajoutées. On retranche la totalité de la première colonne, de la partie qui lui répond dans la somme inférieure : on écrit au-dessous le reste, qu'on réduit, par la pensée, en dixaines, pour le joindre au chiffre suivant de cette même somme, et du total on retranche encore la totalité de la colonne supérieure; on continue ainsi jusqu'à la dernière colonne, dont la totalité étant retranchée ne doit laisser aucun reste.

Ainsi, ayant trouvé ci-dessus que les quatre nombres

6903
7854
953
7327
―――
ont pour somme. 23037
3110

Pour vérifier ce résultat j'ajoute les mêmes nombres en commençant par la gauche, et je dis : 6 et 7 font 13, et 7 font 20, lesquels ôtés de 23, il reste 3 ou 3 dixaines, qui, avec le chiffre suivant zéro, font 30. Je passe à la seconde colonne, et je dis, 9 et 8 font 17, et 9 font 26, et 3 font 29, que j'ôte de 30; il reste 1 ou une dixaine qui, jointe au chiffre suivant 3, fait 13. J'ajoute tous les nombres de la troisième colonne en disant : 5 et 5 font 10, et 2 font 12, qui, ôtés de 13, il reste 1 ou une dixaine, laquelle ajoutée au chiffre 7, fait 17; j'ajoute pareillement tous les nombres de la dernière colonne, en disant : 3 et 4 font 7, et 3 font 10, et 7 font

17, qui ôtés de 17 ne laissent rien ; d'où je conclus que la première opération est exacte.

On est fondé à conclure que la première opération a été bien faite lorsqu'après cette preuve il ne reste rien, parce qu'ayant ôté successivement tous les mille, toutes les centaines, toutes les dixaines, et toutes les unités, dont on avait composé la somme, il faut qu'à la fin il ne reste rien.

39. La preuve de la soustraction se fait en ajoutant le reste trouvé par l'opération, avec le nombre retranché : si la première opération a été bien faite, on doit reproduire le nombre dont on a retranché : ainsi je vois que dans le troisième exemple que nous avons donné ci-dessus l'opération a été bien faite, parce qu'en ajoutant 17489 (nombre retranché) avec le reste 2575, je reproduis 20064, nombre dont on a retranché.

$$\begin{array}{r} 17489 \\ 2575 \\ \hline 20064 \end{array}$$

De la Multiplication.

40. Multiplier un nombre par un autre, c'est prendre le premier de ces deux nombres autant de fois qu'il y a d'unités dans l'autre. Multiplier 4 par 3, c'est prendre trois fois le nombre 4.

41. Le nombre qu'on doit multiplier s'appèle le *multiplicande;* celui par lequel on doit multiplier s'appèle le *multiplicateur;* et le résultat de l'opération s'appèle *produit*.

42. Le mot *produit* a communément une acception beaucoup plus étendue; mais nous avertissons expressément que nous ne l'emploierons que pour désigner le résultat de la multiplication.

Le multiplicande et le multiplicateur se nomment aussi les *facteurs* du produit : ainsi 3 et 4 sont les facteurs de 12, parce que 3 fois 4 font 12.

43. Suivant l'idée que nous venons de donner de la multiplication, on voit que l'on pourrait faire cette opération en écrivant le multiplicande autant de fois qu'il y a d'unités dans le multiplicateur, et faisant ensuite l'addition. Par exemple, pour multiplier 7 par 3, on pourrait écrire

$$\begin{array}{r} 7 \\ 7 \\ 7 \\ \hline 21 \end{array}$$

Et la somme 21, résultante de cette addition, serait le produit.

Mais lorsque le multiplicateur est tant soit peu considérable, l'opération devient fort longue. Ce que nous appelons proprement multiplication est la méthode de parvenir à ce même résultat par une voie plus courte.

44. Tant qu'on ne considère les nombres que d'une manière abstraite, c'est-à-dire, sans faire attention à la nature de leurs unités, il importe peu lequel des deux nombres proposés pour la multiplication on prène pour multiplicande ou pour multiplicateur; par exemple, si on a 4 à multiplier par 3, il est indifférent de multiplier 4 par 3, ou 3 par 4; le produit sera toujour 12. En effet 3 et 4 ne sont autre chose que le triple de 1 fois 4, et 4 fois 3 sont le triple de 4 fois 1. Il est évident que 1 fois 4 et 4 fois 1 sont la même chose; et l'on peut appliquer le même raisonnement à tout autre nombre.

45. Mais lorsque, par l'énoncé de la question, le multiplicateur et le multiplicande sont des nombres concrets, il importe de distinguer le multiplicande du multiplicateur : cette attention est principalement nécessaire dans la multiplication des nombres complexes, dont nous parlerons par la suite.

Au reste, cela est toujours aisé à distinguer : la question qui conduit à la multiplication dont il s'agit, fait toujours connaître quelle est la quantité qu'il s'agit de répéter plusieurs fois, c'est-à-dire le multiplicande, et quelle est celle qui marque combien de fois on doit répéter le multiplicande, c'est-à-dire quel est le multiplicateur.

46. Comme le multiplicateur est destiné à marquer combien de fois on doit prendre le multiplicande, il est toujours un nombre abstrait : ainsi quand on demande ce que doivent coûter 52 toises de bois, à raison de 36 liv. la toise, on voit que le multiplicande est 36 livres, qu'il s'agit de répéter 52 fois, soit que ce 52 marque des toises, ou toute autre chose.

47. Le produit qui est formé de l'addition répétée du multiplicande, aura donc des unités de même nature que le multiplicande (*).

Après cette petite digression sur la nature des unités du produit et de ses facteurs, revenons à la méthode pour trouver ce produit.

48. Les règles de la multiplication des nombres les plus composés, se réduisent à multiplier un nombre d'un seul chiffre par un nombre d'un seul chiffre. Il faut donc s'exercer à trouver soi-même le produit des nombres exprimés par un seul chiffre, en ajoutant successivement un même nombre à lui-même. On peut aussi, si

(*) Nous n'en exceptons pas même la multiplication géométrique, dont nous ne parlerons qu'en Géométrie, comme cela nous paraît assez naturel. Les unités du multiplicateur n'y sont jamais que des unités abstraites, comme dans toute autre multiplication.

on le veut, faire usage de la table suivante, qu'on attribue à Pythagore.

1	2	3	4	5	6	7	8	9
2	4	6	8	10	12	14	16	18
3	6	9	12	15	18	21	24	27
4	8	12	16	20	24	28	32	36
5	10	15	20	25	30	35	40	45
6	12	18	24	30	36	42	48	54
7	14	21	28	35	42	49	56	63
8	16	24	32	40	48	56	64	72
9	18	27	36	45	54	63	72	81

La première bande de cette table se forme en ajoutant un à lui-même successivement.

La seconde en ajoutant 2 de même.

La troisième en ajoutant 3, et ainsi de suite.

49. Pour trouver, par le moyen de cette table, le produit de deux nombres exprimés par un seul chiffre chacun, on cherchera l'un de ces deux nombres, le multiplicande, par exemple, dans la bande supérieure; et en partant de ce nombre, on descendra verticalement jusqu'à ce qu'on soit vis-à-vis du multiplicateur qu'on trouvera dans la première colonne. Le nombre sur lequel on se sera arrêté, sera le produit. Ainsi, pour trouver, par exemple, le produit de 9 par 6, ou combien font 6 fois 9, je descends depuis 9, pris dans la première bande, jusque vis-à-vis le 6 pris dans la première colonne; le nombre sur lequel je m'arrête est 54 : par conséquent 6 fois 9 font 54.

En voilà autant qu'il en faut pour passer à la multiplication des nombres exprimés par plusieurs chiffres.

De la Multiplication par un nombre d'un seul chiffre.

50. Ecrivez le multiplicateur, qu'on suppose ici d'un seul chiffre, sous le multiplicande, peu importe sous quel chiffre; mais pour fixer les idées, supposons que ce soit sous le chiffre des unités.

Multipliez d'abord le nombre des unités par votre multiplicateur, et si le produit ne contient que des unités, écrivez ce produit au-dessous; s'il contient des unités et des dixaines, écrivez seulement les unités, et comptant les dixaines pour autant d'unités, retenez celles-ci.

Multipliez, de même, le nombre des dixaines du multiplicande, et au produit ajoutez les unités que vous avez retenues; écrivez le tout au-dessous, s'il peut être marqué par un seul chiffre; sinon n'écrivez que les unités de ce produit, et retenez-en les dixaines qui sont des centaines, pour les ajouter au produit suivant qui sera pareillement des centaines.

Continuez de multiplier successivement, suivant la même règle, tous les chiffres du multiplicande : la suite des chiffres que vous aurez écrits marquera le produit.

EXEMPLE.

On demande combien 2864 toises valent de pieds. La toise est de six pieds. La question se réduit à prendre six pieds, 2864 fois, ou, ce qui revient au même (44), à prendre 2864 pieds six fois.

J'écris donc . . . . 2864 multiplicande
6 multiplicateur.
17184 . . . produit.

Et je dis, en commençant par les unités, 6 fois 4 font 24, j'écris 4, et je retiens deux unités pour les deux dixaines.

2° 6 fois 6 font 36, et 2 que j'ai retenues font 38; je pose 8 et je retiens 3.

3° 6 fois 8 font 48, et 3 que j'ai retenues font 51 ; je pose 1 et je retiens 5.

4° 6 fois 2 font 12, et 5 que j'ai retenues font 17 ; que j'écris en entier, parce qu'il n'y a plus rien à multiplier. Le nombre 17184 est le produit demandé, ou le nombre de pieds que valent les 2864 toises, puisqu'il renferme 6 fois les 4 unités, 6 fois les 6 dixaines, 6 fois les 8 centaines, et 6 fois les 2 mille, et par conséquent 6 fois le nombre 2864.

De la Multiplication par un nombre de plusieurs chiffres.

51. Lorsque le multiplicateur a plusieurs chiffres, il faut faire successivement, avec chacun de ces chiffres, ce que l'on vient de prescrire lorsqu'il n'y en a qu'un, mais en commençant toujours par la droite. Ainsi on multipliera d'abord tous les chiffres du multiplicande par le chiffre des unités du multiplicateur, puis par celui des dixaines, et on écrira ce second produit sous le premier; mais comme il doit être un nombre de dixaines, puisque c'est par des dixaines qu'on multiplie, on portera le premier chiffre de ce produit sous les dixaines; et les autres chiffres, toujours en avançant sur la gauche.

Le troisième produit, qui se fera en multipliant par les centaines, se placera de même sous le second, mais en avançant encore d'une place. On suivra la même loi pour les autres.

Toutes ces multiplications étant faites, on ajoutera les produits particuliers qu'elles ont donnés, et la somme sera le produit total.

EXEMPLE.

On propose de multiplier 65487
par. 6958

523896
327435
589383
392922
455658546 prod.

Je multiplie d'abord 65487 par le nombre 8 des unités du multiplicateur, et j'écris successivement sous la barre les chiffres du produit 523896 que je trouve en suivant la règle donnée pour le premier cas (50).

Je multiplie de même le nombre 65487 par le second chiffre 5 du multiplicateur, et j'écris le produit 327435 sous le premier produit, mais en plaçant le premier chiffre 5 sous les dixaines de ce premier produit.

Multipliant pareillement 65487 par le troisième chiffre 9, j'écris le produit 589383 sous le précédent, mais en plaçant le premier chiffre 3 au rang des centaines, parce que le nombre par lequel je multiplie est un nombre de centaines.

Enfin je multiplie 65487 par le dernier chiffre 6 du multiplicateur, et j'écris le produit 392922 sous le précédent, en avançant encore d'une place, afin que son dernier chiffre occupe la place des mille, parce que le chiffre par lequel on multiplie marque des mille. Enfin j'ajoute tous ces produits, et j'ai 455658546 pour le produit de 65487 multipliés par 6958, c'est-à-dire pour la valeur de 65487 pris 6958 fois. En effet, on a pris 65487, 8 fois par la première opération, 50 fois par la seconde, 900 fois par la troisième, et 6000 fois par la quatrième.

52. Si le multiplicande ou le multiplicateur, ou tous les deux étaient terminés par des zéros, on abrégerait l'opération en multipliant comme si ces zéros n'y étaient point; mais on les mettrait ensuite tous à la suite du produit.

EXEMPLE.

On propose de multiplier 6500
par 550

325
195
2275000

Je multiplie seulement 65 par 55, et je trouve 2275 à côté duquel j'écris les trois zéros qui se trouvent en tout, à la suite du multiplicande et du multiplicateur.

En effet, le multiplicande 6500 représente 65 centaines : ainsi quand on multiplie 65, on doit sous-entendre que le produit est des centaines. Pareillement, le multiplicateur 350 marque 35 dixaines. Ainsi quand on multiplie par 35, on doit sous-entendre que le produit sera des dixaines; il sera donc des dixaines de centaines, c'est-à-dire des mille; il doit donc avoir 3 zéros. On appliquera un raisonnement semblable à tous les autres cas.

53. Lorsqu'il se trouve des zéros entre les chiffres du multiplicateur, comme la multiplication par ces zéros ne donnerait que des zéros, on se dispensera d'écrire ceux-ci dans le produit; et passant tout de suite à la multiplication par le premier chiffre significatif qui vient après ces zéros, on en avancera le produit sur la gauche d'autant de places, plus une, qu'il y a de zéros qui se suivent dans le multiplicateur; c'est-à-dire de deux places s'il y a un zéro, de trois s'il y en a deux.

EXEMPLE.

Si l'on a.	42052
à multiplier par	3006
	252312
	126156
	126408312

Après avoir multiplié par 6, et écrit le produit 252312, on multipliera tout de suite par 3; mais on écrira le produit 126156, de manière qu'il marque des mille; il faudra donc le reculer de trois places, c'est-à-dire d'une place de plus qu'il n'y a de zéros interposés aux chiffres du multiplicateur.

De la multiplication des Parties décimales.

54. Pour multiplier les parties décimales, on observera la même règle que pour les nombres entiers, sans faire aucune attention à la virgule; mais après avoir trouvé le produit, on en séparera sur la droite, par une virgule, autant de chiffres qu'il y a de décimales, tant dans le multiplicande que dans le multiplicateur.

EXEMPLE I.

On propose de multiplier	54,23
par	8,3
	16269
	43384
	450,109

Je multiplierai 5423 par 83, le produit sera 450109; et comme il y a deux décimales dans le multiplicande, et une dans le multiplicateur, je séparerai trois chiffres sur la droite de ce produit, qui par-là deviendra 450,109, tel qu'il doit être.

La raison de cette règle est facile à saisir, en observant que si le multiplicateur était 83, le produit n'aurait en décimales que des *centièmes*, puisqu'on aurait répété 83 fois le multiplicande 54,23 dont les décimales sont des centièmes; mais comme le multiplicateur est 8,3, c'est-à-dire (21) dix fois plus petit que 83, le produit doit donc avoir des unités dix fois plus petites que les centièmes; le dernier chiffre de ses décimales doit donc (23) être des *millièmes;* il doit donc y avoir trois chiffres décimaux dans ce produit, c'est-à-dire autant qu'il y en a, tant dans le multiplicande que dans le multplicateur.

On peut appliquer un raisonnement semblable à tout autre cas.

EXEMPLE II.

Si on avait	0,12
à multiplier par.	0,3
	0,036

On multiplierait 12 par 3, ce qui donnerait 36. Comme la règle prescrit de séparer ici trois chiffres, on pourrait être embarrassé à y satisfaire, puisque ce produit 36 n'en a que deux; mais si on reprend le raisonnement que nous avons appliqué à l'exemple précédent, on verra facilement qu'il faut, comme on le voit ici, interposer un zéro entre 36 et la virgule. En effet, si l'on avait 0,12 à multiplier par 3, il est évident qu'on aurait 0,36; mais comme on n'a à multiplier que par 0,3, c'est-à-dire par un nombre dix fois plus petit que 3, on doit avoir un produit dix fois plus petit que 0,36, c'est-à-dire des millièmes, et c'est ce qui a lieu (28) lorsqu'on écrit 0,036.

55. Comme on n'emploie ordinairement les décimales que dans la vue de faciliter les calculs, en substituant à un calcul rigoureux une approximation suffisante, mais prompte, il n'est pas inutile d'exposer ici un moyen d'abréger l'opération, lorsqu'on n'a besoin d'avoir le produit que jusqu'à un degré d'exactitude proposé.

Supposons, par exemple, qu'ayant à multiplier 45,625957 par 28,635, je n'aie besoin d'avoir le produit qu'à moins d'un millième près. J'écris ces deux nombres comme on le voit ci-dessous, c'est-à-dire, qu'après avoir renversé l'ordre des chiffres de l'un des deux, je l'écris sous l'autre, en faisant répondre le chiffre de ses unités sous la décimale immédiatement inférieure de deux degrés à celui auquel je veux borner mon produit. Je fais ensuite la multiplication, en négligeant, dans le multiplicande, tous les chiffres qui se trouvent à la droite de celui par lequel je multiplie; et à mesure que je change de chiffre dans le multiplicateur, je porte toujours le premier chiffre du nouveau produit sous le premier chiffre du premier. L'addition de tous ces produits étant faite, je supprime les deux derniers chiffres, en observant cependant d'augmenter le dernier de ceux qui restent, d'une unité, si les deux que je supprime passent 50; après quoi je place la virgule au rang fixé par l'espèce de décimales que je me proposais d'avoir.

EXEMPLE.

Je veux multiplier 45,625957
par 28,635

mais je n'ai besoin d'avoir le produit qu'à un millième d'unité près.

J'écris ainsi ces deux nombres 45,625957
53682

91251914
36500760
2737554
136875
22810

130649913

produit 1306,499

Si l'on avait fait la multiplication à l'ordinaire, on aurait eu 1306,4992786 95, qui s'accorde avec le précédent jusqu'à la troisième décimale, ainsi qu'on le demande.

S'il n'y avait pas assez de chiffres décimaux dans le multiplicande, pour faire correspondre le chiffre des unités du multiplicateur au chiffre auquel la règle prescrit de le faire correspondre, on y suppléerait en mettant des zéros.

EXEMPLE.

On doit multiplier 54,236
par. 532,27

et on veut avoir le produit à un centième d'unité près, j'écris :

54,236000
72235

271180000
16270800
1084720
108472
37961

288681993

produit. . . . . 28868,20, en ajoutant une unité au dernier chiffre, parce que les deux que l'on supprime passent 50.

Pour troisième exemple, supposons qu'on ait à multiplier ;

0,227538917

par 0,5664178

et l'on ne veut avoir que 7 décimales au produit, on écrira :

```
0,227538917
  87146650
-----------
     . . . . . 0
  113769455
   13652334
    1365228
      91012
       2275
       1589
        176
-----------
  128882069
```

produit. 0,1288821

Sur quelques usages de la Multiplication.

56. Nous ne nous proposons pas de faire connaître tous les usages qu'on peut faire de la multiplication ; nous en indiquerons seulement quelques-uns qui mettront sur la voie pour les autres.

La multiplication sert à trouver, en général, la valeur totale de plusieurs unités, lorsqu'on connaît la valeur de chacune. Par exemple, 1° combien doivent coûter 5842 toises, à raison de 54 liv. la toise? Il faut multiplier 54 liv. par 5842, ou (44) 5842 l. par 54, on aura 315468 liv. pour le prix total demandé. 2° Combien 5954 pieds cubes (*) d'eau pèsent-ils, en supposant que le pied cube pèse 72 ℔? Il faut multiplier 72 ℔ par 5954, ou 5954 ℔ par 72 : on aura 428688 ℔ pour le poids des 5954 pieds cubes.

57. On emploie la multiplication pour convertir des unités d'une certaine espèce en unités d'une espèce plus petite. Par exemple, pour réduire les livres en sous, et ceux-ci en deniers; les toises en pieds, ceux-ci en pouces, ces derniers en lignes; les jours en heures, celles-ci en minutes, ces dernières en secondes : on a souvent besoin de ces sortes de conversions. Nous en donnerons quelques exemples.

Si on demande de convertir 8 l. 17 s. 7 d. en deniers; comme la livre vaut 20 s., on multipliera les 8 l. par 20 (52); ce qui donnera 160 s., auxquels joignant les 17 s., on aura 177 s. qu'on multipliera par 12, parce que chaque sou vaut 12 deniers, et on aura 2124 deniers, lesquels joints aux 7 deniers, donnent 2131 deniers pour la valeur de 8. l. 17 s. 7 d. convertis en deniers.

(*) Le pied cube est une mesure d'un pied de long sur un pied de large et sur un pied de haut, avec laquelle on évalue la capacité des corps, ainsi qu'on le verra en Géométrie.

Si l'on demande combien une année commune, ou 365 jours, 5 heures, 48 minutes, ou $365^{j}\ 5^{h}\ 48^{m}$, valent de minutes; comme le jour est de 24 heures, on multipliera 24^{h} par 365, et au produit 8760^{h} ou ajoutera 5^{h}; on multipliera le total 8765 par 60 (52), parce que l'heure contient 60 minutes, et on aura 525900 minutes, auxquelles ajoutant 48 minutes, on aura 525948 pour le nombre des minutes contenues dans une année commune.

Cette conversion des parties du temps est utile dans quelques opérations du *pilotage*.

58. L'abréviation dont nous avons parlé (52) peut être employée pour réduire promptement en livres un certain nombre de *tonneaux*. Comme le tonneau de poids pèse 2000 livres, si l'on a, par exemple, 854 tonneaux, il n'y a qu'à doubler 854, et mettre les trois zéros à la suite du produit; on aura 1708000 pour le nombre de livres que pèsent 854 tonneaux.

Avant de terminer ce qui regarde la multiplication, faisons observer aux commençants, que ces expressions *doubler, tripler, quadrupler, etc.* signifie la même chose que multiplier par 2, par 3, par 4, etc.

De la Division des nombres entiers, et des Parties décimales.

59. Diviser un nombre par un autre, c'est, en général, chercher combien de fois le premier de ces deux nombres contient le second.

Le nombre qu'on doit diviser s'appèle *dividende;* celui par lequel on doit diviser, *diviseur;* et celui qui marque combien de fois le dividende contient le diviseur, s'appèle *quotient*.

On n'a pas toujours pour but dans la division, de savoir combien de fois un nombre en contient un autre; mais on fait l'opération dans tous tous les cas comme si elle tendait à ce but; c'est pourquoi on peut, dans tous cas, la considérer comme l'opération par laquelle on trouve combien de fois le dividende contient le diviseur.

Il suit de-là, que si l'on multiplie le diviseur par le quotient, on doit reproduire le dividende, puisque c'est prendre ce diviseur autant de fois qu'il est dans le dividende : cela est général, soit que le quotient soit un nombre entier, soit qu'il soit un nombre fractionnaire.

Quant à l'espèce des unités du quotient, ce n'est ni par l'espèce de celles du dividende, ni par l'une et l'autre qu'il faut en juger; car le dividende et le diviseur restant les mêmes, le quotient qui sera aussi toujours le même numériquement, peut être fort différent pour la nature de ses unités, selon la question qui donne lieu à cette divison.

Par exemple, s'il est question de savoir combien 8 l. contiènent 4 l., le quotient sera un nombre abstrait qui marquera 2 fois; mais s'il est question de savoir combien pour 8 l. on fera faire d'ouvrage à raison de 4 l. la toise, le quotient sera 2 toises, qui est un nombre concret, et dont l'espèce n'a aucun rapport avec le dividende ni avec le diviseur.

Mais on voit, en même temps, que la question seule qui conduit à faire la division dont il s'agit, décide la nature des unités de quotient.

De la Division d'un nombre composé de plusieurs chiffres, par un nombre qui n'en a qu'un.

60. L'opération que nous allons décrire, suppose qu'on sache trouver combien de fois un nombre de un ou deux chiffres contient un nombre d'un seul chiffre. C'est une connaissance déjà acquise, quand on sait de mémoire les produits des nombres qui n'ont qu'un chiffre. On peut aussi, pour y parvenir, faire usage de la table que nous avons donnée ci-dessus (48). Par exemple, si je veux savoir combien de fois 74 contient 9, je cherche le diviseur 9 dans la bande supérieure, et je descends verticalement jusqu'à ce que je rencontre le nombre le plus approchant de 74, c'est ici 72; alors le nombre 8 qui se trouve vis-à-vis 72, dans la première colonne, est le nombre de fois, ou le quotient que je cherche.

Cela supposé, voici comment se fait la division d'un nombre qui a plusieurs chiffres, par un nombre qui n'en a qu'un.

Ecrivez le diviseur à côté du dividende, séparez l'un de l'autre par un trait, et soulignez le diviseur, sous lequel vous écrirez les chiffres du quotient, à mesure que vous les trouverez.

Prenez le premier chiffre sur la gauche du dividende, ou les deux premiers chiffres, si le premier ne contient pas le diviseur.

Cherchez combien de fois ce premier ou ces deux premiers contiennent le diviseur, écrivez ce nombre de fois sous le diviseur.

Multipliez le diviseur par le quotient que vous venez d'écrire, et portez le produit sous la partie du dividende que vous venez d'employer.

Enfin retranchez le produit de la partie supérieure du dividende à laquelle il répond, et vous aurez un reste.

A côté de ce reste, abaissez le chiffre suivant du dividende principal, et vous aurez un second dividende partiel, sur lequel vous opérerez comme sur le premier, plaçant le quotient à droite de celui qu'on a déjà trouvé, multipliant de même le diviseur par ce quotient, écrivant et retranchant le produit comme ci-devant.

Vous abaisserez de même, à côté du reste de cette division, le chiffre du dividende qui suit celui que vous avez descendu, et vous continuerez toujours de la même manière, jusqu'au dernier inclusivement.

Cette règle va être éclaircie par l'exemple suivant.

EXEMPLE.

On propose de diviser 8769 par 7.
J'écris ces deux nombres comme on les voit ci-après.

```
dividende | 7 diviseur.
   8769   | 1252 ; quotient.
   7
   17
   14
    36
    35
     19
     14
      5
```

En commençant par la gauche du dividende, je devrais dire, en 8 mille combien de fois 7; mais je dis simplement, en 8 combien de fois 7? Il y est une fois. Cet 1 est naturellement mille, mais les chiffres qui viendront après, lui donneront sa véritable valeur, c'est pourquoi j'écris simplement 1 sous le diviseur.

Je multiplie le diviseur 7 par le quotient 1, et je porte le produit 7 sous la partie 8 que je viens de diviser; faisant la soustraction, j'ai pour reste 1.

Ce reste 1 est la partie de 8 qui n'a pas été divisée, et est une dixaine à l'égard du chiffre suivant 7; c'est pourquoi j'abaisse ce même chiffre 7 à côté, et je continue l'opération, en disant, en 17 combien de fois 7? 2 fois. J'écris ce 2 à la droite du premier quotient 1 qu'a donné la première opération.

Je multiplie, comme dans la premèire opération, le diviseur 7 par le quotient 2 que je viens de trouver; je porte le produit 14 sous mon dividende partiel 17, et faisant la soustraction, il me reste 3 pour la partie qui n'a pu être divisée.

A côté de ce reste 3, j'abaisse 6, troisième chiffre du dividende, et je dis en 36 combien de fois 7? 5 fois; j'écris 5 au quotient.

Je multiplie le diviseur 7 par 5; et ayant écrit ce produit 35 sous mon nouveau dividende partiel, je l'en retranche, et il me reste 1.

Enfin, à côté de ce reste 1, j'abaisse le chiffre 9 du dividende, et je dis en 19 combien de fois 7? 2 fois; j'écris 2 au quotient.

Je multiplie le diviseur 7, par ce nouveau quotient 2, et ayant écrit le produit 14 sous mon dernier dividende partiel 19, j'ai pour reste 5.

Je trouve donc que 8769 contiènent 7 autant de fois que le marque le quotient que nous avons écrit, c'est-à-dire 1252 fois, et qu'il reste 5.

A l'égard de ce reste, nous nous contenterons, pour le présent, de dire qu'on l'écrit à côté du quotient, comme on le voit dans cet exemple, c'est-à-dire en écrivant le diviseur au-dessous de ce reste, et séparant l'un et l'autre par un trait; et alors on prononce *cinq septiemes*. Nous expliquerons par la suite la nature de ces sortes de nombres.

61. Si dans la suite de l'opération, quelqu'un des dividendes partiels se trouvait ne pas contenir le diviseur, on écrirait zéro au quotient, et omettant la multiplication, on abaisserait tout de suite un autre chiffre à côté de ce dividende partiel, et on continuerait la division.

EXEMPLE.

Il s'agit de diviser 14464 par 8.

```
14464 | 8
8     |----
----- | 1808
64
64
-----
 064
  64
-----
   0
```

Je prends ici les deux premiers chiffres du dividende, parce que le premier ne contient pas le diviseur.

Je trouve que 14 contient 8, une fois; j'écris 1 au quotient : je multiplie 8 par 1, et je retranche le produit 8 de 14, ce qui me donne pour reste 6, à côté duquel j'abaisse le troisième chiffre 4 du dividende.

Je continue en disant : en 64 combien de fois 8? huit fois; j'écris 8 au quotient, et faisant la multiplication, j'ai pour produit 64 que je retranche du dividende partiel 64, il me reste o à côté duquel j'abaisse 6, quatrième chiffre du dividende; et comme 6 ne contient pas 8, j'écris o au quotient, et j'abaisse tout de suite à côté de 6 le dernier chiffre du dividende qui est ici 4, pour dire en 64 combien de fois 8? il y est 8 fois : après avoir écrit 8 au quotient, je fais la multiplication, et je retranche le produit 64; et comme il ne reste rien, j'en conclus que 14464 contiènent 8, 1808 fois.

De la Division par un nombre de plusieurs chiffres.

62. Lorsque le diviseur aura plusieurs chiffres, on se conduira de la manière suivante.

Prenez sur la gauche du dividende autant de chiffres qu'il est nécessaire pour contenir le diviseur.

Cela posé, au lieu de chercher comme ci-devant combien la partie du dividende que vous avez prise, contient votre diviseur entier, cherchez seulement combien de fois le premier chiffre de votre diviseur est compris dans le premier chiffre de votre dividende, ou dans les deux premiers, si le premier ne suffit pas; marquez ce quotient sous le diviseur comme ci-devant.

Multipliez successivement, selon la règle donnée (50), tous les chiffres de votre diviseur, par ce quotient, et portez à mesure les chiffres du produit sous les chiffres correspondants de votre dividende partiel. Faites la soustraction, et à côté du reste abaissez le chiffre suivant du dividende, pour continuer l'opération de la même manière.

Nous allons éclaircir ceci par quelques exemples, et prévenir en même temps les cas qui peuvent causer quelque embarras.

EXEMPLE I.

On propose de diviser . . . . 75347 par 53.

```
75347 | 53
53    |---------
----- | 1421 34/53
 223
 212
 ---
  114
  106
  ---
   87
   53
   --
   34
```

Je prends seulement les deux premiers chiffres du dividende, parce qu'ils contiènent le diviseur, et au lieu de dire en 75 combien de fois 53, je cherche seulement combien les 7 dixaines de 75 contiènent les cinq dixaines de 53, c'est-à-dire combien 7 contient 5; je trouve une fois, que j'écris au quotient.

Je multiplie 53 par 1, et je porte le produit 53 sous 75 : la soustraction faite, il reste 22, à côté duquel j'abaisse le chiffre 3 du dividende, et je poursuis, en disant, pour plus de facilité : en 22 combien de fois 5, (au lieu de dire en 223 combien de fois 53); je trouve 4 fois, que j'écris au quotient.

Je multiplie successivement par 4 les deux chiffres du diviseur, et je porte le produit 212, sous mon dividende partiel 223; la soustraction faite, j'ai pour reste 11; j'abaisse à côté de ce reste, le chiffre 4 du dividende, et je dis simplement comme ci-dessus, en 11 combien de fois 5? 2 fois; je l'écris au quotient et je multiplie 53 par 2, ce qui me donne 106 que jécris sous le dividende partiel 114; faisant la soustraction, j'ai pour reste 8, à côté duquel j'abaisse le dernier chiffre 7; je divise de même 87, et continuant comme ci-dessus je trouve 1 pour quotient, et 34 pour reste, que j'écris à côté du quotient de la manière qu'il a été indiqué plus haut (60).

63. On devrait, à la rigueur, chercher combien de fois chaque

dividende partiel contient le diviseur entier ; mais comme cette recherche serait souvent longue et pénible, on se contente, comme on vient de le voir, de chercher combien la partie la plus forte de ce dividende contient la partie la plus forte du diviseur. Le quotient qu'on trouve par cette voie n'est pas toujours le véritable ; parce qu'en prenant ce parti, on ne fait réellement qu'une estimation approchée; mais outre que cette estimation met presque toujours sur le but, et que dans les cas où elle n'y met pas, elle en écarte peu, la multiplication qui vient ensuite sert à redresser ce qu'il peut y avoir de défectueux dans ce jugement. En effet, si le dividende partiel contenait réellement le diviseur trois fois, par exemple, et que par l'essai qu'on fait on eût trouvé qu'il le contient 4 fois, il est facile de voir qu'en faisant la multiplication par 4, on aurait un produit plus grand que le dividende, puisqu'on prendrait le dividende plus de fois qu'il n'est réellement dans ce dividende, et par conséquent la soustraction deviendra impossible; alors on diminuera le quotient successivement d'une, deux, etc. unités, jusqu'à ce qu'on trouve un produit qu'on puisse retrancher : au contraire, si l'on n'avait mis que 2 au quotient, le reste de la soustraction se trouverait plus grand que le diviseur ; ce qui prouverait que le diviseur y est encore contenu, et que par conséquent le quotient est trop faible.

Au reste, on acquiert en peu de temps l'usage de prévoir de combien on doit diminuer ou augmenter le quotient que donne la première épreuve.

EXEMPLE II.

On propose de diviser 189492 par 375.

189492	375
1875	$505\frac{117}{375}$
1992	
1875	
117	

Je prends les quatre premiers chiffres du dividende, parce que les trois premiers ne contiènent pas le diviseur.

Je dis ensuite, en 18 seulement combien de fois 3? il y est réellement 6 fois; mais en multipliant 375 par 6, j'aurais plus que mon dividende 1894; c'est pourquoi j'écris seulement 5 au quotient. Je multiplie 375 par 5; et après avoir écrit le produit sous 1894, je fais la soustraction, et j'ai pour reste 19.

J'abaisse à côté de 19 le chiffre 9 du dividende; et comme 119 que j'ai alors ne contient pas 375, je pose 0 au quotient, et j'abaisse à côté de 119 le chiffre 2 du dividende, ce qui me donne 1992 pour lequel je dis, en 19 seulement combien de fois 3? 6 fois. Mais par la même raison que ci-dessus, je n'écris au quotient que 5; et après avoir opéré comme ci-devant, j'ai pour reste 117.

64. Voici une réflexion qui peut servir à éviter, dans un grand nombre de cas, les tentatives inutiles. On est principalement exposé à ces essais douteux, lorsque le second chiffre du diviseur est sensiblement plus grand que le premier. Dans ce cas, au lieu de chercher combien le premier chiffre du diviseur est contenu dans la partie correspondante du dividende, il faut chercher combien ce premier chiffre augmenté d'une unité, se trouve contenu dans la partie correspondante du dividende : cette épreuve sera toujours beaucoup plus approchante que la première.

EXEMPLE.

On propose de diviser . . . 1832 par 288.

1832	288
1728	$6 \frac{104}{288}$
104	

Au lieu de dire en 18 combien de fois 2, je dirai en 18 combien de fois 3, parce que le diviseur 288 approche beaucoup plus de 300 que de 200; je trouve 6, qui est le véritable quotient, au lieu que j'aurais trouvé 9, et j'aurais par conséquent été obligé de faire trois essais inutiles.

Moyens d'abréger la Méthode précédente.

65. C'est pour rendre la méthode plus facile à saisir, que nous avons prescrit d'écrire sous chaque dividende partiel, le produit qu'on trouve en multipliant le diviseur par le quotient; mais comme le but de l'Arithmétique doit être d'abréger les opérations, nous croyons devoir faire remarquer qu'on peut se dispenser d'écrire ces produits, et faire la soustraction à mesure qu'on a multiplié chaque chiffre du diviseur. L'exemple suivant suffira pour faire entendre comment se fait cette soustraction.

EXEMPLE.

On veut diviser . . . . . 756984 par 932.

756984	932
1158	$812 \frac{200}{932}$
2064	
200	

Après avoir pris les quatre premiers chiffres du dividende, qui sont nécessaires pour contenir le diviseur, je trouve que 75 contient 9, 8 fois, c'est pourquoi j'écris huit au quotient; et au lieu de porter sous 7569, le produit de 932 par 8, je multiplie d'abord 2 par 8, ce qui me donne 16; mais comme je ne puis ôter 16 de 9, j'emprunte sur le chiffre suivant 6, une dixaine, qui, jointe à 9 me donne 19, duquel ôtant 16, il me reste 3 que j'écris au-dessous.

Pour tenir compte de cette dixaine empruntée, au lieu de diminuer d'une unité le chiffre 6 sur lequel j'ai emprunté, je retiens cette unité que je vais ajouter au produit suivant ; ainsi continuant la multiplication, je dis, 8 fois 3 font 24, et un que j'ai retenu font 25; comme je ne puis ôter 25 de 6, j'emprunte sur le chiffre suivant 5 du dividende, deux dixaines, qui jointes à 6, me donnent 26, desquels j'ôte 25, et il me reste 1 que j'écris sous 6; par-là j'ai tenu compte de la première dixaine dont j'aurais dû diminuer 6, parce que j'ai retranché une dixaine de plus. Je tiendrai, de même, compte des deux dixaines que je viens d'emprunter. Je continue donc en disant, 8 fois 9 font 72, et 2 que j'ai empruntés font 74, lesquels ôtés de 75, il reste 1.

J'abaisse à côté du reste 113 le chiffre 8 du divivende, et je continue de la même manière, en disant en 11 combien de fois 9? 1 fois; puis une fois 2 fait 2, qui ôtés de 8 il reste 6; une fois 3 fait 3, qui ôtés de 3 il reste 0; une fois 9 est 9, qui ôtés de 11 il reste 2. J'abaisse le chiffre 4 à côté du reste 206, et je dis en 20 combien de fois 9? 2 fois; et faisant la multiplication 2 fois 2 font 4, qui ôtés de 4 il reste 0; 2 fois 3 font 6, qui ôtés de 6 il reste 0; et enfin 2 fois 9 font 18, qui ôtés de 20 il reste 2.

66. Il peut arriver dans le cours de ces divisions partielles, que le dividende contiène le diviseur plus de 9 fois; cependant on ne doit jamais mettre plus de 9 au quotient, car si l'on pouvait seulement mettre 10, ce serait une preuve que le quotient trouvé par l'opération précédente serait faux, puisque la dixaine qu'on trouverait dans le quotient actuel, appartiendrait à ce premier quotient.

67. Si le dividende et le diviseur étaient suivis de zéros, on pourrait en ôter à l'un et à l'autre autant qu'il y en a à la suite de celui qui en a le moins. Par exemple, pour diviser 8000 par 400, je diviserai seulement 80 par 4; car il est évident que 80 centaines ne contiènent pas plus 4 centaines, que 80 unités ne contiènent 4 unités.

De la Division des Parties décimales.

68. Pour ne point nous arrêter à des distinctions superflues, nous réduirons l'opération de la division des décimales à cette règle seule.

Mettez à la suite de celui des deux nombres proposés, qui a le moins de décimales, un nombre de zéros suffisant pour que le nombre des décimales soit le même dans chacun; cela ne changera rien à la valeur de ce nombre (30); supprimez la virgule dans l'un et dans l'autre, et faites l'opération comme pour les nombres entiers; il n'y aura rien à changer au quotient que vous trouverez.

EXEMPLE.

On propose de diviser . . . 12,52 par 4,3.

J'écris. . . . . 12,52 | 4,3

Ou plutôt . . . . 12,52 | 4,30

en complétant le nombre des décimales.

Supprimant la virgule, j'ai 1252 à diviser par 430 ; faisant l'opération

$$\begin{array}{r|l} 1252 & 430 \\ \hline & 2\frac{392}{430} \\ 392 & \end{array}$$

Je trouve 2 pour quotient, et 392 pour reste, c'est-à-dire que le quotient est 2 et $\frac{392}{430}$.

Mais comme l'objet qu'on se propose, quand on se sert de décimales, est d'éviter les fractions ordinaires, au lieu d'écrire le reste 392 sous la forme de fraction, comme on vient de le faire, on continuera l'opération comme dans l'exemple suivant.

EXEMPLE.

$$\begin{array}{r|l} 1252 & 430 \\ \hline & 2,9116 \\ 3920 & \\ 500 & \\ 700 & \\ 2700 & \\ 120 & \end{array}$$

Après avoir trouvé le quotient en entiers, qui est ici 2, on mettra à côté du reste 392, un zéro qui, à la vérité, rendra ce reste dix fois trop grand ; on continuera de diviser par 430, et ayant trouvé qu'il faudrait mettre 9 au quotient, on l'y mettra en effet, mais après voir marqué la place des unités entières, en mettant une virgule après le 2 ; par ce moyen, le 9 ne marquera plus que des dixièmes : après la multiplication et la soustraction faites, on mettra à côté du reste 50 un zéro, ce qui est la même chose que si l'on en avait mis d'abord deux à côté du dividende ; mais en mettant après 9 le quotient 1 qu'on trouvera, on lui donnera par-là sa véritable valeur, puisqu'alors il marque des centièmes ; on continuera ainsi tant qu'on le jugera nécessaire. En s'en tenant à deux décimales, on a la valeur du quotient à moins d'un centième d'unités près ; en poussant jusqu'à trois chiffres, on a le quotient à moins d'un millième près, et ainsi de suite, puisqu'on n'aurait pas pu mettre une unité de plus ou de moins, sans rendre le quotient trop fort ou trop faible.

Tous les restes de division peuvent être réduits ainsi en décimales.

Il reste à expliquer pourquoi la suppression de la virgule dans le dividende et dans le diviseur ne change rien au quotient, lorsqu'on a rendu le nombre des décimales le même dans chacun de ces deux nombres : c'est ce qu'il est aisé d'apercevoir, parce que dans l'exemple ci-dessus, le dividende 12,52, et le diviseur 4,30 ne sont autre chose que 1252 centièmes et 430 centièmes, puisque les unités entières valent des centaines de centième (22); or il est clair que 1252 centièmes ne contiènent pas autrement 430 centièmes, que 1252 unités ne contiènent 430 unités; donc la considération de la virgule est inutile quand on a complété le nombre des décimales.

69. Lorsqu'on n'a besoin de connaître le quotient d'une division que jusqu'à un degré d'exactitude proposé, on peut abréger le calcul par la méthode suivante. Nous supposerons, d'abord qu'on n'a besoin de connaître ce quotient qu'à une unité près : nous ferons voir ensuite comment on doit appliquer la méthode, pour l'avoir aussi près qu'on voudra : voici la règle.

Supprimez, sur la droite du dividende, autant de chiffres, moins un, qu'il y en a dans le diviseur : faites ensuite la division comme à l'ordinaire : s'il n'y a point de reste, vous mettrez à la suite du quotient autant de zéros que vous avez supprimé de chiffres dans le dividende. Mais s'il y a un reste, vous continuerez de diviser, non pas par le même diviseur qu'auparavant, ce qui n'est plus possible, mais par ce diviseur dont vous aurez supprimé le dernier chiffre de la droite : après cette division, vous diviserez le nouveau reste par le diviseur précédent, dont vous supprimez le dernier chiffre sur la droite : et vous continuerez ainsi de diviser, en supprimant à chaque division un chiffre sur la droite du diviseur.

EXEMPLE.

On veut avoir, à moins d'une unité près, le quotient de 8789256487 divisé par 64423. Je supprime les quatre derniers chiffres de la droite du dividende, et je divise 878925 par le diviseur proposé 64423.

```
878925 | 64423
       |------
234695 | 136430
 41424 .. 6442
  2772 .. 644
   196 .. 64
     4 .. 6
```

Je trouve d'abord 13 pour quotient, et 41424 pour reste : je divise donc 41424 par 6442, en supprimant le dernier chiffre 3 du diviseur : j'ai pour quotient 6, que j'écris à la suite du premier quotient 13; et le reste est 2772 que je divise par 644, en supprimant encore un chiffre sur la droite du diviseur primitif : j'ai pour quotient 4, que j'écris à la suite du quotient principal 136; le reste est 196 que je divise par 64, en supprimant encore un chiffre dans le diviseur : le quotient est 3, et le reste 4. Enfin je divise par 6, et j'ai 0 pour quotient; en sorte que le quotient de 878923648 7 divisé par 64423, est 136430, à moins d'une unité près. En effet, le quotient exact est 136430 $\frac{6597}{64423}$.

Il n'est pas indispensable d'écrire à chaque fois, comme nous l'avons fait, le nouveau diviseur; on peut se contenter de barrer, dans le diviseur primitif, chaque chiffre à mesure qu'on passe à une nouvelle division : ce n'a été que pour rendre l'opération plus sensible, que nous avons écrit ces diviseurs à côté des restes successifs.

70. Si le reste de la première division se trouvait plus petit que n'est le diviseur après qu'on en a supprimé le dernier chiffre, on mettrait zéro au quotient; et s'il se trouvait encore plus petit que ne serait ce diviseur, après qu'on en a encore ôté le dernier des chiffres restants, on mettrait encore un zéro au quotient, et ainsi de suite.

EXEMPLE.

Pour avoir, à moins d'une unité près, le quotient de 55106054 divisé par 643, je divise, comme à l'ordinaire, la partie 551060 qui reste après la suppression des deux derniers chiffres du dividende proposé.

```
551060 | 643
 3666  |-----
  4510 | 85701
   009 . . 64
     9 . . 6
     3
```

J'ai pour quotient 857, et 9 pour reste : il faut donc diviser ce reste par 64 seulement; comme 9 ne contient pas ce diviseur, je mets 0 au quotient, et j'ai encore pour reste 9, que je divise par 6 seulement, en sorte que le quotient cherché est 85701, à moins d'une unité près.

71. Si lorsqu'au commencement de l'opération on supprime sur la droite du dividende les chiffres que la règle prescrit de supprimer, il se trouve que les chiffres restants ne contiennent pas le diviseur, on supprime tout de suite, sur la droite du diviseur, autant de chiffres qu'il est nécessaire pour que le diviseur y soit contenu.

EXEMPLE.

On veut avoir, à moins d'une unité près, le quotient de 1611527 divisé par 64524.

Je supprime les quatre chiffres 1527 de la droite du dividende.

Mais comme les chiffres restants 161 ne peuvent pas être divisés par 64524, je supprime dans ce diviseur, les trois derniers chiffres 524 qui doivent être supprimés pour que ce diviseur soit contenu dans le dividende restant 161 ; ainsi je divise 161 par 64, en opérant comme dans l'exemple précédent.

	64
161	25
33...6	
3	

et j'ai 25 pour le quotient de 1611527 divisé par 64524, à moins d'une unité près : en effet, le quotient exact est $24\frac{62951}{64524}$ qui est beaucoup plus près de 25 que de 24.

72. A mesure qu'on supprime un chiffre dans le diviseur, il convient, pour plus d'exactitude, d'augmenter d'une unité le dernier de ceux qui restent, si celui qu'on supprime est au-dessus de 5 ou égal à 5. On augmentera, de même, d'une unité, le dernier des chiffres qui restent dans le dividende, après la suppression que la règle prescrit, si ceux-ci surpassent ou 5, ou 10, ou 50, selon qu'il y en a 1, ou 2, ou 3, etc.

EXEMPLE.

On veut avoir, à moins d'une unité près, le quotient de 8658627 divisé par 1987.

Je divise donc 8658 par 1987, comme il suit :

	1987
8658	4357
710..199	
113..20	
13..2	

c'est-à-dire, qu'au lieu de diviser le reste 710 par 198 seulement, je le divise par 199, parce que le dernier chiffre 7, que je supprime, est au-dessus de 5. Même raison pour la division suivante. Mais comme le dernier diviseur 2 qui est contenu 6 fois $\frac{1}{2}$ dans 13, est un peu trop fort, je mets 7 au quotient pour compenser.

73. Maintenant il est facile de voir ce qu'il y a à faire, lorsqu'on veut avoir le quotient beaucoup plus exactement. Par exemple, si l'on voulait avoir le quotient, à un dix-millième d'unité près, la question se réduirait à mettre autant de zéros (ici ce serait quatre) à la suite du dividende, qu'on veut avoir de décimales au quotient; après on fera la division selon la méthode actuelle. Et lorsqu'on aura trouvé le quotient, à moins d'une unité près, on en séparera sur la droite, par une virgule, autant de chiffres qu'on voulait avoir de décimales.

quotient 4, que j'écris à la suite du quotient principal 136; le reste est 196 que je divise par 64, en supprimant encore un chiffre dans le diviseur : le quotient est 3, et le reste 4. Enfin je divise par 6, et j'ai 0 pour quotient; en sorte que le quotient de 8789236487 divisé par 64423, est 136430, à moins d'une unité près. En effet, le quotient exact est 136430 $\frac{6597}{64423}$.

Il n'est pas indispensable d'écrire à chaque fois, comme nous l'avons fait, le nouveau diviseur; on peut se contenter de barrer, dans le diviseur primitif, chaque chiffre à mesure qu'on passe à une nouvelle division : ce n'a été que pour rendre l'opération plus sensible, que nous avons écrit ces diviseurs à côté des restes successifs.

70. Si le reste de la première division se trouvait plus petit que n'est le diviseur après qu'on en a supprimé le dernier chiffre, on mettrait zéro au quotient; et s'il se trouvait encore plus petit que ne serait ce diviseur, après qu'on en a encore ôté le dernier des chiffres restants, on mettrait encore un zéro au quotient, et ainsi de suite.

EXEMPLE.

Pour avoir, à moins d'une unité près, le quotient de 55106054 divisé par 643, je divise, comme à l'ordinaire, la partie 551060 qui reste après la suppression des deux derniers chiffres du dividende proposé.

```
551060 | 643
 3666  | 85701
  4510
   009 . . 64
     9 . . 6
     3
```

J'ai pour quotient 857, et 9 pour reste : il faut donc diviser ce reste par 64 seulement; comme 9 ne contient pas ce diviseur, je mets 0 au quotient, et j'ai encore pour reste 9, que je divise par 6 seulement, en sorte que le quotient cherché est 85701, à moins d'une unité près.

71. Si lorsqu'au commencement de l'opération on supprime sur la droite du dividende les chiffres que la règle prescrit de supprimer, il se trouve que les chiffres restants ne contiennent pas le diviseur, on supprime tout de suite, sur la droite du diviseur, autant de chiffres qu'il est nécessaire pour que le diviseur y soit contenu.

EXEMPLE.

On veut avoir, à moins d'une unité près, le quotient de 1611527 divisé par 64524.

Je supprime les quatre chiffres 1527 de la droite du dividende.

Mais comme les chiffres restants 161 ne peuvent pas être divisés par 64524, je supprime dans ce diviseur, les trois derniers chiffres 524 qui doivent être supprimés pour que ce diviseur soit contenu dans le dividende restant 161 ; ainsi je divise 161 par 64, en opérant comme dans l'exemple précédent.

```
     | 64
     |----
 161 | 25
  33...6
   3
```

et j'ai 25 pour le quotient de 1611527 divisé par 64524, à moins d'une unité près : en effet, le quotient exact est $24\frac{62951}{64524}$ qui est beaucoup plus près de 25 que de 24.

72. A mesure qu'on supprime un chiffre dans le diviseur, il convient, pour plus d'exactitude, d'augmenter d'une unité le dernier de ceux qui restent, si celui qu'on supprime est au-dessus de 5 ou égal à 5. On augmentera, de même, d'une unité, le dernier des chiffres qui restent dans le dividende, après la suppression que la règle prescrit, si ceux-ci surpassent ou 5, ou 10, ou 50, selon qu'il y en a 1, ou 2, ou 3, etc.

EXEMPLE.

On veut avoir, à moins d'une unité près, le quotient de 8658627 divisé par 1987.

Je divise donc 8658 par 1987, comme il suit :

```
      | 1987
      |-----
 8658 | 4357
  710..199
  113..20
   13..2
```

c'est-à-dire, qu'au lieu de diviser le reste 710 par 198 seulement, je le divise par 199, parce que le dernier chiffre 7, que je supprime, est au-dessus de 5. Même raison pour la division suivante. Mais comme le dernier diviseur 2 qui est contenu 6 fois $\frac{1}{2}$ dans 13, est un peu trop fort, je mets 7 au quotient pour compenser.

73. Maintenant il est facile de voir ce qu'il y a à faire, lorsqu'on veut avoir le quotient beaucoup plus exactement. Par exemple, si l'on voulait avoir le quotient, à un dix-millième d'unité près, la question se réduirait à mettre autant de zéros (ici ce serait quatre) à la suite du dividende, qu'on veut avoir de décimales au quotient; après on fera la division selon la méthode actuelle. Et lorsqu'on aura trouvé le quotient, à moins d'une unité près, on en séparera sur la droite, par une virgule, autant de chiffres qu'on voulait avoir de décimales.

EXEMPLE.

On veut avoir, à moins d'un dix-millième d'unité près, le quotient de 6927 divisé par 4532 : je mets quatre zéros à la suite de 6927, et la question se réduit à avoir, à moins d'une unité près, le quotient de 69270000 divisé par 4532, c'est-à-dire conformément à la règle ci-dessus, à diviser 69270 par 4532, comme il suit,

```
 69270 | 4532
 23950 | 15285
  1290..453
   384..43
    24..5
```

le quotient cherché est donc 1,5285, à moins d'un dix-millième d'unité près.

S'il y avait des décimales dans le dividende, ou dans le diviseur, ou dans tous les deux, on les ramènerait d'abord à n'en point avoir, selon ce qui a été dit, (68); après quoi on opérerait comme dans ce dernier exemple.

Donc si l'on voulait réduire une fraction proposée, en décimales, on y parviendrait promptement par cette méthode, ayant égard à ce qui a été dit (71).

Ainsi si l'on veut réduire $\frac{4253}{9678}$ en décimales, et en avoir la valeur à moins d'un millième d'unité près, on aura 4253000 à diviser par 9678; ce qui (69) se réduira à diviser 4253 par 9678, et (71) à diviser 4253 par 968, selon la méthode actuelle. On trouvera donc 439; en sorte qu'on aura 0,439 pour la valeur de $\frac{4253}{9678}$, à moins d'un millième près.

Preuve de la Multiplication et de la Division.

74. On peut tirer de la définition même que nous avons donnée de chacune de ces deux opérations, le moyen d'en faire la preuve.

Puisque dans la multiplication on prend le multiplicande autant de fois que le multiplicateur contient d'unités, il s'ensuit que si l'on cherche combien de fois le produit contient le multiplicande, c'est-à-dire (59) si l'on divise le produit par le multiplicande, on doit trouver, pour quotient, le multiplicateur; et comme on peut prendre le multiplicande pour le multiplicateur, *et vice versâ*, en général, *si l'on divise le produit d'une multiplication par l'un de ses facteurs, on doit retrouver pour quotient l'autre facteur.*

Par exemple, ayant trouvé ci-dessus (50) que 2864 multiplié par 6 a donné 17184, je divise 17184 par 2864; je dois trouver, et je trouve en effet, 6 pour quotient.

Pareillement, puisque le quotient d'une division marque combien de fois le dividende contient le diviseur, il s'ensuit que si l'on prend le diviseur autant de fois qu'il est marqué par le quotient, c'est-à-dire si l'on multiplie le diviseur par le quotient, on doit reproduire le dividende, lorsque la division a été faite sans reste, et que, dans le cas où il y a un reste, si l'on multiplie le diviseur par le quotient, et qu'au produit on ajoute le reste de la division, on doit reproduire le dividende.

Par exemple, nous avons trouvé ci-dessus (63) que 189492 divisé par 375, donnait 505 pour quotient, et 117 pour reste. En multipliant 375 par 505, on trouve 189375, auquel ajoutant le reste 117, on retrouve le dividende 189492.

Ainsi la multiplication et la division peuvent se servir de preuve réciproquement.

Mais on peut vérifier ces opérations par un moyen plus prompt, que nous allons exposer : il ne faut pas pour cela négliger les réflexions que nous venons de faire ; elles seront utiles dans beaucoup d'autres occasions.

Preuve par 9.

75. Supposons qu'après avoir multiplié 65498 par 454, et trouvé que le produit est 29736092, on veuille éprouver si ce produit est exact.

On ajoutera tous les chiffres 6, 5, 4, 9, 8, du multiplicande, comme s'ils ne contenaient que des unités simples, et on retranchera 9 à mesure qu'il se trouvera dans la somme : on aura un reste qui sera ici 5.

On ajoutera pareillement les chiffres 4, 5, 4, du multiplicateur, et retranchant pareillement tous les 9 que produira cette addition, on aura pour reste 4.

On multipliera le reste 5 du multiplicande par le reste 4 du multiplicateur, et du produit 20 on retranchera les 9 qu'il peut renfermer ; il restera 2.

Si le produit est exact, il faut qu'ajoutant de même tous les chiffres 2, 9, 7, 3, 6, 0, 2, de ce produit, et retranchant tous les 9, il ne reste aussi que 2 ; ce qui a lieu en effet.

Cette règle est fondée sur ce principe que, pour avoir le reste de la soustraction de tous les 9 qu'un nombre peut renfermer, il n'y a qu'à chercher le reste que ses chiffres, ajoutés comme des unités simples, donneraient après la suppression des 9.

En effet, si d'un nombre exprimé par un seul chiffre suivi de plusieurs zéros on retranche tous les 9, le reste sera exprimé par ce seul chiffre. Si de 4000 ou de 500, ou de 60,000, vous retranchez tous les 9, le reste sera 4 ou 5, ou 6, etc., ce qui est aisé à voir.

Donc le reste que donnerait, par la suppression des 9, un nombre tel que 65498 (qui est la même chose que 60,000, plus 5000, plus 400, plus 90, plus 8), sera le même que celui que donneraient 6, plus 5, plus 4, plus 9, plus 8; c'est-à-dire le même que si l'on ajoutait ces chiffres comme contenant des unités simples.

En voici maintenant l'application à la preuve de la multiplication.

Puisque 55498 est composé d'un certain nombre de 9 et d'un reste 5, et que le multiplicateur 454 est composé aussi d'un certain nombre de 9 et d'un reste 4, il ne peut s'en falloir que du produit de 5 par 4 ou 20, que le produit total ne soit divisible par 9, ou, en ôtant les 9, il ne doit s'en falloir que de 2 que le produit total ne soit divisible par 9 : donc il doit rester au produit la même quantité que dans le produit des deux restes, après la suppression des 9 qu'il renferme.

On pourrait faire aussi cette preuve de la même manière par le nombre 3.

A l'égard de la division, elle devient facile à éprouver, d'après ce qui a été dit (70). Après avoir ôté du dividende le reste qu'a donné la division, on regardera le résultat comme un produit dont le diviseur et le quotient sont les facteurs, et par conséquent on y appliquera la preuve par 9, de la même manière qu'on vient de le faire.

A parler exactement, cette vérification n'est pas infaillible; parce que dans la multiplication, par exemple, si l'on s'était trompé de quelques unités sur quelque chiffre du produit, et qu'en même temps on eût fait une erreur égale, mais en sens contraire, sur quelque autre chiffre du même produit; comme cela ne changerait rien au reste que l'on auroit après la suppression des 9, cette règle ne feroit point apercevoir l'erreur; mais comme il faut, ainsi qu'on le voit, au moins deux erreurs, et deux erreurs qui se compensent, ou qui ne diffèrent que d'un certain nombre de fois 9, les cas où cette vérification serait fautive, seront très-rares dans l'usage.

Quelques usages de la règle précédente.

76. La division sert non-seulement à trouver combien de fois un nombre en contient un autre, mais encore à partager un nombre en parties égales. Prendre la moitié, le tiers, le quart, le cinquième, le vingtième, le trentième, etc., d'un nombre, c'est diviser ce nombre par 2, 3, 4, 5, 20, 30, etc., ou le partager en 2, 3, 4, 5, 6, 20, 30, etc., parties égales, pour prendre une de ces parties.

Entre plusieurs exemples de cet usage de la division, nous choisissons le cas où l'on veut trouver une quantité moyenne entre plusieurs autres. Supposons qu'ayant fait dix épreuves d'un même mortier, on ait eu les dix portées suivantes.

COUPS.	PORTÉES.
1.	. . . . 1231 toises.
2.	 1192
3.	 1223
4.	 1200
5.	 1227
6.	 1144
7.	 1186
8.	 1219
9.	 1219
10.	 1164
Somme de portées.	12015
Portée moyenne.	1201 $\frac{5}{10}$

Ce qu'on entend par une quantité moyenne, c'est ce que serait chaque quantité, si leur valeur totale restant la même, elles étaient toutes égales. Or, il est clair que si elles étaient toutes égales, pour avoir la valeur de chacune, il faudrait partager leur totalité en autant de parties qu'il y a de quantités. Il faut donc ici partager la somme 12015 en dix parties, c'est-à-dire, la diviser par 10 : le quotient 1201 $\frac{5}{10}$ est la quantité ou la portée moyenne, que l'on appèle ainsi parce qu'elle tient une espèce de milieu entre toutes les autres.

Dans les calculs ordinaires de la pratique, on rejète la fraction quand elle est au-dessous d'une demi-unité; et lorsqu'au contraire elle est au-dessus, ou qu'elle vaut cette demi-unité, on compte une unité de plus.

La division sert encore à convertir les unités d'une certaine espèce, en unités d'une espèce supérieure; par exemple, un certain nombre de deniers en sous, et ceux-ci en livres. Pour réduire 5864 deniers en sous, on remarquera que puisqu'il faut 12 deniers pour faire un sou, autant de fois il y aura 12 deniers dans 5864 deniers, autant il y aura de sous; il faut donc diviser par 12, et on trouvera 488 sous et 8 deniers de reste. Pour réduire en liv. les 488 sous, on divisera 488 par 20, puisqu'il faut 20 sous pour faire la livre, et on aura en total 24 livres 8 sous 8 deniers.

A l'occasion de cette division par 20, remarquons que quand on a à diviser par un nombre suivi de zéros, on peut abréger l'opération en séparant sur la droite du dividende autant de chiffres qu'il y a de zéros; on divise la partie qui reste à gauche par les chiffres significatifs du diviseur; s'il y a un reste, on écrit à sa suite les chiffres qu'on a séparés, ce qui donne le reste total. Par exemple, pour diviser 5834 par 20, je sépare le dernier chiffre 4, et je divise par 2 la partie restante 583; j'ai pour quotient 291, et 1 pour reste; j'écris à côté de ce reste 1, le chiffre séparé 4, ce qui me donne 14 pour reste total; en sorte que le quotient est 291 $\frac{14}{20}$.

Cette abréviation peut être appliquée à la réduction de la charge d'un navire en tonneaux de poids. Si l'on sait que la charge est de 2584954 ℔ : pour la réduire en tonneaux, c'est-à-dire pour diviser par 2000, on séparera les trois derniers chiffres de la droite, et prenant la moitié des autres, on aura 1292 tonneaux et 954 ℔.

Quand on veut évaluer en livres et sous le vingtième d'un nombre de livres proposé, il suit de cette règle, que l'opération se réduit à compter le dernier chiffre pour des sous, et prendre moitié des autres chiffres que l'on comptera pour des livres. Si en prenant cette moitié, il reste une unité, on la comptera pour une dixaine de sous qu'on placera à gauche du chiffre qu'on a séparé d'abord. Par exemple, si l'on veut avoir le vingtième de 54672 liv., on séparera le dernier chiffre 2, que l'on comptera pour 2 sous; et prenant la moitié de 5467, qui est 2733, avec une unité de reste, on écrira 2733 livres 12 sous : la raison de cette règle est évidente, en faisant attention que 54672 liv. est 54660 liv. plus 12 livres, or, le vingtième de 54660 est évidemment 2733, et celui de 12 liv. est 12 sous, puisque le vingtième d'une livre est un sou. S'il y avait des sous et deniers dans la somme proposée, on négligerait les deniers, dont la vingtième partie ne peut jamais faire un denier. A l'égard des sous, on les triplerait; et prenant le cinquième, on le porterait aux deniers. Ainsi le vingtième de 54672 liv. 17 s. 7 d. est 3733 liv. 12 s. 10 d.

S'il s'agissait d'avoir le dixième d'un nombre de livres, on séparerait le dernier chiffre, et l'ayant doublé, on le compterait pour des sous; et on compterait comme des livres tous les chiffres restants sur la gauche. Ainsi le dixième de 67987 liv. est 6798 liv. 14 s. La raison pour laquelle on double le dernier chiffre, est que le dixième d'une liv. est 2 sous.

On a assez souvent besoin de prendre les quatre deniers pour livre d'une somme proposée : cela se réduit à en prendre d'abord le vingtième, comme il vient d'être dit; puis prendre le tiers de ce vingtième. Ainsi pour avoir les quatre deniers pour livre de 8762 livres, j'en prends le vingtième, qui est 438 liv. 2 sous, dont le tiers 146 liv. 0 sou 8 den. forme les quatre deniers pour livre de 8762 liv. En effet, les quatre deniers pour livre ne sont autre chose que le soixantième, puisque 4 deniers sont contenus 60 fois dans la livre. Or le soixantième est le tiers du vingtième.

Des Fractions.

77. Les fractions, considérées arithmétiquement, sont des nombres par lesquels on exprime les quantités plus petites que l'unité.

78. Pour se faire une idée nette des fractions, il faut concevoir que la quantité qu'on a prise d'abord pour unité, est elle-même composée d'un certain nombre d'unités plus petites; comme l'on conçoit, par exemple, que la livre est composée de vingt parties ou de vingt unités plus petites, qu'on appèle sous.

Une ou plusieurs de ces parties forment ce qu'on appèle une fraction de l'unité. On donne aussi ce nom aux nombres qui représentent ces parties.

79. Une fraction peut-être exprimée en nombres, de deux manières qui sont chacune en usage.

La première manière consiste à représenter, comme les nombres entiers, les parties de l'unité que contient la quantité dont il s'agit; mais alors on donne un nom particulier à ces parties: ainsi pour marquer 7 parties dont on en conçoit 20 dans la livre, on emploierait le chiffre 7, mais on prononcerait sept sous, et on écrirait 7^s : cette manière de marquer les parties de l'unité a lieu dans les nombres complexes dont nous parlerons par la suite.

80. Mais comme il faudrait un signe particulier pour chaque division qu'on pourrait faire de l'unité, on évite cette multiplicité de signes, en marquant une fraction par deux nombres placés l'un au-dessous de l'autre, et séparés par un trait. Ainsi pour marquer les 7 parties dont il vient d'être question, on écrit $\frac{7}{20}$; c'est-à-dire qu'en général, on écrit d'abord le nombre qui marque combien la quantité dont il s'agit contient de parties de l'unité; et on écrit au-dessous de ce nombre, celui qui marque combien on conçoit de ces parties dans l'unité.

81. Et pour énoncer une fraction, on énonce d'abord le nombre supérieur (qui s'appèle *le numérateur*); ensuite le nombre inférieur (qui s'appèle le *dénominateur*); mais on ajoute au nom de celui-ci la terminaison *ième :* par exemple, pour énoncer $\frac{7}{20}$ on prononcera *sept vingtièmes;* pour énoncer $\frac{4}{5}$, on prononcera *quatre cinquièmes;* et par cette expression *quatre cinquièmes*, on doit entendre quatre parties, dont il en faudrait cinq pour composer l'unité.

Il faut seulement excepter de la terminaison générale, les fractions dont le dénominateur est 2 ou 3, ou 4, qui se prononcent *moitiés* ou *demies*, *tiers*, *quarts*. Ainsi ces fractions $\frac{1}{2}$, $\frac{2}{3}$, $\frac{3}{4}$, se prononceraient *un demi, deux tiers*, *trois quarts*.

82. Le numérateur marque donc combien la quantité représentée par la fraction contient de parties de l'unité; et le dénomi-

nateur fait connaître de quelle valeur sont ces parties, en marquant combien il en faut pour composer l'unité. On lui donne le nom de dénominateur, parce que c'est lui en effet qui donne le nom à la fraction, et qui fait que dans ces deux fractions, par exemple, $\frac{3}{5}$ et $\frac{2}{7}$, les parties de la première s'appèlent des *cinquièmes*, et les parties de la seconde des *septièmes*.

83. Le numérateur et le dénominateur s'appèlent aussi, d'un nom commun, les *deux termes de la fraction*.

Des Entiers considérés sous la forme des fractions.

84. Les opérations qu'on fait sur les fractions conduisent souvent à des résultats fractionnaires, dont le numérateur est plus grand que le dénominateur, par exemple, à des résultats tels que $\frac{13}{8}$, $\frac{27}{5}$, etc.

Ces sortes d'expressions ne sont pas des fractions proprement dites, mais ce sont des nombres entiers joints à des fractions.

85. Pour extraire les entiers qui s'y trouvent renfermés, il faut diviser le numérateur par le dénominateur. Le quotient marquera les entiers, et le reste de la division sera le numérateur de la fraction qui accompagne ces entiers. Ainsi $\frac{27}{5}$ donneront $5\frac{2}{5}$, c'est-à-dire cinq entiers et deux cinquièmes.

En effet, dans l'expression $\frac{27}{5}$, le dénominateur 5 fait connaître que l'unité est composée de 5 parties; donc autant de fois il y aura 5 dans 27, autant il y aura d'unités entières dans la valeur de la fraction $\frac{27}{5}$.

86. Les multiplications et les divisions des nombres entiers joints aux fractions, exigent, du moins pour la facilité, qu'on convertisse ces entiers en fraction.

On fait cette converson en multipliant le nombre entier, par le dénominateur de la fraction en laquelle on veut réduire cet entier. Par exemple, si on veut convertir 8 entiers en cinquièmes, on multipliera 8 par 5, et on aura $\frac{40}{5}$. En effet, lorsqu'on veut convertir 8 en cinquièmes, on regarde l'unité comme composée de 5 parties; les 8 unités en contiendront donc 40 : pareillement $7\frac{4}{9}$, convertis en neuvièmes, feront $\frac{67}{9}$.

Des changements qu'on peut faire subir aux deux termes d'une Fraction sans changer sa valeur.

87. Il est visible que plus on concevra de parties dans l'unité, et plus il faudra de ces parties pour composer une même quantité.

88. Donc on peut rendre le dénominateur d'une fraction, double, triple, quadruple, etc., sans rien changer à la valeur de la fraction, pourvu qu'en même temps on rende aussi le numérateur double, triple, quadruple, etc.

On peut donc dire en général, qu'*une fraction ne change point de valeur quand on multiplie ses deux termes par un même nombre.*

Ainsi $\frac{3}{4}$ est la même chose que $\frac{6}{8}$; $\frac{1}{2}$ la même chose que $\frac{2}{4}$, que $\frac{3}{6}$, que $\frac{5}{10}$, etc.

89. Par un raisonnement semblable, on voit que moins on supposera de parties dans l'unité, moins il faudra de ces parties pour former une même quantité : que par conséquent on peut, sans changer une fraction, rendre son dénominateur, 2, 3, 4, etc., fois plus petit, pourvu qu'en même temps on rende son numérateur 2, 3, 4, etc., fois plus petit ; et, en général, *une fraction ne change point de valeur quand on divise ses deux termes par un même nombre.*

Pour voir distinctement la vérité de ces deux propositions, il suffit de se rappeler ce que c'est que le dénominateur, et ce que c'est que le numérateur d'une fraction.

Remarquons donc que multiplier ou diviser les deux termes d'une fraction par un même nombre, n'est point multiplier ou diviser la fraction, puisque, comme nous venons de le dire, elle ne change point de valeur par ces opérations.

Les deux principes que nous venons de poser sont la base des deux réductions suivantes qui sont d'un très-grand usage.

Réduction des Fractions à un même Dénominateur.

90. 1° Pour réduire deux fractions à un même dénominateur, multipliez les deux termes de la première, chacun par le dénominateur de la seconde, et les deux termes de la seconde, chacun par le dénominateur de la première.

Par exemple, pour réduire à un même dénominateur les deux fractions $\frac{2}{3}$, $\frac{3}{4}$, je multiplie 2 et 3 qui sont les deux termes de la première fraction, chacun par 4, dénominateur de la seconde, et j'ai $\frac{8}{12}$ qui (88) est de même valeur que $\frac{2}{3}$.

Je multiplie de même les deux termes 3 et 4 de la seconde fraction, chacun par 3, dénominateur de la première, et j'ai $\frac{9}{12}$ qui est de même valeur que $\frac{3}{4}$; en sorte que les fractions $\frac{2}{3}$ et $\frac{3}{4}$ sont changées en $\frac{8}{12}$ et $\frac{9}{12}$, qui sont respectivement de même valeur que celles-là, et qui ont le même dénominateur entre elles.

Il est aisé de voir que par cette méthode le dénominateur sera toujours le même pour chacune des deux nouvelles fractions, puisque dans chaque opération le nouveau dénominateur est formé de la multiplication des deux dénominateurs primitifs.

91. 2° Si on a plus de deux fractions, on les réduira toutes au même dénominateur, en multipliant les deux termes de chacune

par le produit résultant de la multiplication des dénominateurs des autres fractions.

Par exemple, pour réduire à un même dénominateur les quatre fractions $\frac{2}{3}\frac{3}{4}\frac{4}{5}\frac{5}{7}$, je multiplierai les deux termes 2 et 3 de la première, par le produit des trois dénominateurs 4, 5, 7, des autres fractions, produit que je trouve en disant : 4 fois 5 font 20, puis 7 fois 20 font 140; je multiplie donc 2 et 3 chacun par 140, et j'ai $\frac{280}{420}$ qui est de même valeur que $\frac{2}{3}$ (88).

Je multiplie pareillement les deux termes 3 et 4 de la seconde fraction, par le produit de 3, 5, 7, produit que je forme en disant : 3 fois 5 font 15, puis 7 fois 15 font 105; je multiplie donc 3 et 4 chacun par 105, ce qui me donne $\frac{315}{420}$, fraction de même valeur que $\frac{3}{4}$.

Passant à la troisième fraction, je multiplie ses deux termes 4 et 5 chacun par 84, produit des trois dénominateurs 3, 4 et 7, et j'ai $\frac{336}{420}$ au lieu de $\frac{4}{5}$.

Enfin pour la quatrième, je multiplierai 5 et 7 chacun par le produit 60 des dénominateurs, 3, 4, 5, des trois premières fractions, et j'aurai $\frac{300}{420}$ au lieu de $\frac{5}{7}$, en sorte que les quatre fractions $\frac{2}{3}$, $\frac{3}{4}$, $\frac{4}{5}$, $\frac{5}{7}$, sont changées en $\frac{280}{420}$, $\frac{315}{420}$, $\frac{336}{420}$, $\frac{300}{420}$, moins simples, à la vérité, que celles-là, mais de même valeur qu'elles, et plus susceptibles, par leur dénominateur commun, des opérations de l'addition et de la soustraction.

Remarquons que le dénominateur de chaque nouvelle fraction étant formé du produit de tous les dénominateurs primitifs, ce nouveau dénominateur ne peut manquer d'être le même pour chaque fraction.

Cette règle peut être présentée sous un autre aspect, qui conduit à donner une expression plus simple des fractions réduites à un dénominateur commun, lorsque leurs dénominateurs actuels sont multiples les uns des autres, ou lorsqu'ils ont des diviseurs communs.

On prendra pour dénominateur commun, le plus petit nombre qui soit divisible exactement par chacun des dénominateurs des fractions proposées; et pour avoir le numérateur qui, pour chaque fraction, conviendra à ce nouveau dénominateur, on multipliera le numérateur actuel de cette fraction par le nombre de fois que son dénominateur actuel est contenu dans le dénominateur commun.

Par exemple, si j'avais les fractions $\frac{2}{3}$, $\frac{3}{4}$, $\frac{5}{6}$, $\frac{3}{8}$, $\frac{7}{12}$ à réduire à un même dénominateur, je prendrais pour dénominateur commun 24, qui est le plus petit nombre qui soit exactement divisible par tous ces dénominateurs; et comme 24 contient les dénominateurs 3, 4, 6, 8, 12, autant de fois qu'il est exprimé par les nombres suivants

8, 6. 4, 3, 2, j'écris, comme on le voit ici, ces nombres chacun sous sa fraction correspondante.

$$\frac{2}{3} \quad \frac{3}{4} \quad \frac{5}{6} \quad \frac{3}{8} \quad \frac{7}{12}$$

$$8 \quad 6 \quad 4 \quad 3 \quad 2$$

Et multipliant chaque numérateur par le terme correspondant de la suite inférieure, j'ai

$$\frac{16}{24} \quad \frac{18}{24} \quad \frac{20}{24} \quad \frac{9}{24} \quad \frac{14}{24}$$

pour les fractions réduites au dénominateur commun le plus simple.

Réduction des Fractions à leur plus simple expression.

92. Une fraction est d'autant plus simple, que ses deux termes sont de plus petits nombres. Il est souvent possible d'amener une fraction proposée à être exprimée par de moindres nombres, et cela lorsque son numérateur et son dénominateur peuvent être divisés par un même nombre; comme cette opération n'en change point la valeur (89), c'est une simplification qu'on ne doit point négliger. Voici le procédé qu'il faudra suivre.

93. On divisera le numérateur et le dénominateur chacun par 2, et on répétera cette division tant qu'elle pourra se faire exactement.

On divisera ensuite les deux termes par 3, et on continuera de diviser l'un et l'autre par 3, tant que cela pourra se faire.

On fera la même chose successivement avec les nombres 5, 7, 11, 13, 17, etc., c'est-à-dire avec les nombres qui n'ont aucun diviseur qu'eux-mêmes, ou l'unité, et qu'on appèle *nombres premiers.*

Ainsi la seule difficulté qu'il y ait est de savoir quand est-ce qu'on pourra diviser par 2, 3, 5, etc.

On pourra dans cette recherche s'aider des principes suivants.

94. Tout nombre qui finit par un chiffre pair est divisible par 2.

Tout nombre dont la somme des chiffres ajoutés ensemble, comme s'ils étaient des unités simples, fera 3 ou un *multiple* de 3, c'est-à-dire un nombre exact de fois 3, sera divisible par 3. Par exemple, 54231 est divisible par 3, parce que ces chiffres 5, 4, 2, 3, 1, font 15, qui est 5 fois 3.

La même chose a lieu pour le nombre 9, si les chiffres ajoutés ensemble font 9, ou un multiple de 9.

Cette propriété du nombre 3 se démontre comme celle du nombre 9, à très-peu de chose près, et l'un et l'autre se démontrent comme on l'a fait à la preuve de 9 (75).

Tout nombre terminé par un 5 ou par un zéro, est divisible par 5.

A l'égard du nombre 7 et des suivants, quoiqu'il soit facile de trouver de pareilles règles, comme l'examen qu'elles supposent est aussi long que la division, il faudra essayer la division.

Proposons-nous, par exemple, de réduire la fraction $\frac{2016}{5796}$. Je divise les deux termes par 2, parce que les deux derniers chiffres de chacun sont pairs, et j'ai $\frac{1008}{2898}$. Je divise encore par 2 et j'ai $\frac{504}{1449}$. Ce qui a été dit ci-dessus m'apprend que je puis diviser par 3; je divise en effet et j'ai $\frac{168}{483}$; je divise encore par 3, ce qui me donne $\frac{56}{161}$; enfin j'essaye de diviser par 7; la division réussit et donne $\frac{8}{23}$.

La raison pour laquelle nous prescrivons de ne tenter la division que par les nombres premiers, 2, 3, 5, 7, etc., c'est qu'après avoir épuisé la division par 2, par exemple, il est inutile de tenter de diviser par 4, puisque si celle-ci pouvait réussir, à plus forte raison la division par 2 aurait-elle pu encore se faire.

95. De tous les moyens qu'on peut employer pour réduire une fraction à une expression plus simple, le plus direct est celui de diviser les deux termes par le plus grand diviseur commun qu'ils puissent avoir : voici la règle pour trouver ce plus grand diviseur commun.

Divisez le plus grand des deux termes par le plus petit; s'il n'y a point de reste, c'est le plus petit terme qui est le plus grand diviseur commun.

S'il y a un reste, divisez le plus petit terme par ce reste, et si la division se fait exactement, c'est ce premier reste qui est le plus grand diviseur commun.

Si cette seconde division donne un reste, divisez le premier reste par le second, et continuez toujours de diviser le reste précédent par le dernier reste, jusqu'à ce que vous arriviez à une division exacte. Alors le dernier diviseur que vous aurez employé sera le plus grand diviseur des deux termes de la fraction.

Si le dernier diviseur se trouve être l'unité, c'est une preuve que la fraction ne peut être réduite.

Prenons pour exemple la fraction $\frac{3760}{9024}$.

Je divise 9024 par 3760; j'ai pour quotient 2, et pour reste 1504.

Je divise 3760 par 1504; j'ai pour quotient 2, et pour reste 752.

Je divise le premier reste 1504 par le second reste 752; la division réussit, et j'en conclus que 752 peut diviser les deux termes de la fraction $\frac{3760}{9024}$ et la réduire à sa plus simple expression, qu'on trouve, en faisant l'opération, être $\frac{5}{12}$.

En effet, on a trouvé que 752 divise 1504, il doit donc diviser 3760, qu'on a vu être composé de deux fois 1504 et de 752 : on voit de même qu'il doit diviser 9024, puisque 9024 est composé de deux fois 3760 et de 1504.

On voit de plus que 752 est le plus grand diviseur commun que puissent avoir 3760 et 9024; car il ne peut y avoir de diviseur commun entre 9024 et 3760, qui ne le soit en même temps de 3760 et de 1504; et entre ces deux-ci, il ne peut y en avoir un qui ne soit en même temps diviseur commun de 1504 et de 752; mais il est évident qu'entre ces deux-ci il ne peut y avoir de diviseur commun plus grand que 752; donc, etc.

Différentes manières dont on peut envisager une Fraction, et conséquences qu'on peut en tirer.

96. L'idée que nous avons donnée jusqu'ici d'un fraction, est que le dénominateur représente de combien de parties l'unité est composée; et le numérateur, combien il y a de ces parties dans la quantité que la fraction exprime.

On peut encore envisager une fraction sous un autre point de vue: on peut considérer le numérateur comme représentant une certaine quantité qui doit être divisée en autant de parties qu'il y a d'unités dans le dénominateur. Par exemple, dans $\frac{4}{5}$, on peut considérer 4 comme représentant 4 choses quelconques, 4 liv., par exemple, qu'il s'agit de partager en cinq parties; car il est évident que c'est la même chose de partager 4 liv. en cinq parties, pour prendre une de ces parties, ou de partager une livre en cinq parties pour prendre 4 de ces parties.

97. On peut donc considérer le numérateur d'une fraction comme un dividende, et le dénominateur comme un diviseur. On voit par là ce que signifient les restes de divisions mis sous la forme que nous leur avons donnée (60).

98. Il suit de-là, 1° qu'un entier peut toujours être mis sous la forme d'une fraction, en faisant de cet entier le numérateur, et lui donnant l'unité pour dénominateur; ainsi 8 ou $\frac{8}{1}$ sont la même chose; 5 ou $\frac{5}{1}$ sont la même chose.

99. 2° Que pour convertir une fraction quelconque en décimales, il n'y a qu'à considérer le numérateur comme un reste de division où le dénominateur était diviseur, et opérer par conséquent comme il a été dit (68 exemple II), en observant de mettre d'abord un zéro au quotient pour tenir la place des unités; c'est ainsi qu'on trouvera que $\frac{3}{5}$ valent en décimales 0,6; que $\frac{5}{9}$ valent 0,555, etc., que $\frac{1}{25}$ vaut 0,04, et ainsi de suite.

C'est ainsi qu'on peut réduire en décimales tout nombre complexe proposé. Par exemple, s'il s'agit de réduire $3^{T}\ 5^{P}\ 8^{P}\ 7^{l}$ en décimales de la toise, de manière à ne pas négliger une demi-ligne; j'observe que la toise contient 864 lignes, et par conséquent 1728 demi-lignes; il faut donc, pour ne pas négliger les demi-lignes, porter l'exactitude au-delà des millièmes; c'est-à-dire jusqu'aux dix millièmes.

Cela posé, je réduis les $5^{p}\ 8^{p}\ 7^{l}$ tout en lignes; et j'ai 823 lignes ou $\frac{823}{864}$ de la toise: réduisant cette fraction en décimales, comme il vient d'être dit, on a 0,9525, et par conséquent 3^{T}, 9525 pour le nombre proposé.

Des opérations de l'Arithmétique sur les Fractions.

100. On fait sur les fractions les mêmes opérations que sur les nombres entiers. Les deux premières opérations, l'addition et la soustraction, exigent le plus souvent une opération préparatoire; les deux autres n'en exigent point.

De l'Addition des Fractions.

101. Si les fractions ont le même dénominateur, on ajoutera tous les numérateurs, et on donnera à la somme le dénominateur commun de ces fractions. Ainsi pour ajouter $\frac{2}{7}$, $\frac{3}{7}$, $\frac{5}{7}$, j'ajoute les numérateurs 2, 3, 5, et j'ai par conséquent $\frac{10}{7}$, que je réduis à $1\frac{3}{7}$ (85)

102. Si les fractions n'ont pas le même dénominateur, on commencera par les y réduire par ce qui a été enseigné (90) et (91), après quoi on ajoutera ces nouvelles fractions de la manière qui vient d'être prescrite. Ainsi si l'on propose d'ajouter $\frac{3}{4}$, $\frac{2}{3}$, $\frac{4}{5}$, je change ces trois fractions en ces trois autres, $\frac{45}{60}$, $\frac{40}{60}$, $\frac{48}{60}$, dont la somme est $\frac{133}{60}$ qui se réduit à $2\frac{13}{60}$ (85).

De la Soustraction des Fractions.

103. Si les deux fractions proposées ont le même dénominateur, on retranchera le numérateur de l'une du numérateur de l'autre, et on donnera au reste le dénominateur commun de ces deux fractions. S'il est question de retrancher $\frac{5}{9}$ de $\frac{8}{9}$, le reste sera $\frac{3}{9}$ qui se réduit à $\frac{1}{3}$ (93).

104. Si de $9\frac{5}{8}$ on voulait retrancher $4\frac{7}{8}$; comme on ne peut ôter $\frac{7}{8}$ de $\frac{5}{8}$, on emprunterait sur 9 une unité, laquelle réduite en huitièmes et ajoutée à $\frac{5}{8}$, ferait $\frac{13}{8}$, desquels ôtant $\frac{7}{8}$, il resterait $\frac{6}{8}$; ôtant ensuite 4 de 8 qui restent après l'emprunt, il resterait en tout $4\frac{6}{8}$ ou $4\frac{3}{4}$.

105. Si les fractions n'ont pas le même dénominateur, on les y réduira (90) et (91), après quoi on fera la soustraction comme il vient d'être dit. Ainsi pour ôter $\frac{2}{3}$ de $\frac{3}{4}$, je change ces fractions en $\frac{8}{12}$ et $\frac{9}{12}$, et retranchant 8 de 9, il me reste $\frac{1}{12}$.

De la Multiplication des Fractions.

106. *Pour multiplier une fraction par une fraction, il faut multiplier le numérateur de l'une par le numérateur de l'autre, et le dénominateur par le dénominateur.* Par exemple, pour multiplier $\frac{2}{3}$ par $\frac{4}{5}$ on multipliera 2 par 4, ce qui donnera 8 pour numérateur; multipliant pareillement 3 par 5, on aura 15 pour dénominateur, et par conséquent $\frac{8}{15}$ pour le produit.

Pour sentir la raison de cette règle, il faut se rappeler que multiplier un nombre par un autre, c'est prendre le multiplicande autant de fois que le multiplicateur contient d'unités. Ainsi multiplier $\frac{2}{3}$ par $\frac{4}{5}$, c'est prendre $\frac{4}{5}$ de fois la fraction $\frac{2}{3}$, ou plus exactement, c'est prendre 4 fois le cinquième de $\frac{2}{3}$: or, en multipliant le dénominateur 3 par 5, on change les tiers en quinzièmes, c'est-à-dire, en parties cinq fois plus petites; et en multipliant le numérateur 2 par 4, on prend ces nouvelles parties quatre fois; on prend donc quatre fois la cinquième partie de $\frac{2}{3}$: on multiplie donc en effet $\frac{2}{3}$ par $\frac{4}{5}$.

107. Si l'on avait un entier à multiplier par une fraction, ou une fraction à multiplier par un entier, on mettrait l'entier sous la forme de fraction, en lui donnant l'unité pour dénominateur; par exemple, si j'ai 9 à multiplier par $\frac{4}{7}$, cela se réduit à multiplier $\frac{9}{1}$ par $\frac{4}{7}$, ce qui, selon la règle qu'on vient de donner, produit $\frac{36}{7}$ qui se réduisent à $5\frac{1}{7}$.

On voit donc que pour multiplier une fraction par un entier, ou un entier par une fraction, l'opération se réduit à multiplier le numérateur de cette fraction par l'entier.

108. S'il y avait des entiers joints aux fractions, il faudrait, avant de faire la multiplication, réduire ces entiers chacun en fraction de même espèce que celle qui l'accompagne. Par exemple, si l'on a $12\frac{3}{5}$ à multiplier par $9\frac{3}{4}$, je change (86) le multiplicande en $\frac{63}{5}$ et le multiplicateur en $\frac{39}{4}$, et je multiplie $\frac{63}{5}$ par $\frac{39}{4}$ selon la règle ci-dessus (106), ce qui me donne $\frac{2457}{20}$ qui valent $122\frac{17}{20}$.

On pourrait encore faire cette même opération, en multipliant l'entier et la fraction du multiplicande par l'entier du multiplicateur, puis par la fraction du même multiplicateur, en cette manière :

	$12\frac{3}{5}$
	$9\frac{3}{4}$
Produit de 12 par 9 . . .	108
de $\frac{3}{5}$ par 9 . . .	$5\frac{1}{2}$.... ou $\frac{8}{20}$
de 12 par $\frac{3}{4}$ . . .	9
de $\frac{3}{5}$ par $\frac{3}{4}$ . . .	$8\frac{9}{19}$... ou $\frac{9}{20}$
	$122\frac{17}{20}$

Mais cette manière d'opérer est en général moins simple que la première.

Division des Fractions.

109. *Pour diviser une fraction par une fraction, il faut renverser les deux termes de la fraction qui sert de diviseur, et multiplier la fraction dividende par cette fraction ainsi renversée.*

Par exemple, pour diviser $\frac{4}{5}$ par $\frac{2}{3}$, je renverse la fraction $\frac{2}{3}$, ce qui me donne $\frac{3}{2}$; je multiplie $\frac{4}{5}$ par $\frac{3}{2}$ selon la règle donnée (106), et j'ai $\frac{12}{10}$ ou $1\frac{2}{10}$ pour le quotient de $\frac{4}{5}$ divisé par $\frac{2}{3}$.

Pour apercevoir la raison de cette règle, il faut observer que diviser $\frac{4}{5}$ par $\frac{2}{3}$, c'est chercher combien de fois $\frac{4}{5}$ contiennent $\frac{2}{3}$. Or, il est facile de voir que, puisque le diviseur est des tiers, il sera contenu dans le dividende trois fois autant que s'il était des entiers; donc il faut diviser d'abord par 2 et multiplier ensuite par 3, ce qui n'est autre chose que prendre trois fois la moitié du dividende, ou le multiplier par $\frac{3}{2}$, qui est la fraction diviseur renversée.

110. Si l'on avait une fraction à diviser par un entier, ou un entier à diviser par une fraction, on commencerait par mettre l'entier sous la forme de fraction, en lui donnant l'unité pour dénominateur : par exemple, si l'on a 12 à diviser par $\frac{5}{7}$ on réduira l'opération à diviser $\frac{12}{1}$ par $\frac{5}{7}$, ce qui, selon la règle qu'on vient de donner, se réduit à multiplier $\frac{12}{1}$ par $\frac{7}{5}$, et donne $\frac{84}{5}$, ou 16 $\frac{4}{5}$. Pareillement, si l'on avait $\frac{3}{4}$ à diviser par 5, on réduirait l'opération à diviser $\frac{3}{4}$ par $\frac{5}{1}$, c'est-à-dire, à multiplier $\frac{3}{4}$ par $\frac{1}{5}$, ce qui donne $\frac{3}{20}$.

On voit donc que lorsqu'on a une fraction à diviser par un entier, l'opération se réduit à multiplier le dénominateur par cet entier.

111. S'il y avoit des entiers joints aux fractions, on réduirait ces entiers chacun en fraction de même espèce que celle qui l'accompagne. Par exemple, si l'on avait 54 $\frac{3}{5}$ à diviser par 12 $\frac{2}{3}$, on changerait le dividende en $\frac{273}{5}$, et le diviseur en $\frac{38}{3}$, et l'opération serait réduite à diviser $\frac{273}{5}$ par $\frac{38}{3}$, c'est-à-dire (109) à multiplier $\frac{273}{5}$ par $\frac{3}{38}$, ce qui donnerait $\frac{819}{190}$ ou 4 $\frac{59}{190}$.

Quelques applications des Règles précédentes.

112. Après ce que nous avons dit (96), il est aisé de voir comment on peut évaluer une fraction. Qu'on demande par exemple, ce que valent les $\frac{5}{7}$ d'une livre? Puisque les $\frac{5}{7}$ d'une livre sont la même chose (96) que le septième de cinq livres, je réduis les 5 livres en sous (37), et je divise les 100 sous qu'elles me donnent par 7, ce qui me donne 14 sous pour quotient, et 2 sous de reste: je réduis ces deux 2 sous en deniers, et je divise 24 deniers par 7; j'ai 3 deniers $\frac{3}{7}$. Ainsi les $\frac{5}{7}$ d'une livre sont 14 sous 3 deniers et $\frac{3}{7}$ de denier.

Si l'on demandait les $\frac{5}{7}$ de 24 livres, il est visible qu'on pourrait d'abord prendre, comme nous venons de le faire, les $\frac{5}{7}$ d'une livre, et multiplier ensuite par 24 ce qu'aurait donné cette opération; mais il est plus commode de multiplier d'abord $\frac{5}{7}$ par 24 livres, ce qui (107) donne $\frac{120}{7}$ livres, et d'évaluer ensuite cette dernière fraction qu'on trouvera valoir 17 liv. 2 s. 10 deniers $\frac{2}{7}$.

On a souvent besoin de savoir ce que produisent les 4 deniers ou les 6 deniers pour livre d'une somme proposée.

Pour les 4 deniers, on séparera le dernier chiffre du nombre des livres de la somme proposée, et on prendra le sixième des autres, que l'on comptera pour des livres. On joindra le reste, s'il y en a, au chiffre séparé; on en prendra le $\frac{1}{3}$, qui donnera les sous et deniers.

Si dans la somme proposée il entre des sous, on en prendra le cinquième, que l'on comptera pour des deniers.

EXEMPLE I.

On demande les 4 deniers pour livre de la somme de 3433# 13s 0d

Le sixième de 343 est	57	0	0
Il reste 1 qui, joint comme dixaine au chiffre séparé 3, donne 13, dont le tiers est	0	4	4
Enfin le cinquième de 10 sous, considéré comme denier, est	0	0	2
	57#	4s	6d

La raison de cette opération est fondée sur ce que les 4 deniers pour livre sont les $\frac{4}{240}$ ou le $\frac{1}{60}$ de la livre. Il faut donc diviser par 60; ce qui se réduit à ce que nous prescrivons : quant au reste, il faudrait le réduire en sous, en multipliant par 20; puis diviser par 60; ce qui revient à prendre le tiers. On voit de même que pour le soixantième des sous de la somme proposée, il faudrait réduire ces sous en deniers, en les multipliant par 12, puis diviser par 60, ce qui revient à multiplier par $\frac{12}{60}$ ou $\frac{1}{5}$ ou bien à prendre le $\frac{1}{5}$; et s'il y avait des deniers dans la somme proposée, on les négligerait, parce que le soixantième de ces deniers ne donnerait pas un denier.

Pour prendre les six deniers pour livre, on voit, en raisonnant de même, qu'il faut séparer le dernier chiffre des livres, prendre le quart des autres, que l'on comptera pour des livres, puis joignant le reste au chiffre séparé, prendre la moitié, qui donnera les sous et deniers.

S'il y a des sous dans la somme proposée, on en prendra les $\frac{3}{10}$, que l'on comptera pour les deniers.

Quant aux deniers de la somme proposée, on les rejètera.

EXEMPLE II.

On demande les 6 deniers pour livre de la somme de 1387# 13s 4d

Le quart de 138 est	34	0	0
Il reste 2, qui, mis à côté du chiffre séparé 7, font 27, dont la moitié est	0	13	6
Les $\frac{3}{10}$ de 13 sous, considérés comme deniers, sont.	0	0	$3\frac{3}{10}$
Total	34#	13s	10d

113. Les fractions décimales n'ayant point de dénominateur, sont encore plus faciles à évaluer. Si l'on demande, par exemple, combien valent 0,532 de toise : comme la toise est de 6 pieds, je

multiplierai 0,552 par 6, ce qui me donnera 3,192 pieds; c'est-à-dire 3^p et 0,192 de pieds; multipliant cette dernière fraction par 12 pour évaluer en pouces, on aura 2,304 pouces, c'est-à-dire 2^{po} et 0,304 de pouces. Enfin, multipliant celle-ci par 12 pour réduire en lignes, on aura 3,648 lignes, ou 3^l et 0,648 de ligne, c'est-à-dire que la valeur de la fraction 0,552 de toise, sera $3^p\ 2^{po}\ 3^l$ et 0,648 de ligne.

Réciproquement, pour convertir les sous-espèces d'un nombre complexe proposé, en parties décimales de l'unité principale, il faut, à commencer par les unités de la plus basse espèce, diviser successivement par le nombre qui marque combien de fois celles-ci sont contenues dans l'espèce immédiatement supérieure.

Ainsi dans l'exemple précédent, si je voulais ramener $0^T\ 3^{pi}\ 2^{po}\ 3^l$, 648 à des parties décimales de la toise, je diviserais 3^l, 640 par 12, ce qui me donnerait 0^{po}, 304; j'aurais donc $0^T\ 3^{pi}\ 2^{po}$, 304; divisant maintenant 2^{po}, 304 par 12, j'aurais 0^{pi}, 192, et en total, $0^T\ 3^{pi}$, 192; enfin, divisant celui-ci par 6, j'aurais 0^T, 552.

114. L'évaluation des fractions nous conduit naturellement à parler des *fractions* de *fractions*. On appèle ainsi une suite de fractions séparées les unes des autres par l'article *de*. Par exemple, $\frac{2}{3}$ *de* $\frac{3}{4}$; $\frac{2}{3}$ *de* $\frac{3}{4}$ *de* $\frac{5}{6}$, etc., sont des fractions de fractions. On les réduit à une seule fraction, en multipliant tous les numérateurs entre eux et tous les dénominateurs entre eux: en sorte que la fraction $\frac{2}{3}$ *de* $\frac{3}{4}$ se réduit $\frac{6}{12}$ ou $\frac{1}{2}$; la fraction $\frac{2}{3}$ *de* $\frac{3}{4}$ *de* $\frac{5}{6}$ se réduit à $\frac{30}{72}$ ou $\frac{5}{12}$.

En effet, il est facile de voir que prendre les $\frac{2}{3}$ *de* $\frac{3}{4}$ n'est autre chose que multiplier $\frac{3}{4}$ par $\frac{2}{3}$, puisque c'est prendre $\frac{2}{3}$ de fois la fraction $\frac{3}{4}$. Pareillement prendre les $\frac{2}{3}$ *des* $\frac{3}{4}$ *de* $\frac{5}{6}$, revient à prendre les $\frac{6}{12}$ *de* $\frac{5}{6}$, puisque $\frac{2}{3}$ *de* $\frac{3}{4}$ reviènent à $\frac{6}{12}$; et ce qu'on vient de dire fait connaître que les $\frac{6}{12}$ *de* $\frac{5}{6}$ reviènent à $\frac{30}{72}$ ou $\frac{5}{6}$.

Si l'on demandait les $\frac{3}{4}$ *de* 5 $\frac{3}{8}$, on convertirait l'entier 5 en huitièmes, et la question serait réduite à évaluer la fraction de fraction $\frac{3}{4}$ *de* $\frac{43}{8}$ qu'on trouverait être $\frac{129}{32}$ ou 4 $\frac{1}{32}$.

Au reste, il n'est pas toujours nécessaire de ramener une fraction de fraction, à être exprimée par une seule fraction. On évalue quelquefois plus aisément la fraction de fraction en la laissant sous sa forme actuelle, qu'en la réduisant. En voici un exemple:

Dans les pièces de campagne, la saillie de l'embase sur le renfort en avant, et joignant le tourillon, est de $\frac{1}{12}$, plus $\frac{1}{2}$ de $\frac{1}{12}$ du diamètre du boulet; si je veux savoir la valeur totale de cette saillie pour une pièce de 12, où le diamètre du boulet est de $4^{po}\ 4^l\ 9^{pts}$, j'opère comme il suit:

Le $\frac{1}{12}$ du diamètre du boulet	0^p	4^l	$4^{pts}\ \frac{1}{4}$
La moitié du $\frac{1}{12}$ ou $\frac{1}{2}$ du $\frac{1}{12}$.	0	6	2 $\frac{1}{8}$
Donc la saillie est de	0	6	7 $\frac{1}{8}$

Ajoutons à tout ce que nous avons dit sur les fractions, un exemple qui renferme plusieurs des règles que nous avons établies.

Supposons qu'on veut construire un vaisseau de 140 pieds $\frac{2}{3}$ de longueur; que les distances entre les sabords, en y comprenant l'espace entre le premier sabord et la rablure de l'étrave, et l'espace entre le dernier sabord et la rablure de l'étambot, fassent 108 $\frac{1}{4}$ pieds : on demande si l'on peut percer 12 sabords à la première batterie de chaque bord.

De 140 pieds $\frac{2}{3}$ je retranche 108 $\frac{1}{4}$ (103 *et suiv.*); il me reste 31 $\frac{11}{12}$ pour le sabords; je divise 31 $\frac{11}{12}$ par 12, c'est-à-dire $\frac{383}{12}$ par $\frac{12}{1}$ (86) et (110), j'ai pour quotient $\frac{383}{144}$ de pied, qui valent 2 pieds et $\frac{95}{144}$ fraction qui évaluée en pouces et lignes, vaut 7 pouces 11 lignes; ainsi il faudrait donner à chaque sabord 2 pieds 7 pouces 11 lignes, c'est-à-dire 2 pieds 8 pouces à peu près, ce qui est une mesure convenable pour un vaisseau de 140 pieds $\frac{2}{3}$.

115. Lorsqu'une fraction exprimée par des nombres un peu considérables, n'est pas réductible par la méthode donnée (95), et qu'on peut se contenter d'en avoir une valeur approchée, on peut y parvenir par la méthode suivante qui donne alternativement des fractions plus grandes et plus petites que la proposée, mais toujours de plus en plus approchées, en sorte qu'à la dernière opération, on retombe sur la fraction proposée. Prenons pour exemple la fraction $\frac{100000}{314159}$, qui, comme on le verra en Géométrie, exprime le rapport très-approché du diamètre à la circonférence, et proposons-nous d'exprimer cette fraction par d'autres fractions, moins exactes à la vérité, mais exprimées par des nombres plus simples.

Divisez le numérateur et le dénominateur par le numérateur; vous aurez $\frac{1}{3\frac{14159}{100000}}$ Pour avoir une première valeur approchée, négligez la fraction qui accompagne 3, et vous aurez $\frac{1}{3}$ pour première valeur approchée; mais un peu trop forte.

Pour avoir une valeur plus approchée, divisez le numérateur et le dénominateur de la fraction qui accompagne 3, chacun par le numérateur de cette fraction, et vous aurez $\frac{1}{3\frac{1}{7\frac{887}{14159}}}$; négligez la fraction qui accompagne 7, et vous aurez $\frac{1}{3\frac{1}{7}}$, ou (86) $\frac{1}{\frac{22}{7}}$, ou (109) $\frac{7}{22}$ pour seconde valeur, qui est plus approchée que la première, mais un peu trop faible.

Pour avoir une valeur encore plus approchée, divisez le numérateur et le dénominateur de la fraction qui accompagne 7, chacun par le numérateur de cette fraction, vous aurez $\cfrac{1}{3+\cfrac{1}{7+\cfrac{1}{15\frac{854}{887}}}}$: supprimez la fraction qui accompagne 15, et vous aurez $\cfrac{1}{5+\cfrac{1}{7+\cfrac{1}{15}}}$ qui revient à $\frac{106}{333}$, valeur plus approchée, mais un peu trop forte.

Pour avoir une valeur encore plus approchée, divisez les deux termes de la fraction qui accompagne 15 chacun par le numérateur 854, et vous aurez $\cfrac{1}{3+\cfrac{1}{7+\cfrac{1}{15+\cfrac{1}{1\frac{33}{854}}}}}$; négligeant la fraction $\frac{33}{854}$, vous aurez pour valeur plus approchée $\frac{113}{355}$, mais qui est un peu trop faible. On voit, à présent, comment on peut continuer.

Des Nombres complexes.

116. Quoique les règles que nous avons exposées jusqu'ici puissent servir aussi à calculer les nombres complexes, nous croyons cependant devoir considérer ceux-ci d'une manière plus particulière, parce que la division qu'on y fait de l'unité principale, en facilite souvent le calcul.

Il y a plusieurs sortes de nombres complexes, et les règles pour les calculer tiennent beaucoup à la division qu'on a faite de l'unité : cependant il n'est pas nécessaire d'examiner toutes ces espèces, pour être en état de les calculer ; mais il importe de savoir quels rapports leurs différentes parties ont, tant entre elles, qu'à l'égard de l'unité principale ; c'est par cette raison que nous donnons ici une table des nombres complexes dont l'usage est le plus fréquent.

Table des unités de quelques espèces, et caractères par lesquels on représente ces différentes unités.

POUR LES MONNAIES.

₶ signifie . . . . livre.	1 livre vaut. . . . . 20 sous.
S. . . . . sou.	1 sou vaut . . . . . . 12 den.

POUR LES POIDS.

℔ signifie . . . . livre.	1 livre (poids) vaut . 2 marcs.
M . . . . marc.	1 marc . . . . 8 onces.
O ou ℥ . . . . once.	1 once. . . . . . . 8 gros.
G ou ʒ . . . . gros.	1 gros 3 deniers ou scrupules.
D ou ℈ . denier ou scrupule.	1 denier. . . . . . . 24 grains.
g. . . . . grain.	

POUR L'ÉTENDUE DES LIGNES.

T signifie. . . . . toise.	1 toise vaut . . . . 6 pieds.
P . . . . pied.	1 pied . . . . 12 pouces.
p . . . . pouce.	1 pouce . . . . . . 12 lignes.
l . . . . ligne.	1 ligne . . . . 12 points.
p^{t}. . . . . point.	

POUR LE TEMPS.

J signifie . . . . jour.	1 jour vaut . . . 24 heures.
H . . . . heure	1 heure . . . . 60 minutes.
′ . . . . minute.	1 minute . . . . 60 secondes.
″ . . . . seconde	1 seconde. . . — 60 tierces.

Nous donnerons en Géométrie les divisions des mesures relatives aux superficies et aux capacités des corps.

Tableau des poids et mesures employés dans l'Arithmétique, et des caractères qui servent à les désigner.

POUR LES MONNAIES.

Caractères.			*Subdivisions.*	
₶ signifie. . . . . livre.				deniers.
S . . . . sou.			1 sou.	12
^{d}. . . . . denier.		1 liv.	20	240

POUR LE TEMPS.

j . . . . jour.
h . . . . heure.
' . . . . minute.
'' . . . . seconde.

			secondes.
		1 minute.	60
	1 heure.	60	3600
1 jour.	24	1440	86400

POUR LES POIDS.

℔ signifie . . . . livre.
M . . . . marc.
O ou ℥ . . . . once.
G ou ʒ . . . . gros ou gramme.
D ou ℈ . . . . denier ou scrupule.
G . . . . grain.

					grains.
				1 denier.	24
			1 gros.	3	72
		1 once.	8	24	576
	1 marc.	8	64	192	4608
1 livre.	2	16	128	384	9216

POIDS ANGLAIS DE TROY.

On se sert de ce poids, en Angleterre, pour les matières de petit volume et précieuses; l'once vaut 585 $\frac{1}{12}$ grains poids de Paris.

				grains.
			1 scrupule.	20
		1 dragme.	3	60
	1 marc.	8	24	480
1 livre.	12	96	288	5760

POIDS ANGLAIS.

On se sert de ce poids, en Angleterre, pour les matières pesantes et de gros volume; on l'emploie dans l'artillerie; l'once vaut 553 $\frac{5}{8}$ grains poids de Paris.

			dragmes.
		1 once.	16
	1 livre.	16	256
1 quintal.	112	1792	28672

POUR LES MESURES DES LONGUEURS.

T	signifie	toise.
P	. . . .	pied.
p	. . . .	pouce.
l	. . . .	ligne.
pt	. . . .	point.

				points.
			1 ligne.	12
		1 pouce.	12	144
	1 pied	12	144	1728
1 toise.	6	72	864	10368

Chaque case de ces tables marque combien l'unité qui commence la même ligne horizontale, contient d'unités de l'espèce de celle qui répond verticalement au dessus de cette même case.

Le pas ordinaire vaut.	2 pieds $\frac{1}{2}$.
Le pas géométrique	5 pieds.
La brasse	5 pieds.
L'aune de Paris.	5 pi 7 po 10 l $\frac{4}{5}$.
Le pied de roi étant divisé en.	1440 parties.
Le pied de Londres en contient.	1351,7
Le pied du Rhin	1392

Addition des Nombres complexes.

117. Pour faire cette opération, on écrit tous les nombres proposés les uns au-dessous des autres, de manière que toutes les parties d'une même espèce se trouvent chacune dans une même colonne verticale; et après avoir souligné le tout, on commence l'addition par les parties de l'espèce la plus petite : si leur somme ne compose pas une unité de l'espèce immédiatement supérieure, on l'écrit sous les unités de son espèce; si elle renferme assez de parties pour composer une ou plusieurs unités de l'espèce immédiatement supérieure, on n'écrit au-dessous de cette colonne que l'excédent d'un nombre juste d'unités de cette seconde espèce, et on

retient celles-ci pour les ajouter avec leurs semblables, sur lesquelles on procède de la même manière.

EXEMPLE I.

On propose d'ajouter.	227#	14s	8d
	2549	18	5
	184	11	11
	17	10	7
	2979#	15s	7d somme.

La somme des deniers est 31, qui renferme 2 douzaines de deniers, ou 2 sous et 7 deniers; je pose les 7 deniers, et je retiens 2 sous, que j'ajoute avec les unités de sous, ce qui donne 15 sous, dont je pose seulement le chiffre 5, et je retiens la dixaine pour l'ajouter aux dixaines; ce qui me donne 5; et comme il faut deux dixaines de sous pour faire une livre, je prends la moitié de 5 qui est 2, avec un pour reste; je pose ce reste, et je porte les 2 livres à la colonne des livres, que j'ajoute comme à l'ordinaire.

EXEMPLE II.

On propose d'ajouter.	54T	2P	5p	9l
	12	5	4	11
	9	4	11	11
	8	2	9	10
	85T	3P	6p	5l

La somme des lignes monte à 41, qui font 3 pouces 5 lignes; je pose cinq lignes et je retiens les 3 pouces que j'ajoute avec les pouces; le tout me donne 30, qui valent 2 pieds 6 pouces; je pose les 6 pouces, et je retiens les deux pieds qui, ajoutés avec les pieds, me donnent 15 pieds qui valent 2T 3P; je pose les 3P, et j'ajoute les deux toises avec les toises: le tout monte à 85, en sorte que la somme est 85T 3P 6p 5l. (116).

Soustraction des Nombres complexes.

118. Ecrivez les nombres proposés, comme dans l'addition, et commencez la soustraction par les unités de l'espèce la plus basse. Si le nombre inférieur peut être retranché du nombre supérieur, écrivez le reste au dessous. S'il ne peut être retranché, empruntez sur l'espèce immédiatement supérieure, une unité que vous réduirez à l'espèce dont il s'agit, et que vous ajouterez au nombre dont vous ne pouvez retrancher. Faites la même chose pour chaque espèce, et lorsque vous aurez été obligé d'emprunter, diminuez d'une unité le nombre sur lequel vous avez fait cet emprunt. Enfin, écrivez chaque reste, à mesure que vous le trouverez, au-dessous du nombre qui l'a donné.

EXEMPLE I.

De.	143#	17s	6d
on veut ôter	75#	12s	9d
	68#	4s	9d

Ne pouvant ôter 9d de 6d, j'emprunte 1s, qui vaut 12 den., et 6 font 18, desquels ôtant 9, il reste 9; j'ôte ensuite 12 sous, non pas de 17 sous, mais de 16 qui restent après l'emprunt, et il reste 4; enfin je retranche 75 liv. de 143 liv., et il me reste 68.

EXEMPLE II.

De	163#	0s	5d	
on veut ôter	84#	18s	9d	
	78#	1s	8d	reste.

Comme je ne puis ôter 9d de 5d, et que d'ailleurs il n'y a pas de sous sur lesquels je puisse emprunter, j'emprunte 1 liv. sur 163 liv.; mais j'en laisse, par la pensée, 19 sous à la place du zéro, après quoi j'opère comme ci-dessus.

Multiplication des Nombres complexes.

119. On peut réduire généralement la multiplication des nombres complexes, à la multiplication d'une fraction par une fraction, multiplication dont nous avons donné la règle (106). Par exemple, si l'on demande ce que doivent coûter $54^T\ 5^P$ d'ouvrage, à raison de 42 liv. 17 sous 8 den. la toise; on peut réduire le multiplicande 42 liv. 17 sous 8 den. tout en deniers (57), ce qui donnera 10292 deniers, et comme le denier est la 240ème partie de la livre, le multiplicande peut être représenté par $\frac{10292}{240}$ de la livre; pareillement on réduira le multiplicateur $54^T\ 5^P$ tout en pieds, ce qui donnera 327^P, et comme le pied est la sixième partie de la toise, on aura pour multiplicateur $\frac{327}{6}$ de toise; en sorte que la question est réduite à multiplier $\frac{10292}{240}$ de livre par $\frac{327}{6}$, ce qui (106) donnera $\frac{3365484}{1440}$ de livre qui (112) valent 2337 l. 2 sous 10 deniers.

Cette méthode s'étend à toute espèce de nombres complexes, mais elle exige plus de calcul que celle que nous allons exposer; c'est pourquoi nous ne nous y arrêterons pas davantage.

120. Un nombre qui est contenu exactement dans un autre, est dit partie *aliquote* de cet autre : ainsi 3 est partie aliquote de 12; il en est de même de 2, de 4 et de 6.

Rappelons-nous que multiplier n'est autre chose que prendre le multiplicande un certain nombre de fois; multiplier par 8 $\frac{3}{4}$, par exemple, c'est prendre le multiplicande 8 fois, et le prendre encore $\frac{3}{4}$ de fois, ou en prendre les $\frac{3}{4}$. Or, on peut prendre ces $\frac{3}{4}$, ou en prenant d'abord le quart, et l'écrivant 3 fois, ou bien en prenant d'abord la moitié, et ensuite la moitié de cette moitié : ainsi pour multiplier 84 par $8\frac{3}{4}$,

j'écrirais. 84

$$\begin{array}{r} 84 \\ 8\frac{3}{4} \\ \hline 672 \\ 42 \\ 21 \\ \hline 735 \end{array}$$ produit.

En multipliant 84 par 8, j'aurais d'abord 672. Ensuite pour prendre les $\frac{3}{4}$ de 84, je prendrais d'abord la moitié qui est 42; puis, pour prendre pour le quart restant, je prendrais la moitié de 42 qui est 21, et, réunissant ces trois produits particuliers, j'aurais 735 pour le produit total.

121. Pour appliquer ceci aux nombres complexes, il faut remarquer que les différentes espèces d'unités au-dessous de l'unité principale, sont des fractions les unes à l'égard des autres, et à l'égard de cette unité principale ; que par conséquent, pour multiplier facilement par ces sortes de nombres, il faut faire en sorte de les décomposer en parties aliquotes de l'unité principale, de manière que ces parties aliquotes puissent être employées commodément ; ou de les décomposer en parties aliquotes les unes des autres; et si cette décomposition ne fournit que des parties aliquotes qui ne soient pas commodes dans le calcul, on y suppléera par de faux produits; c'est ce que nous allons développer dans les exemples suivants.

Exemple I.

On demande combien doivent coûter $54^T\ 3^P$, à raison de 72 liv. la toise.

Il faut multiplier. . . . . $72^{\#}$

par . . . . $54^T\ 3^P$

$$\begin{array}{r} 288^{\#}\ 0^s\ 0^d \\ 360\phantom{^{\#}\ 0^s\ 0^d} \\ 36\phantom{^{\#}\ 0^s\ 0^d} \\ \hline 3924^{\#}\ 0^s\ 0^d \end{array}$$

On multiplie d'abord, selon les règles ordinaires, 72 liv. par 54. Ensuite pour multiplier par 3^P, qui sont la moitié du prix de la toise, et qui par conséquent ne doivent donner que la moitié du prix de la toise, on prendra la moitié de 72 liv., et additionnant, on aura 3924 liv. pour produit total,

Exemple II.

Si on avait. . . . . $72^{\#}$
à multiplier par . . . . $54^{T}\ 5^{P}$

$$
\begin{array}{l}
288^{\#}\ 0^{s}\ 0^{d} \\
360 \\
36 \\
24 \\
\hline
3948^{\#}\ 0^{s}\ 0^{d}
\end{array}
$$

On multipliera d'abord 72 liv. par 54. Ensuite au lieu de multiplier par $\frac{5}{6}$, parce que 5 pieds font les $\frac{5}{6}$ de la toise, on décomposera 5^{P}, en 3^{P} et 2^{P}, dont le premier est la moitié, et le second le $\frac{1}{3}$ de la toise, on prendra donc d'abord la moitié de 72 liv., et ensuite le $\frac{1}{3}$ de 72 liv., et on aura, en réunissant tous ces produits particuliers, 3948 liv. pour produit total.

Exemple III.

Que l'on ait. . . . . $72^{\#}$
à multiplier par . . . . $5^{T}\ 4^{P}\ 8^{p}$

$$
\begin{array}{l}
360^{\#}\ 0^{s}\ 0^{d} \\
36 \\
12 \\
4 \\
4 \\
\hline
416\ 0^{s}\ 0^{d}
\end{array}
$$

Après avoir multiplié par 5^{T}, on multipliera par 4^{P}, et pour cet effet on décomposera ce nombre en 3^{P} et 1^{P}; pour 3^{P} on prendra la moitié de 72 liv., qui est 36^{l}.; et pour 1 pied, on remarquera que c'est le $\frac{1}{3}$ de 3 pieds, et par conséquent on prendra le $\frac{1}{3}$ de 36^{l}, qui est de 12 liv. Ensuite, pour multiplier par 8 pouces, au lieu de comparer ces 8 pouces à la toise, on les comparera au pied, et on les décomposera en 4 pouces, et 4 pouces qui sont chacun le $\frac{1}{3}$ du pied, et qui par conséquent donneront chacun le $\frac{1}{3}$ de 12 l. Enfin réunissant, on aura 416 liv. 0 sous 0 deniers pour produit.

122. Si le multiplicande est aussi un nombre complexe, on se conduira comme il va être expliqué dans l'exemple suivant.

EXEMPLE IV.

Si l'on a.	72#	6s	6d
à multiplier	27T	4P	8p
	504#	0s	0d
	144		
	6	15	0
	1	7	0
	0	13	6
	36	3	3
	12	1	1
	4	0	4 $\frac{1}{3}$
	4	0	4 $\frac{1}{3}$
	2009#	0s	6d $\frac{2}{3}$.

On multipliera d'abord 72 liv. par 27. Ensuite pour multiplier 6 sous par 27, on décomposera ces 6 sous en 5 sous et 1 sou. Les 5 sous faisant le quart de la livre, doivent, étant multipliés par 27, donner 27 fois le quart de la livre ou le quart de 27 liv. qui est 6 liv. 15 sous. Pour multiplier 1 sou par 27, on remarquera qu'un sou est la cinquième partie de 5 qu'on vient de multiplier; ainsi on prendra le cinquième des 6 liv. 15 sous, qui sera 1 liv. 7 sous.

A l'égard des 6 deniers, on fera attention qu'ils sont la moitié d'un sou, et par conséquent on prendra la moitié de 1 liv. 7 sous qu'on a eu pour un sou.

Jusque-là tout le multiplicande est multiplié par 27.

Pour multiplier par 4 pieds, on s'y prendra de la même manière que dans l'exemple précédent, c'est-à-dire que pour les 4P on prendra d'abord pour 3P la moitié de 36 liv. 3 sous 3 deniers du multiplicande, et pour 1P le tiers de ce que donnent les 3P.

Enfin pour 8P on prendra 2 fois pour 4, c'est-à-dire qu'on écrira 2 fois le tiers de ce qu'on vient d'avoir pour 1P : en réunissant toutes ces différentes parties on aura 2009 liv. 0 sou 6 den. $\frac{2}{3}$ pour produit total.

123. Jusqu'ici les parties du multiplicande qu'il a fallu prendre ont été assez faciles à évaluer; mais dans les cas où ces parties seraient composées, on se conduirait comme dans l'exemple suivant.

EXEMPLE V.

A raison de	34#	10s	2d la toise, combien
doivent coûter.	17T		
	238#	0s	0d
	34		
	8	10	
	0	17	
	0	2	10
	586#	12s	10d

Après avoir multiplié 34 liv. par 17, et ensuite les 10 sous par 17 en prenant moitié de 17, on multipliera 2 deniers qui sont la sixième partie d'un sou, et par conséquent la sixième partie de la dixième partie ou (114) la 60ᵉ partie de 10 sous; mais au lieu de prendre la 60ᵉ partie de 8 liv. 10 sous, il sera plus commode de faire un faux produit, et de prendre d'abord le dixième de ce qu'ont donné 10 sous, c'est-à-dire le dixième de 8 liv. 10 sous; ce dixième qui est 0 liv. 17 sous, est pour 1 sou; mais comme il ne faut que pour le sixième d'un sou, on barrera ce faux produit, et on en écrira le sixième au-dessous.

EXEMPLE VI.

Combien pour 34 livres 10 sous 2 deniers fera-t-on faire d'ouvrage à raison de 1 liv. pour 17 toises?

Il faut multiplier 17 toises par 34 liv. 10 sous 2 deniers; c'est-à-dire prendre 17 toises autant de fois que la livre est contenue dans 34 liv. 10 sous 2 den.

17^T					
$34^{\#}$	10^s	2^d			
68^T	0^p	0^p	0^l	0^{pts}	
51					
8	5				
~~0~~	5	1	~~2~~	~~4~~	~~$\frac{4}{8}$~~
0	0	10	2	4	$\frac{4}{5}$
586^T	5^p	10^p	2^l	4^{pts}	$\frac{4}{5}$

Ainsi on multipliera d'abord 17 toises par 34; ensuite, pour multiplier 17 toises par 10 sous, on prendra la moitié de 17 toises; parce que 10 sous sont la moitié de la livre, et on aura 8 toises 5 pieds. Pour multiplier par 2 deniers, on cherchera, pour plus de facilité, ce que donnerait un sou, en prenant le dixième de ce qu'ont donné 10 sous; ce dixième est 0 toises 5 pieds 1 pouce 2 lignes 4 points et $\frac{8}{10}$ ou $\frac{4}{5}$ de points; on le barrera, comme ne devant pas faire partie du produit, mais on en prendra le sixième pour avoir le produit de 2 deniers, et on écrira au-dessous ce sixième qui est 0 toises, 0 pieds 10 pouces 2 lignes 4 points et $\frac{24}{30}$ ou $\frac{4}{5}$.

Nous avons donné cet exemple, principalement pour confirmer ce que nous avons dit (45), qu'il importait de distinguer le multiplicande du multiplicateur, lorsqu'ils sont tous les deux concrets. En effet, dans l'exemple précédent, ainsi que dans celui-ci, les facteurs du produit sont également 17 toises et 34 livres 10 sous 2 deniers; cependant les deux produits sont différents.

Division d'un Nombre complexe par un Nombre incomplexe.

124. Si le dividende seul est complexe, et si en même temps le dividende et le diviseur ont des unités de différente espèce, on divisera d'abord les unités principales du dividende, selon la règle ordinaire; ce qui restera de cette division, on le réduira (57) en unités de la second espèce, qu'on ajoutera avec celles de même espèce qui se trouveront dans le dividende, et on divisera le tout comme à l'ordinaire : on réduira pareillement le reste de cette division en unités de la troisième espèce; auxquelles on ajoutera celles de la même espèce qui se trouveront dans le dividende, et on divisera le tout comme ci-dessous; on continuera de réduire les restes en unités de l'espèce suivante, tant qu'il s'en trouvera d'inférieures dans le dividende.

EXEMPLE.

On a donné 4783 livres 3 sous 9 deniers pour paiement de 87 toises d'ouvrage; on demande à combien cela revient la toise.

$4783^{\#}$ 3^{s} 9^{d}	87
433	$54^{\#}$ 19^{s} 7^{d}
85	
1703^{s}	
833	
50	
609^{d}	
000	

Il faut diviser 4783 livres 3 sous 9 deniers par 87, en commençant par les livres.

Les 4783 livres divisées par 87, selon la règle ordinaire, donneront 54 liv. pour quotient, et 85 livres pour reste : ces 85 livres réduites en sols (57), donneront avec les 3 sous du dividende 1703 sous, qui divisés par 87 donneront 19 sous pour quotient, et 50 sous pour reste : ces 50 sous réduits en deniers, donnent avec les 9 deniers du dividende, 609 deniers, lesquels divisés par 87, donnent enfin 7 deniers pour quotient.

125. Mais si le dividende et le diviseur ont des unités de même espèce, il faut, avant de faire la division, examiner si le quotient doit être ou ne doit pas être de même espèce qu'eux, ce que l'état de la question décide toujours.

126. Dans le cas où le dividende et le diviseur étant de même espèce, le quotient devra aussi être de même espèce qu'eux, la division se fera précisement comme dans le cas précédent; par exemple si l'on proposait cette question : 1243 livres ont produit un bénéfice de 7254livres, à combien cela revient-il par livre? Il est évident que le quotient doit avoir des unités de même espèce que le dividende et le diviseur, c'est-à-dire, doit être des livres, et qu'on doit diviser 7254 livres par 1243, en réduisant comme dans l'exemple précédent, le reste de cette division en sous, et le second reste en deniers; et on trouvera 5 livres 16 sous 8 deniers $\frac{760}{1243}$ pour réponse à la question.

127. Mais lorsque le dividende et le diviseur étant de même espèce, le quotient devra être d'espèce différente, alors il faudra commencer par réduire (57) le dividende et le diviseur chacun à la plus petite espèce qui soit dans le dividende; après quoi on fera la division comme dans le cas précédent, et on y traitera les unités du dividende, comme si elles étaient de même espèce que celles que doit avoir le quotient : par exemple, si l'on proposait cette question, combien pour 7954 livres 11 sous 7 deniers fera-t-on faire d'ouvrage, à raison de 72 livres la toise? Il est clair par la nature de la question, que le quotient doit être des toises et parties de toise. On réduira donc 7954 livres 11 sous 7 den. tout en deniers, ce qui donnera 1909099; on réduira pareillement 72 liv. en deniers, et on aura 17280, on divisera 19009099 considéré comme des toises, par 17280, et on aura pour quotient 110 toises 2 pieds 10 pouces 6 lignes $\frac{12}{20}$.

Division d'un Nombre complexe par un Nombre complexe.

128. Lorsque le diviseur est aussi un nombre complexe, il faut le réduire à sa plus petite espèce (57), multiplier le dividende par le nombre qui exprime combien il faut de parties de la plus petite espèce du diviseur pour composer l'unité principale de ce même diviseur; alors la division sera réduite au cas précédent où le diviseur était incomplexe.

EXEMPLE.

57 toises 5 pieds 5 pouces d'ouvrage ont été payés 854 livres 17 sous 11 deniers; on demande à combien cela revient la toise? Il faut diviser 854 livres 17 sous 11 deniers par 57 toises 5 pieds 5 pouces, et pour cet effet je réduis les 57 toises 5 pieds 5 pouces en pouces, ce qui me donne 4169 pour nouveau diviseur; et, comme il faut 72 pieds pour faire la toise, qui est l'unité principale du diviseur, je multiplie le dividende proposé 854 livres 17 sous 11 deniers par 72 (121), ce qui me donne 61552 livres

10 sous pour nouveau dividende, en sorte que je divise comme il suit.

61552# 10s	4169
19862	14# 15s 3d $\frac{1833}{4169}$
3186	
63730s	
22040	
1195	
14340d	
1833	

Les 61552 livres divisées par 4169 donnent 14 liv. pour quotient, et 3186 pour reste. Ces 3186 liv., réduites en sous, donnent avec les 10 sous du dividende, 63730 sous, qui divisés par 4169, donnent 15 sous pour quotient, et 1195 sous de reste. Ces 1195 sous réduits en deniers valent 14340 deniers, lesquels divisés par 4169, donnent 3 deniers pour quotient, et 1833 deniers pour reste: en sorte que le quotient est 14 livres 15 sous 3 deniers $\frac{1833}{4169}$ de denier.

Pour entendre la raison de cette règle, il faut faire attention que les 57 toises 5 pieds 5 pouces valant 4169 pouces, et le pouce étant la soixante-douzième partie de la toise, le diviseur est $\frac{4169}{72}$ de la toise; or, pour diviser par une fraction, il faut (109) renverser la fraction diviseur, et multiplier ensuite par cette fraction ainsi renversée; il faut donc ici multiplier $\frac{72}{4169}$; ce qui revient à multiplier d'abord 72, et à diviser ensuite par 1469, ainsi que le prescrit la règle que nous donnons.

Comme la division par un nombre complexe se réduit, ainsi qu'on vient de le voir, à la division par un nombre incomplexe, on doit avoir ici les mêmes attentions à l'égard de la nature des unités que nous avons eues (126) et (127).

Ce serait ici le lieu de parler du toisé ou de la multiplication et de la division géométriques : ces opérations ne diffèrent en rien, pour le procédé, de celles que nous venons d'exposer; en sorte qu'il n'y aurait ici d'autre chose à ajouter, que d'expliquer quelle est la nature des unités des facteurs et du produit; mais cela appartient à la Géométrie. Nous remettrons donc à en parler, jusqu'à ce que nous soyions arrivés à la Géométrie.

De la formation des nombres carrés, et de l'extraction de leurs racines.

129. On appèle *carré* d'un nombre le produit qui résulte de la multiplication de ce nombre par lui-même; ainsi 25 est le carré de 5, parce que 25 résulte de la multiplication de 5 par 5.

130. La *racine carrée* d'un nombre proposé, est le nombre

qui, multiplié par lui-même, reproduirait ce même nombre proposé : ainsi 5 est la racine carrée de 25 ; 7 est la racine carrée de 49.

131. Un nombre que l'on carre est donc tout à la fois multiplicande et multiplicateur ; il est donc deux fois facteur (42) du produit ; c'est pour cela qu'on appèle aussi ce produit ou carré la *seconde puissance* de ce nombre.

Il ne faut d'autre art pour carrer un nombre, que de le multiplier par lui-même selon les règles ordinaires de la multiplication : mais pour extraire la racine carrée d'un nombre, c'est-à-dire pour revenir du carré à la racine, il faut une méthode, du moins lorsque le nombre ou carré proposé a plus de deux chiffres.

Lorsque le nombre proposé n'a qu'un ou deux chiffres, sa racine, en nombre entier, est quelqu'un des nombres. . . . .

1, 2, 3, 4, 5, 6, 7, 8, 9,

dont les carrés sont ;

1, 4, 9, 16, 25, 36, 49, 64, 81.

Ainsi la racine carrée de 72, par exemple, est 8 en nombre entier, parce que 72 étant entre 64 et 81, sa racine est entre les racines de ceux-ci, c'est-à-dire entre 8 et 9, elle est 8 et une fraction ; fraction qu'à la vérité on ne peut pas assigner exactement, mais dont on peut approcher continuellement, ainsi que n verrons dans peu.

132. La racine carrée d'un nombre qui n'est point un carré parfait, s'appèle un nombre *sourd*, ou *irrationnel*, ou *incommensurable*.

133. Venons aux nombres qui ont plus de deux chiffres.

C'est en observant ce qui se passe dans la formation du carré, que nous trouverons la méthode qu'on doit suivre pour revenir à la racine.

Pour carrer un nombre tel que 54, par exemple :

$$\begin{array}{r} 54 \\ 54 \\ \hline 216 \\ 270 \\ \hline 2916 \end{array}$$

Après avoir écrit le multiplicande et le multiplicateur, comme on le voit ici, nous multiplions, comme à l'ordinaire, le 4 supérieur par le 4 inférieur, ce qui fait évidemment le *carré des unités*.

Nous multiplions ensuite le 5 supérieur par le 4 inférieur, ce qui fait le *produit des dixaines par les unités*.

Nous passons après cela au second chiffre du multiplicateur, et nous multiplions le 4 supérieur par le 5 inférieur, ce qui fait le produit des unités par les dixaines, ou (44) *le produit des dixaines par les unités*.

Enfin nous multiplions le 5 supérieur par le 5 inférieur, ce qui *fait le carré des dixaines*.

Nous ajoutons ces produits, et nous avons pour carré le nombre 2916, que nous voyons donc être composé *du carré des dixaines, plus deux fois le produit des dixaines par les unités, plus le carré des unités* du nombre 54.

134. Ce que nous venons d'observer étant une conséquence immédiate des règles de la multiplication, n'est pas plus particulier au nombre 54 qu'à tout autre nombre composé de dixaines et d'unités; en sorte qu'on peut dire généralement que le carré de tout nombre composé de dixaines et d'unités, renfermera les trois parties que nous venons d'énoncer; savoir : le carré des dixaines de ce nombre, deux fois le produit des dixaines par les unités, et le carré des unités.

135. Cela posé, comme le carré des dixaines est des centaines (puisque 10 fois 10 font 100), il est visible que ce carré des dixaines ne peut faire partie des deux derniers chiffres du carré total.

Pareillement le produit du double des dixaines multipliées par les unités, étant nécessairement des dixaines, ne peut faire partie du dernier chiffre du carré total.

136. Donc pour revenir du carré 2916 à sa racine, on peut raisonner ainsi :

EXEMPLE I.

```
2916 | 54 racine.
 416
 104
 ---
 000
```

Commençons par trouver les dixaines de cette racine : or, la formation du carré nous apprend qu'il y a dans 2916 le carré de ces dixaines, et que ce carré ne peut faire partie de ces deux derniers chiffres; il est donc dans 29; et comme la racine carrée de 29 ne peut être plus de 5, concluons-en que le nombre des dixaines de la racine est 5, et portons-le à côté de 2916, comme on le voit ci-dessus.

Je carre 5, et je retranche le produit 25 de 29; il me reste 4 à côté duquel j'abaisse les deux autres chiffres 16 du nombre proposé 2916.

Pour trouver maintenant les unités de la racine, je fais attention à ce que renferme le reste 416; il ne contient plus que deux parties du carré, savoir : le double des dixaines de la racine, multipliées par les unités, et le carré des unités de cette même racine. De ces deux parties, la première suffit pour nous faire trouver les unités que nous cherchons; car puisqu'elle est formée du double des dixaines multipliées par les unités, si on la divise par le double des dixaines que nous connaissons, elle doit (74) donner pour quotient les unités : il ne s'agit donc plus que de savoir dans quelle partie de 416 est renfermé ce double des dixaines multipliées par les unités; or, nous avons remarqué ci-dessus qu'il ne pouvait faire partie du dernier chiffre; il est donc dans 41; il faut donc diviser 41 par le double 10 des dixaines trouvées; j'écris donc sous 41 le double 10 des dixaines, et faisant la division, le quotient 4 que je trouve est le nombre des unités que je porte à la droite des 5 dixaines trouvées, en sorte que la racine cherchée est 54.

Mais il faut observer que quoique le quotient 4 que nous venons de trouver, soit en effet celui qui convient, cependant il peut arriver quelquefois que le quotient trouvé de cette manière, soit plus fort qu'il ne convient; parce que 41 (c'est-à-dire la partie qui reste après la séparation du dernier chiffre) renferme non-seulement le double des dixaines multiplié par les unités, mais encore les dixaines provenant du carré des unités; c'est pourquoi, pour n'avoir aucun doute sur le chiffre des unités, il faut employer la vérification suivante.

Après avoir trouvé le chiffre 4 des unités, et l'avoir écrit à la racine, je le porte à côté du double 10 des dixaines, ce qui fait 104, dont je multiplie successivement tous les chiffres par le même nombre 4, et je retranche les produits successifs des parties correspondantes de 416; comme il ne reste rien, j'en conclus que la racine est en effet 54.

S'il restait quelque chose, la racine n'en serait pas moins la vraie racine en nombres entiers, à moins que ce reste ne fût plus grand que le double de la racine, augmenté de l'unité; mais c'est ce qu'on n'a point à craindre quand on prend le quotient toujours au plus fort.

La vérification que nous venons d'enseigner, est fondée sur la formation même du carré; car quand on multiplie 104 par 4, il est évident qu'on forme le carré des unités et le double des dixaines multiplié par les unités, c'est-à-dire ce qui complète le carré parfait.

137. De ce que nous venons de dire, il faut conclure que pour extraire la racine carrée d'un nombre qui n'a pas plus de quatre chiffres, ni moins de trois, il faut, après en avoir séparé deux sur la droite, chercher la racine carrée de la tranche qui reste à gauche; cette racine sera le nombre des dixaines de la racine totale cherchée, et on l'écrira à côté du nombre proposé, en l'en séparant par un trait.

On soustraira de cette même tranche le carré de la racine qu'on vient de trouver; et après avoir écrit le reste au-dessous de cette tranche, on abaissera à côté de ce reste les deux chiffres qu'on avait séparés.

On séparera par un point le chiffre des unités de la tranche qu'on vient d'abaisser, et on divisera ce qui se trouvera sur la gauche, par le double des dixaines, qu'on écrira au-dessous.

On écrira le quotient à côté du premier chiffre de la racine, et on le portera ensuite à côté du double des dixaines qui a servi de diviseur.

Enfin on multipliera par ce même quotient tous les chiffres qui se trouveront sur cette dernière ligne, et on retranchera leurs produits, à mesure qu'on les trouvera, des chiffres qui leur correspondent dans la ligne au-dessus.

Achevons d'éclaircir ceci par un exemple.

Exemple II.

On demande la racine carrée de 7569

```
75.69 | 87 racine.
116.9
 167
-----
 000
```

Je sépare les deux chiffres 69, et je cherche la racine carrée de 75; elle est 8; j'écris 8 à côté; je carre 8, et je retranche de 75 le carré 64; il me reste 11 que j'écris au-dessous de 75, et j'abaisse à côté de ce même 11, les chiffres 69 que j'avais séparés.

Je sépare, dans 1169, le dernier chiffre 9, pour avoir dans 116 la partie que je dois diviser pour trouver les unités.

Je forme mon diviseur, en doublant les 8 dixaines que j'ai trouvées, et j'écris ce diviseur au-dessous de 116, la division me donne pour quotient 7 que j'écris à la racine, à la droite de 8.

Je porte aussi ce quotient à côté du diviseur 16; je multiplie 167 qui forme la dernière ligne, par ce même quotient 7, et je retranche les produits, à mesure que je les trouve, de 1169 : il ne reste rien, ce qui prouve que 7569 est un carré parfait, et le carré de 87.

138. Il faut bien remarquer qu'on ne doit diviser par le double des dixaines, que la seule partie qui reste à gauche, après qu'on a séparé le dernier chiffre, en sorte que si elle ne contenait pas le double des dixaines, il ne faudrait pas pour cela employer le chiffre séparé; on mettrait o à la racine. Si au contraire, on trouvait que le double des dixaines y est plus de 9 fois, on ne mettrait cependant pas plus de 9; la raison en est la même que pour la division (66).

139. Après avoir bien compris ce que nous venons de dire sur la racine carrée des nombres qui n'ont pas plus de 4 chiffres, on saisira facilement ce qu'il convient de faire, lorsque le nombre des chiffres est plus grand. De quelque nombre de chiffres que la racine doive être composée, on peut toujours la concevoir composée de deux parties, dont l'une soit des dixaines et l'autre des

unités; par exemple, 874 peut être considéré comme représentant 87 dixaines et 4 unités.

Cela posé, quand on a trouvé les deux premiers chiffres de la racine, par la méthode qu'on vient d'exposer, on peut aussi trouver le troisième par la même méthode, en considérant ces deux premiers chiffres comme ne faisant qu'un seul nombre de dixaines, et leur appliquant, pour trouver le troisième, tout ce qui a été dit du premier pour trouver le second.

Pareillement, quand on aura trouvé les trois premiers chiffres, s'il doit y en avoir un quatrième, on considérera les trois premiers comme ne faisant qu'un seul nombre de dixaines, auquel on appliquera, pour trouver le quatrième, le même raisonnement qu'on appliquait aux deux premiers pour trouver le troisième, et ainsi de suite.

Mais pour procéder avec ordre, il faut commencer par partager le nombre proposé en tranches, de deux chiffres chacune, en allant de droite à gauche; la dernière pourra n'en contenir qu'un.

La raison de cette préparation est fondée sur ce que considérant la racine comme composée de dixaines et d'unités, il faut, suivant ce qui a été dit ci-dessus (135 *et suiv.*), commencer par séparer les deux derniers chiffres sur la droite, pour avoir dans la partie qui reste à gauche, le carré des dixaines; mais comme cette partie est elle-même composée de plus de deux chiffres, un raisonnement semblable conduit à en séparer encore deux sur la droite, et ainsi de suite.

Donnons un exemple de cette opération.

EXEMPLE III.

On demande la racine carrée de 76807696.

```
76.80.76.96 | 8764
12 8.0
 1 6 7
---------
 1 1 1 7.6
  1 7 4 6
-----------
   7 0 0 9 6
   1 7 5 2 4
-------------
   0 0 0 0 0
```

Après avoir partagé le nombre proposé en tranches de deux chiffres chacune, en allant de droite à gauche, je cherche quelle est la racine carrée de la tranche 76 qui est le plus à gauche : je trouve qu'elle est 8, et j'écris 8 à côté du nombre proposé : je carre 8 et je retranche le carré 64 de 76 : j'ai pour reste 12 que j'écris au-dessous de 76; à côté de ce reste j'abaisse la tranche 80 dont je sépare le dernier chiffre par un point; et au-dessous de la partie 128, j'écris 16, double de la racine trouvée; puis disant, en 128 combien de fois 16? je trouve qu'il y est 7 fois; j'écris 7 à la suite de la racine 8, et à côté du double 16 : je multiplie 167 par ce même nombre 7, et je retranche de 1280 le produit de cette multiplication; il me reste 111 à côté duquel j'abaisse la tranche 76, ce qui forme 11176; je sépare le dernier chiffre 6 de ce nombre, et sous la partie 1117 qui reste à gauche, j'écris 174, double de la racine 87; je divise 1117 par 174, et ayant trouvé 6 pour quotient, j'écris 6 à la racine et à côté du double 174 : je multiplie 1746 par ce même nombre 6, et je retranche 10476 de 11176, il reste 700; à côté de ce reste j'abaisse 96 dont je sépare le dernier chiffre; au-dessous de 7009, qui reste à gauche, j'écris 1752, double de la racine trouvée 876; en divisant 7009 par 1752, je trouve pour quotient 4 que j'écris à la racine et à côté du double 1752. Je multiplie 17524 par ce même nombre 4, et je retranche de 70096, il ne reste rien; ainsi la racine carrée de 76807696 est exactement 8764.

140. Lorsque le nombre proposé n'est point un carré parfait, il y a un reste à la fin de l'opération, et la racine carrée qu'on a trouvée est la racine carrée du plus grand carré contenu dans le nombre proposé : alors il n'est pas possible d'extraire la racine carrée exactement; mais on peut en approcher si près qu'on le juge à-propos, c'est-à-dire, de manière que l'erreur qui en résulterait dans le carré, soit au-dessous de telle quantité qu'on voudra.

Cette approximation se fait commodément par le moyen des décimales. Il faut concevoir à la suite du nombre proposé, deux fois autant de zéros qu'on voudra avoir de décimales à la racine; faire l'opération comme à l'ordinaire, et séparer ensuite par une virgule, sur la droite de la racine, moitié autant de décimales qu'on a mis de zéros à la suite du nombre proposé. En effet (54), le produit de la multiplication devant avoir autant de décimales qu'il y en a dans les deux facteurs ensemble, le carré (dont les deux facteurs sont égaux) doit donc en avoir le double de ce qu'a l'un des facteurs; c'est-à-dire le double de ce que doit avoir la racine.

EXEMPLE IV.

On demande la racine carrée de 87567 à moins d'un millième près.

Pour faire des millièmes, il faut trois décimales; il faut donc mettre six zéros au carré de 87567; ainsi il faut tirer la racine carrée de 87567000000.

```
8.75.67.00.00.00 | 295917
47.5
 49
----------
 346.7
  585
----------
  5420.0
   5909
----------
   10190.0
    59181
----------
    427190.0
     591827
----------
     129111
```

En faisant l'opération comme dans les exemples précédents, on trouve pour racine carrée, à moins d'une unité près, le nombre 295917; cette racine est celle de 87567000000; mais comme il s'agit de celle de 87567 ou de 87567,000000, je sépare moitié autant de décimales dans la racine, que j'ai mis de zéros au carré; ce qui me donne 295,917 pour racine carrée de 87567, à moins d'un millième près.

Pareillement si l'on demande la racine carrée de 2, à moins d'un dix-millième près; on tirera la racine carrée de 200000000 qu'on trouvera être 14142; séparant les quatre chiffres de la droite par une virgule, on aura 1,4142 pour la racine carrée de 2, approchée à moins d'un dix-millième près.

141. On a vu (106) que pour multiplier une fraction par une fraction, il fallait multiplier numérateur par numérateur, et dénominateur par dénominateur; par conséquent pour carrer une fraction, il faut carrer le numérateur et le dénominateur; ainsi le carré de $\frac{2}{3}$ est $\frac{4}{9}$, celui de $\frac{4}{5}$ est $\frac{16}{25}$.

142. Donc réciproquement pour tirer la racine carrée d'une fraction, il faut tirer la racine carrée du numérateur et celle du dénominateur; ainsi la racine carrée de $\frac{9}{16}$ est $\frac{3}{4}$, parce que celle de 9 est 3, et celle de 16 est 4.

143. Mais il peut arriver que le numérateur et le dénominateur, ou tous les deux, ne soient point des carrés parfaits; s'il n'y a que le numérateur qui ne soit point un carré, on en tirera la racine approchée par la méthode qu'on vient d'exposer, et ayant tiré la racine du dénominateur, on la donnera pour dénominateur

à la racine du numérateur ; ainsi si l'on demande la racine de $\frac{2}{9}$, on tirera la racine approchée du numérateur 2 qu'on trouvera 1,4 ou 1,41 ou 1,414 ou 1,4142, etc., selon qu'on voudra en approcher plus ou moins ; et comme la racine carrée de 9 est 3, on aura pour racine approchée de $\frac{2}{9}$, la quantité $\frac{1,4}{3}$ ou $\frac{1,41}{3}$ ou $\frac{1,414}{3}$ ou $\frac{1,4142}{3}$, etc.

Mais si le dénominateur n'est pas un carré, on multipliera les deux termes de la fraction par ce même dénominateur, ce qui ne changera rien à la valeur de la fraction, et rendra ce dénominateur carré ; alors on opérera comme dans le cas précédent. Par exemple, si l'on demande la racine carrée de $\frac{3}{5}$, on changera cette fraction en en $\frac{15}{25}$; en tirant la racine carrée de 15 jusqu'à 3 décimales, par exemple, on aura 3,872 ; et comme la racine carrée de 25 est 5, la racine carrée de $\frac{15}{25}$ sera $\frac{3,872}{5}$.

144. Pour ne pas avoir plusieurs sortes de fractions à la fois, on réduira le résultat $\frac{3,872}{5}$, uniquement en décimales, en divisant 3,872 par 5, ce qui donnera 0,774 pour la racine de $\frac{3}{5}$, exprimée purement en décimales (99).

145. Enfin si l'on avait des entiers joints à des fractions, on réduirait ces entiers en fractions (86), et on opérerait comme il vient d'être dit pour une fraction. Ainsi, pour tirer la racine carrée de 8 $\frac{3}{7}$, on changerait 8 $\frac{3}{7}$ en $\frac{59}{7}$ et celle-ci (143) en $\frac{413}{49}$, dont on trouverait que la racine approchée est $\frac{20,322}{7}$ ou 2,903.

146. On peut aussi réduire en décimales la fraction qui accompagne l'entier ; mais il faut observer d'y employer un nombre de décimales pair et double de celui qu'on veut avoir à la racine ; parce que le produit de la multiplication de deux nombres qui ont des décimales, devant avoir autant de décimales qu'il y en a dans les deux facteurs (54), le carré d'un nombre qui a des décimales, doit en avoir deux fois autant que ce nombre. En appliquant cette méthode à 8 $\frac{3}{7}$, on le transforme en 8,428571 (99) dont la racine est 2,903, comme ci-dessus.

147. Si l'on avait à tirer la racine carrée d'une quantité décimale, il faudrait avoir soin de rendre le nombre des décimales pair, s'il ne l'est pas ; ce qui se fera en mettant à la suite de ses décimales, 1, ou 3, ou 5, etc. zéros : cela n'en change pas la valeur (30). Ainsi, pour tirer la racine carrée de 21,935 à moins d'un millième près, je tire la racine carrée de 21,935000 qui est 4,683 ; c'est aussi celle de 21,935. On trouvera de même que celle de 0,542 est à moins d'un millième près 0,736, et que celle de 0,0054 est à moins d'un millième près 0,073.

148. Quand on a trouvé, par la méthode qui vient d'être exposée, les trois premiers chiffres de la racine, on peut en avoir plusieurs autres avec plus de facilité et de promptitude, par la division seule, en cette manière.

Prenons pour exemple 7637035568 23 : je commence par chercher les trois premiers chiffres de la racine, par la méthode ci-dessus : je trouve 873 pour cette racine, et 1574 pour reste : je mets à côté de ce reste les deux chiffres 55 qui suivent la partie 763703 qui a donné les trois premiers chiffres. (Je mettrais les trois chiffres suivants, si j'avais quatre chiffres de la racine; quatre si j'en avais cinq, et ainsi de suite). Je divise 157455 que j'ai alors, par le double 1746 de la racine; je trouve pour quotient 90; ce sont deux nouveaux chiffres à mettre à la suite de la racine, qui par-là devient 87390. Je carre cette racine, et je retranche son carré 7637012100 de la partie 7637035568 dont 87390 est la racine; il me reste 23468.

Si je veux avoir de nouveaux chiffres à la racine, comme j'en ai déjà cinq, je puis, par la seule division, en trouver 4; je mettrai, pour cet effet, à la suite du reste 23468 les deux chiffres restants 23 du nombre proposé et deux zéros, et divisant 2346823oo par le double 174780 de la racine trouvée, j'aurai 1342 pour les quatre nouveaux chiffres que je dois joindre à la racine; mais en partageant le nombre proposé en tranches, de la manière qui a été dite ci-dessus, on voit que sa racine ne doit avoir que six chiffres pour les nombre entiers; donc cette racine est 873901,342 à moins d'un millième près.

On peut, le plus souvent, pousser chaque division jusqu'à un chiffre de plus, c'est-à-dire, jusqu'à autant de chiffres qu'on en a déjà à la racine; mais il y a quelques cas, rares à la vérité, où l'erreur sur le dernier chiffre pourrait aller jusqu'à cinq unités; au lieu qu'en se bornant à un chiffre de moins, comme nous venons de le faire, on n'a jamais à craindre même une unité d'erreur sur le dernier chiffre.

Si après avoir trouvé les premiers chiffres de la racine, par la méthode ordinaire, ce qui reste après l'opération faite se trouvait égal au double de ces premiers chiffres, il faudrait, pour éviter tout embarras, en déterminer encore un par la même méthode ordinaire; après quoi, on trouverait les autres par la méthode abrégée que nous venons d'exposer, qui, comme on le voit assez, s'applique également aux décimales.

Si la racine devait avoir des zéros parmi ses chiffres intermédiaires, dans le cas où ces zéros seraient du nombre des chiffres qu'on détermine par la division, il peut arriver, s'ils doivent être les premiers chiffres du quotient, qu'on ne s'en aperçoive pas, parce que dans la division on ne marque pas les zéros qui doivent précéder sur la gauche du quotient : le moyen de le distinguer, est de faire attention qu'on doit avoir toujours autant de chiffres au quotient qu'on en a mis à la suite du reste; et par conséquent, quand il y en aura moins, il en faudra compléter le nombre par des zéros placés sur la gauche de ce quotient.

Au reste, l'abrégé que nous venons d'exposer, est une suite de ce principe général, qu'il est aisé de déduire de ce qu'on a vu (134); savoir, que le carré d'une quantité quelconque composée de deux parties, renferme le carré de la première partie, deux fois la première partie multipliée par la seconde, et le carré de la seconde.

De la formation des Nombres cubes, et de l'extraction de leurs racines.

149. Pour former ce qu'on appèle *le cube* d'un nombre, il faut d'abord multiplier ce nombre par lui-même, et multiplier ensuite par ce même nombre le produit résultant de cette première multiplication.

Ainsi le cube d'un nombre est, à proprement parler, le produit du carré d'un nombre multiplié par ce même nombre : 27 est le cube de 3, parce qu'il résulte de la multiplication de 9 (carré de 3) par le même nombre 3.

Le nombre que l'on cube est donc trois fois facteur dans le cube; c'est pour cette raison que le cube est aussi nommé *troisième puissance* ou *troisième degré* de ce nombre.

150. En général, on dit qu'un nombre est élevé à sa seconde, troisième, quatrième, cinquième, etc. puissance, quand on l'a multiplié par lui-même, 1, 2, 3, 4, etc. fois consécutives, ou lorsqu'il est 2 fois, 3 fois, 4 fois, 5 fois, etc. facteur dans le produit.

151. La racine cubique d'un cube proposé est le nombre qui, multiplié par son carré, produit ce cube; ainsi 3 est la racine cubique de 27.

152. On n'a donc pas besoin de règles pour former le cube d'un nombre; mais pour revenir du cube à sa racine il faut une méthode. Nous déduirons cette méthode de l'examen de ce qui se passe dans la formation du cube.

Observons cependant qu'on n'a besoin de méthode pour extraire la racine cubique en nombres entiers, que lorsque le nombre proposé a plus de quatre chiffres; car 1000 étant le cube de 10, tout nombre au-dessous de 1000, et par conséquent de moins de quatre chiffres, aura pour racine moins que 10, c'est-à-dire, moins de deux chiffres.

Ainsi tout nombre qui tombera entre deux de ceux-ci :

1, 8, 27, 64, 125, 216, 343, 512, 729,

aura sa racine cubique, en nombre entier, entre les deux nombres correspondants de cette suite :

1 2 3 4 5 6 7 8 9,

dont la première contient les cubes.

153. Tout nombre n'a pas de racine cubique; mais on peut approcher continuellement d'un nombre qui, étant cubé, approche aussi de plus en plus de reproduire ce premier nombre; c'est ce que nous verrons après avoir appris à trouver la racine d'un cube parfait.

154. Voyons donc de quelles parties peut être composé le cube d'un nombre qui contiendrait des dixaines et des unités.

Puisque le cube résulte du carré d'un nombre multiplié par ce même nombre, il est essentiel de se rappeler ici (134) que *le carré d'un nombre composé de dixaines et d'unités renferme* 1° *le carré des dixaines;* 2° *deux fois le produit des dixaines par les unités;* 3° *le carré des unités.*

Pour former le cube, il faut donc multiplier ces trois parties par les dixaines et par les unités du même nombre.

Afin d'apercevoir plus distinctement les produits qui en résulteront, donnons à cette opération simulée la forme suivante :

1°

Le carré des dixaines Deux fois le produit des dixaines par les unités Le carré des unités	étant multiplié par les dixaines, donnera	Le cube des dixaines. Deux fois le produit du carré des dixaines multiplié par les unités. Le produit des dixaines par le carré des unités.

2°

Le carré des dixaines Deux fois le produit des dixaines par les unités. Le carré des unités	étant multiplié par les unités, donnera	Le produit du carré des dixaines multiplié par les unités. Deux fois le produit des dixaines par le carré des unités. Le cube des unités.

Donc en rassemblant ces six résultats, et réunissant ceux qui sont semblables, on voit que le cube d'un nombre composé de dixaines et d'unités, contient quatre parties; savoir : *le cube des dixaines*, *trois fois le carré des dixaines multiplié par les unités*, *trois fois les dixaines multipliées par le carré des unités*, *et enfin le cube des unités.*

Formons d'après cela, le cube d'un nombre composé de dixaines et d'unités, de 43 par exemple,

$$\begin{array}{r} 64000 \\ 14400 \\ 1080 \\ 27 \\ \hline 79507 \end{array}$$

Nous prendrons donc le cube de 4 qui est 64; mais comme ce 4 est des dixaines, son cube sera des mille; parce que le cube de 10 est 1000; ainsi le cube des quatre dixaines sera 64000.

3 fois 16, ou 3 fois le carré des 4 dixaines, étant multiplié par les trois unités, donnera 144 centaines, parce que le carré de 10 est 1000; ainsi ce produit sera 14400.

3 fois 4, ou 3 fois les dixaines, étant multipliées par le carré 9 des unités, donneront des dixaines, et ce produit sera 1080.

Enfin le cube des unités se terminera à la place des unités, et sera 27.

En réunissant ces quatre parties, on aura 79507 pour le cube de 43, cube qu'on aurait sans doute trouvé plus facilement en multipliant 43 par 43, et le produit 1849 encore par 43; mais il ne s'agit pas tant ici de trouver la valeur du cube, que de connaître, par l'examen des parties qui le composent, la manière de revenir à sa racine.

155. Cela posé, voici le procédé de l'extraction de la racine cubique.

EXEMPLE I.

Soit donc proposé d'extraire la racine cubique de 79507.

Cube.	*Racine.*
79.507	43
155.07	
48	

Pour avoir la partie de ce nombre qui renferme le cube des dixaines de la racine, j'en sépare les trois derniers chiffres, dans lesquels nous venons de voir que ce cube ne peut être compris puisqu'il vaut des mille.

Je cherche la racine cubique de 79; elle est 4, que j'écris à côté.

Je cube 4, et j'ôte le produit 64 de 79; il me reste 15 que j'écris au-dessous de 79.

A côté de 15 j'abaisse 507, ce qui me donne 15507, dans lequel il doit y avoir 3 fois le carré des 4 dixaines trouvées, multipliées par les unités que nous cherchons, plus 3 fois ces mêmes dixaines multipliées par le carré des unités, plus enfin le cube des unités.

Je sépare les deux derniers chiffres 07; la partie 155 qui reste à gauche renferme trois fois le carré des dixaines multiplié par les unités; c'est pourquoi, afin d'avoir les unités (74), je vais diviser cette partie 155 par le triple du carré des 4 dixaines, c'est-à-dire par 48.

Je trouve que 48 est 3 fois dans 155; j'écris donc 3 à la racine.

Pour éprouver cette racine, et connaître le reste, s'il y en a, nous pourrions composer les 3 parties du cube qui doivent se trouver dans 15507, et voir si elles forment 15507, ou de combien elles en diffèrent; mais il est aussi commode de faire cette vérification, en cubant tout de suite 43, c'est-à-dire, en multipliant 43 par 43, ce qui produit 1849, en multipliant ce produit par 43, ce qui donne enfin 79507. Ainsi 43 est exactement la racine cubique.

Si le nombre proposé a plus de 6 chiffres, on raisonnera comme dans l'exemple ci-après.

Exemple II.

Soit proposé d'extraire la racine cubique de 596947688.

```
596.947.688 | 842
 849.47
  192
592704
----------
  42436 88
  21168
 596947688
----------
 0000000 00
```

On considérera sa racine comme composée de dixaines et d'unités, et par cette raison on commencera par séparer les trois derniers chiffres.

La partie 596947 qui renferme le cube des dixaines, ayant plus de trois chiffres, sa racine en aura plus d'un, et par conséquent elle aura des dixaines et des unités. Il faut donc, pour trouver le cube de ces premières dixaines, séparer les trois chiffres 947.

Cela posé, je cherche la racine cubique de 596; elle est 8, j'écris ce 8 à côté.

Je cube 8, et je retranche le produit 512 de 596; il reste 84, que j'écris au-dessous de 596.

A côté de 84 j'abaisse 947, ce qui me donne 84947, dont je sépare les deux derniers chiffres.

Au-dessous de la partie 849, j'écris 192, qui est le triple carré de la racine 8, et je divise 849 par 192; je trouve pour quotient 4 que j'écris à la racine.

Pour vérifier cette racine, et avoir en même temps le reste, je cube 84, et je retranche le produit 592704, du nombre 596947; j'ai pour reste 4243.

A côté de ce reste j'abaisse la tranche 688, en considérant la racine 84 comme un seul nombre qui marque les dixaines de la racine cherchée, je sépare les deux derniers chiffres 88 de la tranche abaissée, et je divise la partie 42436 par le triple carré de 84, c'est-à-dire, par 21168; je trouve pour quotient 2 que j'écris à la suite de 84.

Pour vérifier la racine 842, et avoir le reste, s'il y en a, je cube 842, et je retranche le produit 596947688 du nombre proposé 596947688; et comme il ne reste rien, j'en conclus que 842 est la racine exacte de 596947688.

Il faut encore observer, 1° que dans le cours de ces opérations, on ne doit jamais mettre plus de 9 à la racine.

2° Si le chiffre qu'on porte à la racine était trop fort, on s'en apercevrait à ce que la soustraction ne pourrait se faire, et alors on diminuerait la racine successivement d'une, 2, 3, etc., unités, jusqu'à ce que la soustraction devînt possible.

Lorsque le nombre proposé n'est pas un cube parfait, la racine qu'on trouve n'est qu'une racine approchée, et il est rare qu'il soit suffisant de l'avoir en nombres entiers. Les décimales sont encore d'un usage très-avantageux pour pousser cette approximation beaucoup plus loin, et aussi loin qu'on le désire, sans que cependant on puisse jamais atteindre à une racine exacte.

156. Pour approcher aussi près qu'on le voudra de la racine cubique d'un cube imparfait, il faut mettre à la suite de ce nombre trois fois autant de zéros qu'on veut avoir de décimales à la racine; faire l'extraction comme dans les exemples précédents, et, après l'opération faite, séparer par une virgule sur la droite de la racine autant de chiffres qu'on voulait avoir de décimales.

Exemple III.

On demande d'approcher de la racine cubique de 8755 jusqu'à moins d'un centième près. Pour avoir des centièmes à la racine, c'est-à-dire deux décimales, il faut que le cube ou le nombre proposé en ait six (54); il faut donc mettre six zéros à la suite de 8755.

Ainsi la question se réduit à tirer la racine cubique de 8755,000,000

8.755.000.000	2061
07.55	
12	
8000	
7550.00	
1200	
8741816	
131840.00	
128508	
8754552981	
447019	

Suivant ce qui a été dit ci-dessus, je partage ce nombre en tranche de trois chiffres chacune, en allant de droite à gauche.

Je tire la racine cubique de la dernière tranche 8; elle est 2, que j'écris à la racine. Je cube 2, et je retranche le produit, de

8 ; j'ai pour reste o, à côté j'abaisse la tranche 755, dont je sépare les deux derniers chiffres 55 : au-dessous de la partie restante 7, j'écris 12, triple carré de la racine, et divisant 7 par 12, je trouve o pour quotient que j'écris à la racine.

Je cube la racine 20, ce qui me donne 8000, que je retranche de 8755 ; j'ai pour reste 755, à côté duquel j'abaisse la tranche 000, dont je sépare deux chiffres sur la droite ; au-dessous de la partie restante 7550 j'écris 1200, triple carré de la racine 20 ; et divisant 7550 par 1200, je trouve pour quotient 6 que j'écris à la racine.

Je cube la racine 206, et je retranche le produit, de 8755000 ; j'ai pour reste 13184, à côté duquel j'abaisse la dernière tranche 000, dont je sépare les deux derniers chiffres. Au-dessous de la partie restante 131840, j'écris 127308, triple carré de la racine trouvée 206. Je divise 131840 par 127308 ; je trouve pour quotient 1, que j'écris à la suite de 206. Je cube 2061, et ayant retranché de 8755000000, le produit 8754552981, j'ai pour reste 447019.

La racine cubique approchée de 8755000000 est donc 2061 ; donc celle de 8755,000000 est 20,61, puisque le cube a trois fois autant de décimales que sa racine (54).

Si l'on voulait pousser l'approximation plus loin, on mettrait à la suite du reste trois zéros, et on continuerait comme on a fait à chaque fois qu'on a descendu une tranche.

157. Puisque, pour multiplier une fraction par une fraction, il faut multiplier numérateur par numérateur, et dénominateur par dénominateur, il faudra donc, pour cuber une fraction, cuber son numérateur et son dénominateur. Donc réciproquement, pour extraire la racine cubique d'une fraction, il faudra extraire la racine cubique du numérateur, et la racine cubique du dénominateur. Ainsi la racine cubique de $\frac{27}{64}$ est $\frac{3}{4}$, parce que la racine cubique de 27 est 3, et celle de 64 est 4.

158. Mais si le dénominateur seul est un cube, on tirera la racine approchée du numérateur, et on donnera à cette racine pour dénominateur la racine cubique du dénominateur. Par exemple, si l'on demande la racine cubique de $\frac{143}{343}$: comme le numérateur n'est pas un cube, j'en tire la racine approchée, qui sera 5,22, à moins d'un centième près ; et tirant la racine de 343, qui est 7, j'ai $\frac{5,22}{7}$ pour la racine approchée de $\frac{143}{343}$; ou bien, en réduisant en décimales (97), j'ai 0,74 pour cette racine approchée à moins d'un centième près.

159. Si le dénominateur n'est pas un cube, on multipliera les deux termes de la fraction par le carré de ce dénominateur, et alors le nouveau dénominateur étant un cube on se conduira comme il vient d'être dit. Par exemple, si l'on demande la racine cubique de $\frac{3}{7}$, je multiplie le numérateur et le dénominateur par 49, carré du dénominateur 7 ; j'ai $\frac{147}{343}$, qui (88) est de même valeur que $\frac{3}{7}$. La racine cubique de $\frac{147}{343}$ est $\frac{5,27}{7}$, ou en réduisant purement en déci-

males, 0,75. La racine cubique de $\frac{3}{7}$ est donc 0,75 à moins d'un centième près.

S'il y avait des entiers joints aux fractions, on convertirait le tout en fraction, et la question serait réduite à tirer la racine cubique d'une fraction (157 *et suiv.*).

On pourrait aussi, soit qu'il y ait des entiers, soit qu'il n'y en ait point, réduire la fraction en décimales; mais il faut avoir soin de pousser cette réduction jusqu'à trois fois autant de décimales qu'on veut en avoir à la racine. Ainsi, si l'on demandait la racine cubique de $7 \frac{3}{11}$, approchée jusqu'à moins d'un millième, on changerait la fraction $\frac{3}{11}$, en 0,272727272; en sorte que, pour avoir la racine cubique de $7 \frac{3}{11}$, on tirerait celle de 7,272727272 qu'on trouvera être 1,937.

360. Pour tirer la racine cubique d'un nombre qui aura des décimales, il faudra le préparer par un nombre suffisant de zéros mis à sa suite de manière que le nombre de ses décimales soit, ou 3, ou 6, ou 9, etc.; alors on en tirera la racine comme s'il n'y avait pas de virgule; et après l'opération faite on séparera sur la droite de la racine, par une virgule, un nombre de chiffres qui soit le tiers du nombre des décimales de la quantité proposée; en sorte que si la racine n'avait pas suffisamment de chiffres pour que cette règle eût son exécution, on y suppléerait par des zéros placés sur la gauche de cette racine. Ainsi pour tirer la racine cubique de 6,54 à moins d'un millième près, je mettrai sept zéros, et je tirerai la racine cubique de 6540000000 qui sera 1870; j'en séparerai trois chiffres, puisqu'il y a neuf décimales au cube, et j'aurai 1,870, ou simplement 1,87 pour la racine cubique de 6,54. On trouvera de même que celle de 0,0006, approchée à moins d'un centième près, est 0,08.

361. Quand on a trouvé les quatre premiers chiffres de la racine cubique par la méthode qu'on vient d'expliquer, on peut trouver les autres plus promptement par la division, et cela de la manière suivante.

Qu'on demande la racine cubique de 5264627852723456: j'en cherche les quatre premiers chiffres par la méthode ordinaire; ils sont 1739, et le reste de l'opération est 5681415; à côté de ce reste, je mets les deux chiffres 72 qui suivent la partie 5264627832 qui a donné les quatre premiers chiffres. (Je mettrais les trois chiffres qui suivent cette même partie, si la racine trouvée avait cinq chiffres, et les quatre si elle en avait six). Je divise 568141372 par 9072363, triple carré de la racine 1739; j'ai pour quotient 62, et ce sont deux nouveaux chiffres à mettre à la suite de 1739, en sorte que 173962 est, en nombres entiers, la racine cubique du nombre proposé.

Si l'on voulait pousser plus loin, on cuberait cette racine, et ayant retranché le produit du nombre proposé, on mettrait à la suite du reste quatre zéros, et on diviserait le tout par le triple du carré de 173962, ce qui donnerait quatre décimales pour la racine.

On fera ici la même observation qu'on a faite (148) sur le cas où la division ne donne pas autant de chiffres qu'elle doit en donner. Et dans ces divisions on s'aidera de la règle abrégée qui a été donnée (69 *et suiv.*).

Des Raisons, Proportions, et Progressions, et de quelques Règles qui en dépendent.

162. Les mots *raison* et *rapport* ont la même signification en mathématiques : et l'un et l'autre expriment le résultat de la comparaison de deux quantités.

163. Si dans la comparaison des deux quantités on a pour but de connaître de combien l'une surpasse l'autre, ou en est surpassée, le résultat de cette comparaison, qui est la différence de ces deux quantités, se nomme leur *Rapport arithmétique*.

Ainsi, si je compare 15 avec 8 pour connaître leur différence 7, ce nombre 7 qui est le résultat de la comparaison est le rapport arithmétique de 15 à 8.

Pour marquer que l'on compare deux quantités sous ce point de vue, on sépare l'une de l'autre par un point; en sorte que 15 . 8 marque que l'on considère le rapport arithmétique de 15 à 8.

164. Si dans la comparaison de deux quantités on se propose de connaître combien l'une contient l'autre, ou est contenue en elle, le résultat de cette comparaison se nomme leur *Rapport géométrique*. Par exemple, si je compare 12 à 3 pour savoir combien de fois 12 contient 3, le nombre 4 qui exprime ce nombre de fois est le rapport géométrique de 12 à 3.

Pour marquer que l'on compare deux quantités sous ce point de vue, on sépare l'une de l'autre par deux points : cette expression 12 : 3 marque que l'on considère le rapport géométrique de 12 à 3.

165. Des deux quantités que l'on compare, celle qu'on énonce ou qu'on écrit la première, se nomme *antécédent*, et la seconde se nomme *conséquent*. Ainsi dans le rapport 12 : 3, 12 est l'antécédent, et 3 est le conséquent : l'un et l'autre s'appèlent les *termes* du rapport.

166. Pour avoir le rapport arithmétique de deux quantités, il n'y a donc autre chose à faire qu'à retrancher la plus petite de la plus grande.

167. Et pour avoir le rapport géométrique de deux quantités, il faut diviser l'une par l'autre.

168. Nous évaluerons ce rapport, dorénavant, en divisant l'antécédent par le conséquent : ainsi le rapport de 12 à 3 est 4, et le rapport de 3 à 12 est $\frac{3}{12}$ ou $\frac{1}{4}$.

169. Un rapport arithmétique ne change point quand on ajoute à chacun de ses deux termes, ou qu'on en retranche une même

quantité, parce que la différence (en quoi consiste le rapport) reste toujours la même.

170. Un rapport géométrique ne change point quand on multiplie ou quand on divise ses deux termes par un même nombre; car le rapport géométrique consistant (168) dans le quotient de la division de l'antécédent par le conséquent, est une quantité fractionnaire qui (88) ne peut changer par la multiplication ou la division de ses deux termes par un même nombre. Ainsi le rapport 3 : 12 est le même que celui 6 : 24 que l'on a en multipliant les 2 termes du premier par 2; il est le même que celui de 1 : 4 que l'on a en divisant par 3.

171. Cette propriété sert à simplifier les rapports. Par exemple, si j'avais à examiner le rapport de $6\frac{3}{4}$ à $10\frac{2}{3}$, je dirais, en réduisant tout en fraction, ce rapport est le même que celui de $\frac{27}{4}$ à $\frac{32}{3}$, ou en réduisant au même dénominateur, le même que celui de $\frac{81}{12}$ à $\frac{128}{12}$, ou enfin en supprimant le dénominateur 12, (ce qui revient au même que de multiplier les deux termes du rapport par 12) ce rapport est le même que celui de 81 à 128.

172. Lorsque quatre quantités sont telles que le rapport des deux premières est le même que le rapport des deux dernières, on dit que ces quatre quantités forment une *proportion;* et cette proportion est arithmétique ou géométrique, selon que le rapport qu'on y considère est arithmétique ou géométrique.

Les quatre quantités 7, 9, 12, 14, forment une proportion arithmétique, parce que la différence des deux premières est la même que celle des deux dernières. Pour remarquer qu'elles sont en proportion arithmétique, on les écrit ainsi, 7 . 9 : 12 . 13, c'est-àdire, qu'on sépare par un point les deux termes de chaque rapport, et les deux rapports par deux points. Le point qui sépare les deux termes de chaque rapport, signifie *est à;* et les deux points qui séparent les deux rapports, signifient *comme;* en sorte que pour énoncer la proportion ainsi écrite, on dit, 7 *est à* 9, *comme* 12 *est à* 14.

Les quatre quantités 3, 15, 4, 20, forment une proportion géométrique, parce que 3 est contenu dans 15, comme 4 l'est dans 20. Pour marquer qu'elles sont en proportion géométrique, on les écrit ainsi, 3 : 15 :: 4 : 20, c'est-à-dire qu'on séparera les deux termes de chaque rapport par deux points, et les rapports par quatre points. Les deux points signifient *est à*, et les quatre points signifient *comme;* de sorte qu'on dit 3 *est à* 15, *comme* 4 *est à* 20.

Il faut seulement observer que, dans la proportion arithmétique, on fait précéder le mot *comme* du mot *arithmétiquement.*

173. Le premier et le dernier terme de la proportion se nomment les *extrêmes;* le 2e. et le 3e. se nomment les *moyens.*

Comme il y a deux rapports, et par conséquent deux antécédents et deux conséquents, on dit, pour le premier rapport, *premier antécédent*, *premier conséquent*; et pour le second, *second antécédent*, *second conséquent*.

174. Quand les deux termes moyens d'une proportion sont égaux, la proportion se nomme proportion *continue*. 3 . 7 : 7 . 11 forment une proportion arithmétique continue : on l'écrit ainsi ÷ 3 . 7 . 11 ; les deux points et la barre qui précèdent sont pour avertir que dans l'énoncé on doit répéter le terme moyen qui est ici, 7.

La proportion 5 : 20 :: 20 : 80 est une proportion géométrique continue, que par abréviation on écrit ainsi ∺ 5 : 20 : 80; l'usage des quatre points et de la barre est le même que dans la proportion arithmétique continue.

175. Il suit de ce que nous venons de dire sur les proportions arithmétiques et géométriques,

1° Que si dans une proportion arithmétique on ajoute à chacun des antécédents, ou si l'on en retranche la différence ou raison qui règne dans cette proportion, selon que l'antécédent sera plus petit ou plus grand que son conséquent, chaque antécédent deviendra égal à son conséquent; car c'est donner au plus petit terme de chaque rapport ce qui lui manque pour égaler son voisin; ou retranchez du plus grand ce dont il surpasse son voisin. Ainsi dans la proportion 3 . 7 : 8 . 12, ajoutez la différence 4 au premier et au troisième terme, vous aurez 7 . 7 : 12 . 12, et il est aisé de sentir que cela est général.

2° Si dans une proportion géométrique vous multipliez chacun des deux conséquents, par le rapport, vous les rendrez pareillement égaux chacun à son antécédent; car multiplier le conséquent par le rapport, c'est le prendre autant de fois qu'il est contenu dans l'antécédent : ainsi dans la proportion 12 : 3 :: 20 : 5, multipliez 3 et 5, chacun par 4, et vous aurez 12 : 12 :: 20 : 20; pareillement, dans la proportion 15 : 9 :: 45 : 27, multipliez 9 et 27 chacun par $\frac{15}{9}$ ou $\frac{5}{3}$ qui est le rapport, vous aurez 15 : 15 :: 45 : 45.

Propriétés des Proportions Arithmétiques.

176. La propriété fondamentale des proportions arithmétiques, est que *la somme des extrêmes est égale à la somme des moyens*; par exemple, dans cette proportion 3 . 7 : 8 . 12, la somme 3 et 12 des extrêmes, et celle 7 et 8 des moyens, sont également 15.

Voici comment on peut s'assurer que cette propriété est générale.

Si les deux premiers termes étaient égaux entre eux, et les deux derniers aussi égaux entre eux, comme dans cette proportion :

7 . 7 : 12 . 12,

il est évident que la somme des extrêmes serait égale à celle des moyens.

Or toute proportion arithmétique peut être ramenée à cet état

(175), en ajoutant à cet antécédent, ou en ôtant la différence qui règne dans la proportion. Cette addition, qui augmentera également la somme des extrêmes et celle des moyens, ne peut rien changer à l'égalité de ces deux sommes ; ainsi, si elles deviènent égales par cette addition, c'est qu'elles étaient égales sans cette même addition. Le raisonnement est le même pour le cas de la soustraction.

177. Puisque dans la proportion continue les deux termes moyens sont égaux, il suit de ce qu'on vient de démontrer, que, dans cette même proportion, la somme des extrêmes est double du terme moyen, ou que le terme moyen est la moitié de la somme des extrêmes. Ainsi, pour avoir un moyen arithmétique entre 7 et 15, par exemple, j'ajoute 7 à 15 ; et prenant la moitié de la somme 22, j'ai 11 pour le terme moyen, en sorte que ÷ 7 . 11 . 15.

Propriétés des proportions Géométriques.

178. La propriété fondamentale de la proportion géométrique, est que *le produit des extrêmes est égal au produit des moyens;* par exemple, dans cette proportion 3 : 15 :: 7 : 35, le produit de 35 par 3, et celui de 15 par 7, sont également 105.

Voici comment on peut se convaincre que cette propriété a lieu dans toute proportion géométrique.

Si les antécédents étaient égaux à leurs conséquents, comme dans cette proportion :

$$3 : 3 :: 7 : 7,$$

il est évident que le produit des extrêmes serait égal au produit des moyens.

Mais on peut toujours ramener une proportion à cet état (175) en multipliant les deux conséquents par la raison. Cette multiplication fera, à la vérité, que le produit des extrêmes sera un certain nombre de fois plus grand qu'il n'aurait été, ou sera un certain nombre de fois plus petit, si le rapport est une fraction; mais elle produira le même effet sur celui des moyens; donc, puisqu'après cette multiplication le produit des extrêmes serait égal au produit des moyens, ces deux produits doivent être égaux sans cette même multiplication.

On peut donc prendre le produit des extrêmes pour celui des moyens, et réciproquement.

Donc *dans la proportion continue, le produit des extrêmes est égal au carré du terme moyen;* car les deux moyens étant égaux, leur produit est le carré de l'un d'eux. Donc pour avoir un moyen géométrique entre deux nombres proposés, il faut multiplier ces deux nombres l'un par l'autre, et tirer la racine carrée de ce produit. Ainsi pour avoir un moyen géométrique entre 4 et 9, je multiplie 4 par 9, et la racine carrée 6 du produit 36 est le moyen proportionnel cherché.

179. De la propriété fondamentale de la proportion géométrique, il suit que si, connaissant les trois premiers termes d'une proportion, on voulait déterminer le quatrième, il faudrait *multiplier le second par le troisième, et diviser le produit par le premier;* car il est évident (74) qu'on aurait le quatrième terme en divisant le produit des deux extrêmes par le premier terme; or ce produit est le même que celui des moyens; donc on aura aussi le quatrième terme en divisant le produit des moyens par le premier terme.

Ainsi, si l'on demande quel serait le quatrième terme d'une proportion dont les trois premiers seraient 3 : 8 :: 12; je multiplie 8 par 12, ce qui me donne 96 que je divise par 3; le quotient 32 est le quatrième terme demandé; en sorte que 3,8,12,32 forment une proportion : en effet, le premier rapport est $\frac{3}{8}$, et le second est $\frac{12}{32}$ qui, (89) en divisant les deux termes par 4, est aussi $\frac{3}{8}$.

Par un semblable raisonnement, on voit qu'on peut trouver tout autre terme de la proportion, lorsqu'on en connaît trois. *Si le terme qu'on veut trouver est un des extrêmes, il faudra multiplier les deux moyens, et diviser par l'extrême connu : si, au contraire, on veut trouver un des moyens, il faudra multiplier les deux extrêmes, et diviser par le terme moyen connu.*

180. Cette propriété de l'égalité entre le produit des extrêmes et celui des moyens, ne peut appartenir qu'à quatre quantités en proportion géométrique. En effet, si l'on avait quatre quantités qui ne fussent point en proportion géométrique, en multipliant les conséquents par le rapport des deux premières, il n'y aurait que le premier antécédent qui deviendrait égal à son conséquent. Par exemple, si l'on avait 3, 12, 5, 10, en multipliant les conséquents 12 et 10 par la raison $\frac{1}{4}$ des deux premiers termes 3 et 12, on aurait 3,3,5, $\frac{10}{4}$ dans lesquels il est évident que le produit des extrêmes ne peut être égal à celui des moyens; donc ces produits ne pourraient pas être égaux non plus, quand même on n'aurait pas multiplié les conséquents par la raison $\frac{1}{4}$. Il est visible que ce raisonnement peut s'appliquer à tous les cas.

Donc, *si quatre quantités sont telles que le produit des extrêmes soit égal au produit des moyens, ces quantités sont en proportion.* De-là nous concluerons cette seconde propriété des proportions.

181. *Si quatre quantités sont en proportion, elles y seront encore si l'on met les extrêmes à la place des moyens, et les moyens à la place des extrêmes.*

182. La même chose aura lieu, c'est-à-dire *que la proportion subsistera si l'on échange les places des extrêmes, ou celles des moyens.*

En effet, dans tous les cas, il est aisé de voir que le produit des extrêmes sera toujours égal à celui des moyens.

Ainsi la proportion 3 : 8 :: 12 : 32 peut fournir toutes les proportions suivantes par la seule permutation de ses termes.

3 : 8 :: 12 : 32
3 : 12 :: 8 : 32
32 : 12 :: 8 : 3
32 : 8 :: 12 : 3
8 : 3 :: 32 : 12
8 : 32 :: 3 : 12
12 : 3 :: 32 : 8
12 : 32 :: 3 : 8.

Et il en est de même de toute autre proportion.

183. Puisqu'on peut mettre le troisième terme à la place du second, et réciproquement, on doit en conclure *qu'on peut, sans troubler une proportion, multiplier ou diviser les deux antécédents par un même nombre, et qu'il en est de même à l'égard des conséquents*; car en faisant cette permutation, les deux antécédents de la proportion donnée formeront le premier rapport; et les deux conséquents, le second. Ainsi multiplier les deux antécédents de la première proportion, revient alors à multiplier les deux termes d'un rapport chacun par un même nombre, ce qui (170) ne change point ce rapport. Par exemple, si j'ai la proportion 3 : 7 :: 12 : 28, je puis, en divisant les deux antécédents par 3, dire 1 : 7 :: 4 : 28, parce que de la proportion 3 : 7 :: 12 : 28 on peut (182) conclure 3 : 12 :: 7 : 28; et en divisant les deux termes du premier rapport par 3, 1 : 4 :: 7 : 28, qui (182) peut être changée en 1 : 7 :: 4 : 28.

184. *Tout changement fait dans une proportion, de manière que la somme de l'antécédent et du conséquent, ou leur différence, soit comparée à l'antécédent ou au conséquent, de la même manière dans chaque rapport, formera toujours une proportion.*

Par exemple, si l'on a la proportion

12 : 3 :: 32 : 8

on en pourra conclure les proportions suivantes :

12 *plus* 3 : 3 :: 32 *plus* 8 : 8
ou 12 *moins* 3 : 3 :: 32 *moins* 8 : 8
ou 12 *plus* 3 : 12 :: 32 *plus* 8 : 32
ou 12 *moins* 3 : 12 :: 32 *moins* 8 : 32.

Car si c'est au conséquent que l'on compare, il est facile de voir que l'antécédent augmenté ou diminué du conséquent, contiendra ce conséquent une fois de plus ou une fois de moins qu'auparavant; et comme cette comparaison se fait de la même manière pour le second rapport, qui, par la nature de la proportion, est égal au premier, il s'ensuit nécessairement que les deux nouveaux rapports seront aussi égaux entre eux.

Si c'est à l'antécédent que l'on compare, le même raisonnement aura encore lieu, en concevant que dans la proportion sur laquelle on fait ce changement, on ait mis l'antécédent de chaque rapport à la place de son conséquent, et le conséquent à la place de l'antécédent; ce qui est permis (181).

185. Puisqu'en mettant le troisième terme d'une proportion à la place du second, et réciproquement, il y a encore proportion (182), on doit conclure que les deux antécédents se contiènent l'un l'autre autant de fois que les conséquents se contiènent aussi l'un l'autre.

Donc *la somme des deux antécédents de toute proportion, contient la somme des deux conséquents, ou est contenue en elle, autant qu'un des antécédents contient son conséquent, ou est contenu en lui.*

Par exemple, dans la proportion

12 : 3 :: 32 : 8

12 plus 32 : 3 plus 8 :: 32 : 8, ce qui est évident.

Mais pour s'en convaincre généralement, il n'y a qu'à faire attention que si le premier antécédent contient le second quatre fois, par exemple, la somme des deux antécédents contiendra le second cinq fois, et, par la même raison, la somme des conséquents contiendra le second conséquent cinq fois; donc la somme des antécédents contiendra celle des conséquents, comme le quintuple d'un des antécédents contient le quintuple de son conséquent, c'est-à-dire (170) comme un des antécédents contient son conséquent.

On prouverait de même que la différence des antécédents est à la différence des conséquents, comme un antécédent est à son conséquent.

186. Il est évident que la proposition qu'on vient de démontrer revient à celle-ci: si on a deux rapports égaux, par exemple,

celui de . . . . 4 : 12
et celui de . . . . 7 : 21

11 : 33

On aura encore le même rapport, en ajoutant antécédent à antécédent, et conséquent à conséquent.

Donc, *si l'on a plusieurs rapports égaux, la somme de tous les antécédents est à la somme de tous les conséquents, comme l'un des antécédents est à son conséquent.* Par exemple, si on a les rapports égaux 4 : 12 :: 7 : 21 :: 2 : 6, on peut dire que 4 *plus* 7 *plus* 2, sont à 12 *plus* 21 *plus* 6, comme 4 est à 12, ou comme 7 est à 21, etc.

Car, après avoir ajouté, entre eux, les antécédents des deux premiers rapports, et leurs conséquents aussi entre eux, le nouveau rapport qui, selon ce qu'on vient de voir, sera le même que chacun des deux premiers, sera aussi le même que le troisième : par conséquent on pourra l'ajouter de même avec celui-ci, et il en résultera encore le même rapport, et ainsi de suite.

187. On appele *rapport composé*, celui qui résulte de deux ou d'un plus grand nombre de rapports dont on multiplie les antécédents entre eux, et les conséquents entre eux. Par exemple, si l'on a les deux rapports 12 : 4 et 25 : 5, le produit des antécédents 12 et 25 sera 300 ; celui des conséquents 4 et 5 sera 20 ; le rapport de 300 à 20 est ce qu'on appèle rapport composé des rapports de 12 à 4, et de 25 à 5.

188. Ce rapport est le même que si l'on avait évalué séparément chacun des rapports composants, et qu'on eût multiplié entre eux les nombres qui expriment ces rapports. En effet, le rapport de 12 à 4 est 3, celui de 25 à 5 est 5 : or, 3 fois 5 font 15, qui est le rapport de 300 à 20 ; et on peut voir que cela est général, en faisant attention que le rapport est mesuré (168) par une fraction qui a l'antécédent pour numérateur, et le conséquent pour dénominateur : ainsi le rapport composé doit être une fraction qui ait pour numérateur le produit des deux antécédents, et pour dénominateur le produit de deux conséquents ; c'est donc (106) le produit des deux fractions qui expriment les rapports composants.

189. Si les rapports que l'on multiplie sont égaux, le rapport composé est dit *rapport doublé*, si l'on n'a multiplié que deux rapports ; *rapport triplé*, si l'on en a multiplié trois ; *quadruplé*, si l'on en a multiplié quatre, et ainsi de suite. Par exemple, si l'on multiplie le rapport de 2 à 3 par celui de 4 à 6 qui lui est égal, on aura le rapport composé 8 : 18 qui sera dit rapport *doublé* du rapport de 2 à 3, ou de 4 à 6.

190. *Si l'on a deux proportions, et qu'on les multiplie par ordre, c'est-à-dire, le premier terme de l'une par le premier terme de l'autre, le second par le second, et ainsi de suite, les quatre produits qui en résulteront, seront en proportion.*

Car en multipliant ainsi deux proportions, c'est multiplier deux rapports égaux par deux rapports égaux (172) ; donc les deux rapports composés qui en résultent doivent être égaux ; donc les quatre produits doivent être en proportion (172.)

191. Concluons de-là que *les carrés, les cubes, et en général les puissances semblables de quatre quantités en proportion, sont aussi en proportion*, puisque pour former ces puissances, il ne faut que multiplier la proportion par elle-même plusieurs fois de suite.

192. *Les racines carrées, cubiques, et en général les racines semblables de quatre quantités en proportion, sont aussi en proportion ;* car le rapport des racines carrées des deux premiers termes

n'est autre chose que la racine carrée du rapport de ces deux termes (142 et 167); et il en est de même du rapport des racines carrées des deux derniers termes; donc, puisque les deux rapports primitifs sont supposés égaux, leurs racines carrées sont égales; donc le rapport des racines carrées des deux premiers termes sera égal au rapport des racines carrées des deux derniers. On prouvera de même pour les racines cubiques, quatrièmes, etc.

Usage des Propositions précédentes.

193. Les propositions que nous venons de démontrer, et qu'on appèle les *Règles des proportions*, ont des applications continuelles dans toutes les parties des Mathématiques. Nous nous bornerons ici à celles qui appartiènent à l'Arithmétique, et nous commencerons par celle qu'on peut faire de ce qui a été établi (179), et qui est la base de presque toutes les autres.

De la Règle de Trois *directe et simple.*

194. On distingue plusieurs sortes de règles de *Trois* : elles ont toutes pour objet de faire connaître un terme d'une proportion dont on en connaît trois.

Celle qu'on appèle *règle de Trois directe et simple*, est nommée *simple*, parce que l'énoncé des questions auxquelles on l'applique, ne renferme jamais plus de quatre quantités, dont trois sont connues, et la quatrième est à trouver.

On l'appèle *directe*, parce que des quatre quantités qu'on y considère, il y en a toujours deux qui, non seulement sont relatives aux deux autres, mais qui en dépendent de manière que, de même qu'une des quantités contient l'autre, ou est contenue en elle, de même aussi la quantité relative à la première contient la quantité relative à la seconde, ou est contenue en elle; c'est-à-dire, d'une manière plus abrégée, qu'une quantité et sa relative peuvent toujours être, toutes deux, ou antécédents ou conséquents dans la proportion; ce qui n'a pas lieu dans la regle de Trois inverse, comme nous le verrons dans peu.

La méthode pour trouver le quatrième terme d'une proportion, et par conséquent pour faire la règle de Trois directe et simple, est suffisamment exposé (179); mais il est à propos de faire connaître, par quelques exemples, l'usage qu'on peut faire de cette règle.

EXEMPLE I.

40 ouvriers ont fait en un certain temps 268 toises d'ouvrage; on demande combien 60 ouvriers pourraient en faire dans le même temps?

Il est clair que le nombre des toises doit augmenter à proportion du nombre des ouvriers; en sorte que celui-ci devenant double, triple, quadruple, etc. le premier doit devenir aussi double, triple, quadruple, etc. Ainsi l'on voit que le nombre de toises cherché, doit contenir les 268 toises, autant que le nombre 60, relatif au premier, contient le nombre 40 relatif au second : il faut donc chercher le quatrième terme d'une proportion qui commencerait par ces trois-ci.

$$40 : 60 :: 268^{T} :$$

Ou (en divisant ces deux premiers termes par 20), ce qui est permis (170), par ces trois autres,

$$2 : 3 :: 268^{T} :$$

Ainsi, selon qu'il a été dit (179) : je multiplie 268^{T} par 3, et je divise le produit 804 par 2 ; ce qui donne pour quotient 402^{T}, et par conséquent 402^{T} pour l'ouvrage que feraient les 60 ouvriers.

Exemple II.

Un navire a fait, avec un même vent, 275 lieues en 3 jours ; on demande en combien de temps il en ferait 2000, toutes les autres circonstances demeurant les mêmes?

Il est évident qu'il faut plus de temps, à proportion du nombre de lieues, et que par conséquent le nombre de jours cherché doit contenir 3 jours, autant que 2000 lieues contiènent 275 liéues : il faut donc chercher le quatrième terme d'une proportion qui commencerait par ces trois-ci,

$$275 : 2000 :: 3 :$$

Multipliant 2000 par 3, et divisant le produit 6000 par 275, on aura $21^{\text{jours}}\frac{9}{11}$.

Exemple III.

$52^{T}\ 4^{P}\ 5^{p}$ d'ouvrage ont été payées $168^{\#}\ 9^{s}\ 4^{d}$; on demande combien on doit payer pour $77^{T}\ 1^{P}\ 8^{p}$?

Le prix de $77^{T}\ 1^{P}\ 8^{p}$ doit contenir le prix $168^{\#}\ 9^{s}\ 4^{d}$ des $52^{T}\ 4^{P}\ 5^{p}$, autant que $77^{T}\ 1^{P}\ 8^{p}$ contiènent $52^{T}\ 4^{P}\ 5^{p}$. Il faut donc chercher le quatrième terme d'une proportion qui commencerait par ces trois-ci,

$$52^{T}\ 4^{P}\ 5^{p} : 77^{T}\ 1^{P}\ 8^{p} :: 168^{\#}\ 9^{s}\ 4^{d} :$$

C'est-à-dire, qu'il faut multiplier $168^{\#}\ 9^{s}\ 4^{d}$ par $77^{T}\ 1^{P}\ 8^{p}$, et diviser le produit par $52^{T}\ 4^{P}\ 5^{p}$, ce qui peut se faire par ce qui a été dit (122 et 128).

Mais il sera encore plus simple de réduire les deux premiers termes à leur plus petite espèce, c'est-à-dire, en pouces; et la question sera réduite à chercher le quatrième terme d'une proportion qui commencerait par ces trois autres,

$$3797 : 5564 :: 168^{\#}\ 9^{s}\ 4^{d} :$$

Alors multipliant $168^{\#}\ 9^{s}\ 4^{d}$ par 5564, on aura $937348^{\#}\ 10^{s}\ 8^{d}$, et divisant par 3797, le quotient $246^{\#}\ 17^{s}\ 5^{d}\ \frac{2789}{3797}$ sera ce qu'on doit payer pour les $77^{T}\ 1^{P}\ 8^{p}$.

S'il y avait des fractions, après avoir réduit les deux termes de même espèce, à leur plus petite unité, comme dans cet exemple, on simplifierait le rapport de ces deux termes de la maniere qui a été enseignée (171).

De la Règle de Trois *inverse et simple.*

195. La règle de *Trois inverse et simple* differe de la règle de Trois directe, dont nous venons de parler, en ce que des quatre quantités qui entrent dans l'énoncé de la question pour laquelle on fait cette opération, les deux principales doivent se contenir l'une l'autre, dans un ordre tout opposé à celui des deux autres quantités qui leur sont relatives; en sorte que, lorsque par l'examen de la question, on a donné à ces quantités la disposition convenable pour former une proportion, l'une des quantités principales et sa relative forment les extrêmes, et l'autre quantité principale, avec sa relative, forment les moyens.

Au reste, cela n'introduit aucune différence dans la manière de faire l'opération; c'est toujours le quatrième terme d'une proportion qu'il s'agit de trouver; ou du moins on peut toujours amener la chose à ce point.

Quelques arithméticiens ont prescrit, pour le cas présent, une règle assujétie à l'énoncé de la question : nous ne suivrons point leur exemple; c'est la nature de la question, et non pas son énoncé, (qui souvent est vicieux), qui doit diriger dans la résolution.

EXEMPLE I.

30 hommes ont fait un certain ouvrage en 25 jours; combien faudrait-il d'hommes pour faire le même ouvrage en 10 jours?

On voit qu'il faut, dans ce second cas, d'autant plus d'hommes, que le nombre de jours est moindre; ainsi le nombre d'hommes cherché, doit contenir le nombre de 30 hommes, autant que le nombre 25 de jours, relatif à ceux-ci, contient le nombre 10 de jours, relatif à ceux-là. Il ne s'agit donc que de trouver le quatrième terme d'une proportion qui commencerait par ces trois-ci . . .

$$10^{j} : 25^{j} :: 30^{ho} :$$

C'est-à-dire de multiplier 30 par 25, et de diviser le produit 750 par 10, ce qui donne 75 ou 75^{ho}.

EXEMPLE II.

Un équipage n'a plus que pour 15 jours de vivres; mais les circonstances doivent lui faire tenir encore la mer pendant 20 jours; on demande à combien on doit réduire la totalité des rations, par jour?

Représentons par l'unité, la totalité des vivres que l'on consomme par jour : on voit que ce à quoi on doit se restreindre, doit être d'autant moindre que cette unité, que le nombre 20 des jours pendant lesquels cette économie doit durer, est plus grand que le nombre de 15 jours; que par conséquent, de même que 20 jours contiènent 15 jours, de même la totalité des vivres que l'on aurait consommés pendant chacun de ces 15 jours, doit contenir celle des vivres que l'on consommera pendant chacun des 20 jours: il faut donc chercher le quatrième terme d'une proportion qui commencerait par les trois suivants . . . .

$$20^{j} : 15 :: 1 :$$

Ce quatrième terme sera $\frac{15}{20}$ ou $\frac{3}{4}$; il faut donc se réduire aux $\frac{3}{4}$ de ce qu'on aurait consommé par jour.

De la Règle de Trois *composée.*

196. Dans les deux règles de Trois que nous venons d'exposer, la quantité cherchée et la quantité de même espèce qui entre dans l'énoncé de la question, ont entre elles un rapport simple, et déterminé par celui des deux autres quantités qui entrent pareillement dans l'énoncé de la question.

Dans la règle de Trois composée, le rapport de la quantité cherchée à la quantité de même espèce qui entre dans l'énoncé de la question, n'est pas donné par le rapport simple des deux autres quantités seulement, mais par plusieurs rapports simples qu'il s'agit de composer (187) d'après l'examen de la question.

Quand une fois ces rapports ont été composés, la règle est réduite à une règle de Trois simple; les exemples suivants vont éclaircir ce que nous disons.

Exemple I.

30 hommes ont fait 132 toises d'ouvrage en 18 jours; combien 54 hommes en feront-ils en 28 jours?

On voit que l'ouvrage dépend ici, non-seulement du nombre des hommes, mais encore du nombre des jours.

Pour avoir égard à l'un et à l'autre, il faut considérer que 30 hommes travaillant pendant 18 jours, ne font qu'autant que 18 fois 30 hommes, c'est-à-dire, que 540 hommes qui travailleraient pendant un jour.

Pareillement, 54 hommes travaillant pendant 28 jours, ne font qu'autant que feraient 28 fois 54 hommes, ou 1512 hommes travaillant pendant un jour.

La question est donc changée en celle-ci: 540 hommes ont fait 132 toises d'ouvrage, combien 1512 hommes en feraient-ils dans le même temps? c'est-à-dire, qu'il faut chercher le quatrième terme d'une proportion qui commencerait par ces trois-ci . . . .

$$540_{h} : 1512^{h} :: 132^{T} :$$

Multipliant 1512 par 132, et divisant le produit par 540, on trouvera pour réponse à la question, $369^{T}\ 5^{P}\ 7^{p}\ 2^{l}\ \frac{2}{5}$.

EXEMPLE II.

Un homme, marchant 7 heures par jour, a mis 30 jours à faire 230 lieues; s'il marchait 10 heures par jour, combien emploierait-il de jours pour faire 600 lieues, allant toujours avec la même vitesse?

S'il marchait pendant le même nombre d'heures par jour, dans chaque cas, on voit qu'il emploierait d'autant plus de jours, qu'il a plus de chemin à faire; mais comme il marche pendant un plus grand nombre d'heures par jour, dans le second cas, il lui faudra moins de temps par cette raison; ainsi l'opération tient en partie à la règle de Trois directe, et à la règle de Trois inverse.

On la réduira à une règle de Trois simple, en considérant que marcher pendant 30 jours, en employant 7 heures chaque jour, c'est marcher pendant 30 fois 7 heures, ou 210 heures; ainsi on peut changer la question en cette autre : il a fallu 210 heures pour faire 230 lieues; combien en faudra-t-il pour faire 600 lieues? Quand on aura trouvé le nombre d'heures qui satisfait à cette question, en le divisant par 10, on aura le nombre de jours demandé, puisque l'homme dont il s'agit, emploie 10 heures par jour.

Ainsi il faut chercher le quatrième terme de la proportion, dont les trois premiers sont . . . .

$$230^{l} : 600^{l} :: 210^{h}.$$

On trouvera que ce quatrième terme est 547 heures et $\frac{19}{23}$, lesquelles divisées par 10, nombre des heures que cet homme emploie chaque jour, donnent 54 jours et $\frac{180}{230}$ ou 54 jours $\frac{18}{23}$.

EXEMPLE III.

Le pied de Londres étant au pied de roi :: 15 : 16, on demande combien 720 pieds de Londres font de pieds de roi?

Il est clair que pour mesurer une longueur déterminée, il faudra moins de pieds de roi que de pieds de Londres, dans le même rapport que cette mesure est au contraire plus grande que la seconde; en sorte que la question se réduit à calculer le quatrième terme d'une proportion qui commencerait par ces trois-ci :

$$16 : 15 :: 720 :$$

multipliant donc 720 par 15, et divisant par 16, on aura 675 pour le nombre de pieds de roi qui équivalent à 720 pieds de Londres.

EXEMPLE IV.

Un convoi peut faire un certain espace en 18 jours, en marchant 5 heures par jour; mais on voudrait le faire arriver en 12 jours, abstraction faite des séjours; on demande combien d'heures il doit marcher par jour?

Il est évident qu'il doit, chaque jour, marcher pendant un nombre d'heures d'autant plus considérable que 5 heures, que le nombre 12 des jours qu'il doit employer est plus petit au contraire que le nombre 18 des jours qu'il aurait employés, si l'on n'eût pas forcé la marche. Ainsi l'état de la question fait voir qu'il s'agit de calculer le quatrième terme d'une proportion qui commencerait par ces trois-ci :

12 : 18 :: 5 :

Multipliant donc 18 par 5, et divisant par 12, on a $7^h \frac{1}{2}$ pour le nombre d'heures pendant lesquelles le convoi doit marcher chaque jour.

De la Règle de Société.

197. La règle de Société est ainsi nommée, parce qu'elle sert à partager, entre plusieurs associés, le bénéfice ou la perte résultant de leur société.

Son but est de partager un nombre proposé, en parties qui ayent entre elles des rapports donnés.

La règle que l'on donne pour cet effet, est fondée sur ce que nous avons établi (186) : nous allons la déduire de ce principe dans l'exemple suivant.

Exemple I.

Supposons, par exemple, qu'il s'agisse de partager 120, en trois parties qui ayent entre elles les mêmes rapports que les nombres 4, 3, 2; l'énoncé de la question fournit ces deux proportions.

4 : 3 :: la première partie est à la seconde.
4 : 2 :: la première partie est à la troisième.

Ou (182) ces deux autres . . . .

4 est à la première partie :: 3 est à la seconde.
4 est à la première partie :: 2 est à la troisième.

De sorte qu'on a ces trois rapports égaux; 4 est à la première partie :: 3 est à la seconde :: 2 est à la troisième.

Or, on a vu (186) que la somme des antécédents de plusieurs rapports égaux, est à la somme des conséquents, comme un antécédent est à son conséquent : on peut donc dire ici, que la somme 9 des trois parties proportionnelles à celles que l'on cherche, est à la somme 120 de celles-ci, comme l'une quelconque des trois parties proportionnelles, est à la partie 120 qui lui répond.

La règle se réduit donc, 1° à faire une totalité des parties proportionnelles données; 2° à faire autant de règles de Trois, qu'il y a de parties à trouver, et dont chacune aura, pour premier terme, la somme des parties proportionnelles données; pour second terme, le nombre proposé à diviser; et pour troisième terme, l'une des parties proportionnelles données : ainsi dans la question que nous avons prise pour exemple, on aurait ces trois règles de Trois à faire.

9 : 120 :: 4 :
9 : 120 :: 3 :
9 : 120 :: 2 :

Dont on trouvera (179) que les quatrièmes termes sont 55 $\frac{1}{3}$, 40, 26 $\frac{2}{3}$ qui ont entre eux les rapports demandés, et qui composent en effet le nombre 120.

Mais il est aisé de remarquer qu'il n'est pas absolument nécessaire de faire autant de règles de Trois qu'il y a de parties à trouver : on peut se dispenser de la dernière, en retranchant du nombre proposé la somme des autres parties, quand on les a trouvées.

EXEMPLE II.

Trois personnes ont à partager le bénéfice de la prise d'un vaisseau. La première a fait un fonds de 20000 liv. ; la seconde, de 60000 liv. ; la troisième, de 120000 liv. : on demande ce qui revient à chacune, sur la prise estimée 800000 liv., tous frais faits.

On voit qu'il s'agit de partager 800000 liv., en parties qui ayent entre elles les mêmes rapports que 20000, 60000, 120000 ; ou (170) que 2, 6, 12, puisque chacun doit avoir proportionnellement à sa mise ; il faut donc ajouter les trois parties proportionnelles, 2, , 12, et faire les trois proportions suivantes, ou seulement deux.

20 : 800000 :: 2 l. : la première partie.
20 : 800000 :: 6 l. : la seconde partie.
20 : 800000 :: 12 l. : la troisième partie.

Ces trois parties seront 80000 l., 240000 l., 480000 l.

La question pourrait être plus compliquée et cependant être ramenée aux mêmes principes, comme dans l'exemple qui suit.

EXEMPLE III.

Trois personnes ont mis en société ; la première, 3000 l., qui ont été pendant six mois dans la société ; la seconde, 4000 l., qui y ont été pendant cinq mois ; et la troisième, 8000 l., qui y sont restées pendant neuf mois ; combien chacun doit-il avoir sur le bénéfice, qui monte à 12050 l. ?

On réduira toutes les mises à un même temps, en cette manière.

La mise de 3000 l. a dû produire pendant six mois, autant que 6 fois 3000 l. ou 18000 l., pendant un mois.

La mise de 4000 l. a dû produire pendant 5 mois, autant que 5 fois 4000 l. ou 20000 l. pendant un mois.

Enfin la mise de 8000 l. a dû produire en 9 mois, autant que 9 fois 8000 l. ou 72000 l., pendant un mois.

Ainsi, la question est réduite à cette autre : les mises des trois associés sont 18000 l., 20000 l., 72000 l. ; combien revient-il à chacun sur le gain 12050 l. ?

En procédant comme dans l'exemple ci-dessus, on trouvera 1971 l. 16 s. 4 d. $\frac{4}{11}$, 2190 l. 18 s. 2 d. $\frac{2}{11}$, 7887 l. 5 s. 5 d. $\frac{5}{11}$.

EXEMPLE IV.

On doit distribuer à l'île de Rhé, à Belle-Isle et au Port-Louis, un approvisionnement d'outils, savoir : 4500 bêches, 2500 pics-hoyaux, 4550 pioches, 820 pics-à-tête, 820 pics-à-toc, 2200 écoupes, 2210 serpes, et 800 haches. Cette distribution doit être faite pour chaque espèce d'outils, proportionnellement et conformément à un modèle d'approvisionnement, par lequel on voit que sur 8500 outils de même espèce, l'île de Rhé en a eu 6000, Belle-Isle 1400, et le Port-Louis 1100. On demande combien il en faut de chaque espèce pour chacun de ces endroits?

Modèle d'approvisionnement.

L'ÎLE DE RHÉ	6000
BELLE-ISLE	1400
PORT-LOUIS	1100
	8500

Puisque chaque espèce d'outils doit être distribuée proportionnellement aux nombres 6000, 1400 et 1100, on trouvera combien chaque endroit doit en avoir d'une espèce quelconque; par exemple, de bêches, en calculant le quatrième terme de chacune de ces trois proportions,

$$8500 : 4500 \text{ ou } 85 : 45 :: 6000 :$$
$$85 : 45 :: 1400 :$$
$$85 : 45 :: 1100 :$$

On s'y prendra de la même manière pour calculer le nombre de pics-hoyaux, de pioches, etc., qui doivent être distribués dans chaque endroit; et l'on trouvera que la distribution doit être faite comme il suit :

	OUTILS.		
	pour L'ÎLE DE RHÉ.	pour BELLE-ÎLE.	pour PORT-LOUIS.
4800 Bêches . . .	3177	741	582
2500 Pics-hoyaux.	1765	412	323
4550 Pioches. . .	3212	749	589
820 Pics-à-tête. .	579	135	106
820 Pics-à-tocs. .	579	135	106
2200 Écoupes. . .	1553	362	285
2210 Serpes . . .	1560	364	286
800 Haches. . .	565	132	103
18400	12990	3030	2380

EXEMPLE V.

Trois bateliers doivent faire entre eux le décompte de 1500 liv. Le premier s'était chargé de 2 milliers qu'il a conduits à 50 lieues; le second a conduit 15 quintaux à 75 lieues, et le troisième 3 milliers à 60 lieues. On demande ce qui revient à chacun.

Pour réduire cette question à la règle précédente, il faut réduire ces différents transports à une même distance, en cette manière.

2 milliers portés à 50 lieues, doivent être payés comme 50 fois 2 milliers ou 100 milliers portés à une lieue. Pareillement 15 quintaux ou un millier et demi portés à 75 lieues, seront payés comme 75 fois un millier et demi, ou $112\frac{1}{2}$ milliers portés à une lieue. Enfin, 3 milliers portés à 60 lieues, doivent être payés comme 60 fois 3 milliers, ou 180 milliers portés à une lieue.

Ainsi la question est la même que si les trois voituriers avaient porté à la même distance, le premier 100 milliers, le second $112\frac{1}{2}$ milliers, et le troisième 180 milliers. Il s'agit donc de partager 1500 livres en trois parts proportionnelles aux nombres 100, $112\frac{1}{2}$ et 180, en calculant le quatrième terme de chacune des trois proportions suivantes :

$392\frac{1}{2} : 1500 :: 100 : 382^{\#}\ 5^{s}\ 4^{d}$
$392\frac{1}{2} : 1500 :: 112\frac{1}{2} : 429\ 18\ 9$
$392\frac{1}{2} : 1500 :: 180 : 687\ 17\ 11$

EXEMPLE I.

Le parc d'une armée consiste en 156 pièces de canon. On veut partager cette armée en trois divisions, de manière que la force de la première division soit à celle de la seconde :: 5 : 4, et que celle de la première soit à celle de la troisième :: 7 : 3. Il s'agit de répartir l'artillerie proportionnellement aux forces que doivent avoir les trois divisions.

Comme la force de la première division est représentée par 5 dans le premier rapport, et par 7 dans le second, il faut, avant tout, la ramener à être représentée par le même nombre, ce que l'on fera facilement, en multipliant les deux termes du premier rapport par 7, et les deux termes du second par 5, ce qui ne change point ces rapports. Alors les forces de la première, seconde et troisième division, doivent être respectivement comme les nombres 35, 28 et 15. Il sagit donc de partager 156 en trois parties proportionnelles aux nombres 35, 28 et 15, ce qui s'exécute comme dans le premier exemple, et donne 70, 56 et 30.

Remarque au sujet de la Règle précédente.

198. Il n'est pas inutile d'examiner un cas qui peut embarrasser les commençants. Si l'on proposait cette question, partager 650

en trois parties, dont la première soit à la seconde :: 5 : 4, et dont la première soit à la troisième :: 7 : 3.

On ne peut pas appliquer ici la règle précédente, sans une préparation qui consiste à rendre la même, dans chaque rapport donné, la partie proportionnelle de l'une des trois parts cherchées; par exemple, celle de la première; cela s'exécute aisément, en multipliant les deux termes de chaque rapport par le premier terme de l'autre rapport : ainsi les deux rapports 5 : 4 et 7 : 3, seront ramenés à avoir un même premier terme, en multipliant les deux termes du premier par 7, et les deux termes du second par 5, ce qui n'en change pas la valeur (170), et donne les rapports 35 : 28 et 35 : 14; en sorte que la question se réduit à partager 650, en trois parties qui soient entre elles comme les nombres 35, 28 et 15; ce qui se fera aisément par la règle précédente.

Si l'on demandait de partager un nombre en quatre parties, dont la première fût à la seconde :: 5 : 4: la première à la troisième :: 9 : 5, et la première à la quatrième :: 7 : 3, on réduirait ces rapports à avoir un même premier terme, en multipliant les deux termes de chacun par le produit des premiers termes des deux autres; ainsi dans cet exemple on changerait ces trois rapports, en ces trois autres, 315 : 252, 315 : 175, 315 : 135; en sorte que la question se réduit à partager le nombre proposé, en quatre parties qui soient entre elles, comme les nombres 315, 252, 175 et 135.

De quelques autres Règles dépendantes des Proportions.

199. Quoique les règles suivantes soient d'un usage moins fréquent que les précédentes, nous ne pouvons cependant les omettre absolument : outre qu'elles ne sont pas sans utilité par elles-mêmes, elles sont d'ailleurs propres à faire sentir l'étendue des usages des proportions.

200. La première dont nous parlerons est la Règle *d'une fausse position.* On l'applique souvent à résoudre des questions qui appartiènent à la règle de Société, dont elle diffère, en ce qu'au lieu de prendre les parties proportionnelles telles qu'elles sont données par l'énoncé de la question, elle en prend une arbitrairement, et y subordonne les autres conformément à la question; ce qui rend le calcul un peu plus facile.

Exemple I.

Partager 640 liv. entre trois personnes, dont la seconde ait le quadruple de la première, et la troisième deux fois et $\frac{1}{3}$ autant que les deux autres ensemble.

Je prends arbitrairement, pour représenter la première partie, le nombre 3, dont je puis prendre commodément le $\frac{1}{3}$.

La première partie étant 3, la seconde sera 12, et la troisième sera 35.

La question est réduite à partager 640 en trois parties, qui soient entre elles comme les trois nombres, 3, 12 et 35, ce qui se fera comme il a été dit (197).

La règle d'une fausse position sert aussi à résoudre des questions qui sont en quelque façon l'inverse de celle de la règle de Société, puisqu'il s'agit de revenir de la somme de quelques parties d'un nombre à ce nombre même, comme dans l'exemple qui suit.

EXEMPLE II.

On demande de trouver un nombre dont le $\frac{1}{3}$, le $\frac{1}{5}$, et les $\frac{3}{7}$, fassent 808. Je prends un nombre dont je puisse avoir commodément le $\frac{1}{3}$, le $\frac{1}{5}$, et les $\frac{3}{7}$; (ce qui est facile en multipliant les trois dénominateurs). Ce nombre sera 105; j'en prends le $\frac{1}{3}$ qui est 35; le $\frac{1}{5}$ qui est 21, et les $\frac{3}{7}$ qui sont 45; j'ajoute ces trois nombres, et j'ai 101, qui est composé des parties de 105, de la même manière que 808 l'est de celles du nombre en question : donc le nombre en question doit avoir même rapport à 808 que 105 à 101; il doit donc être le quatrième terme d'une proportion qui commencerait par ces trois-ci . . . .

101 : 105 :: 808 :

Ce quatrième terme est 840, dont 808 renferme en effet le $\frac{1}{3}$, le $\frac{1}{5}$, et les $\frac{3}{7}$.

201. La seconde règle dont nous parlerons est celle de deux fausses positions.

Elle sert dans les questions où il s'agit de partager, non pas le nombre même proposé, mais seulement une partie de ce nombre, en parties proportionnelles à des nombres donnés; l'exemple suivant fera connaître la règle et son usage.

EXEMPLE.

Il s'agit de partager 6954 liv. entre trois personnes, de manière que la seconde ait autant que la première, et 54 liv. de plus, et que la troisième ait autant que les deux autres ensemble, et 78 liv. de plus.

Sans les 54 et les 78 liv., il est clair qu'il ne s'agirait que de partager le nombre proposé en parties proportionnelles aux nombres 1, 1 et 2; mais puisqu'il faut prélever sur la somme, 54 liv. pour la seconde personne, et 54 liv. plus 78 liv. pour la troisième, il est évident qu'il n'y a qu'une partie du nombre proposé qu'on doit partager en parties proportionnelles à 1, 1 et 2 : comme cette partie, qui est facile à trouver dans l'exemple actuel, peut être difficile à apercevoir dans d'autres circonstances, on suit la méthode que voici.

Supposons, pour la première part, tel nombre que nous voudrons, par exemple, 1 liv.: la seconde part sera 1 liv. plus 54 liv.; c'est-à-dire, 55 liv.; et la troisième sera 1 liv. plus 55 liv.; plus 78 liv.; c'est-à-dire, 134 liv. : la totalité de ces parts est 190 liv.

S'il n'eût été question que de partager en parties proportionnelles à 1, 1 et 2; la première part étant toujours supposée une liv., la seconde serait 1 liv., la troisième serait 2, et la totalité serait 4 l., dont la différence avec 190 liv., c'est-à-dire 186 liv., est ce qu'il faut prélever sur la somme proposée 6954 liv, ce qui la réduit à 6768 liv. : il reste donc à partager 6768 liv. en parties proportionnelles à 1, 1 et 2, selon les règles ci-dessus; et ayant trouvé que la première partie est 1692 liv., on en conclura que les deux autres parts demandées sont 1746 liv. et 3516 liv.; en effet, la totalité de ces trois parts est 6954 liv.

202. On trouvera encore, chez les Arithméticiens, plusieurs autres règles qui ne sont autre chose que l'application des règles de Trois, à différentes questions, telles que les questions d'*Intérêt*, de *Change*, d'*Escompte*, etc.

Nous n'entrerons pas dans ces détails, qui ne peuvent avoir de difficulté pour ceux qui, ayant bien saisi les principes établis ci-dessus, auront en même temps l'état de la question présent à l'esprit. Nous nous bornerons à un seul exemple.

Une personne a fait à un marchand un billet de 2854 liv., payable dans un an; elle vient acquitter son billet au bout de 7 mois, et le marchand consent de diminuer, pour les 5 mois restans, les intérêts qui ont été compris dans le billet, à raison de 6 pour 100 pour 12 mois; on demande pour quelle somme le marchand doit rendre le billet.

Puisque 12 mois produisent 6 pour 100 d'intéret, 7 mois ont dû produire un intérêt qu'on trouvera en cherchant le quatrième terme d'une proportion, dont les trois premiers sont. . . . .,

$$12 : 7 :: 6 :$$

Ce quatrième terme sera $\frac{42}{12}$ ou $3\frac{1}{2}$. Or, quand l'intérêt a été pris à 6 pour 100, on a compté pour 106 liv. ce qui ne valait que 100; donc quand l'intérêt est à $3\frac{1}{2}$, on compte pour $103\frac{1}{2}$ ce qui ne vaut que 100; il faut donc actuellement que ce qui devait être payé 106 ne soit plus payé que $103\frac{1}{2}$. Ainsi la somme cherchée doit être le quatrième terme d'une proportion dont les trois premiers sont

$$106 : 103\tfrac{1}{2} :: 2854 \text{ liv.} :$$

Ce quatrième terme qui est 2786 liv. 13 s. 9 d. $\frac{30}{106}$ ou $\frac{15}{53}$, est la somme que le débiteur doit donner pour retirer son billet.

De la Règle d'Alliage.

203. Les questions qui appartiènent à cette règle sont de deux sortes.

Dans l'une, il s'agit de trouver la valeur moyenne de plusieurs sortes de choses, dont le nombre et la valeur particulière de chacune, sont connus.

Dans la seconde, il s'agit de connaître les quantités de chaque espèce de chose qui entrent dans un ou plusieurs mélanges, lorsqu'on connaît le prix ou la valeur de chaque espèce, et le prix ou la valeur totale de chaque mélange.

Nous réservons les questions de la seconde sorte pour l'Algèbre.

Quant aux questions de la première, voici la règle pour les résoudre.

Multipliez la valeur de chaque espèce de choses, par le nombre des choses de cette espèce; ajoutez tous les produits, et divisez la somme par le nombre total des choses de toutes les espèces.

EXEMPLE.

On emploie 200 ouvriers, dont 50 sont payés à raison de 40 sous par jour, 70 à raison de 30 sous, 50 à raison de 25 sous, et 30 à raison de 20 sous; à combien chaque ouvrier revient-il par jour, l'un portant l'autre?

50 ouvriers à 40 sous par jour font une dépense de . .	2000 s.
70 à 30 s.	2100
50 à 25.	1250
30 à 20.	600
	5950 s.

La dépense des 200 ouvriers est donc de 5950 s. par jour, et par conséquent, (en divisant par 200), chaque ouvrier revient, l'un portant l'autre, à 29 s. 9 d. par jour. Les autres questions de cette espèce sont si faciles à résoudre d'après cet exemple, que nous croyons à propos de ne pas insister sur cette matière.

Des Progressions Arithmétiques.

204. La progression arithmétique est une suite de termes dont chacun surpasse celui qui le précède, ou en est surpassé de la même quantité.

Par exemple, cette suite. . . . .

÷ 1 . 4 . 7 . 10 . 13 . 16 . 19 . 22 . 25, etc.

Est une progression arithmétique, parce que chaque terme y surpasse celui qui le précède, d'une même quantité qui est ici 3.

Les deux points séparés par une barre, qu'on voit ici à la tête de la progression, sont destinés à marquer qu'en énonçant cette progression, on doit répéter chaque terme, excepté le premier et le dernier, en cette manière, 1 *est à* 4 *comme* 4 *est à* 7, *comme* 7 *est à* 10, *etc.*

La progression est dite *croissante* ou *décroissante*, selon que les termes vont en augmentant ou en diminuant; mais comme les propriétés de l'une et de l'autre sont les mêmes, en changeant seulement les mots *plus* en *moins*, *ajouter* en *soustraire*, et *multiplier* en *diviser*, nous la considérerons ici uniquement comme croissante.

205. On voit donc, d'après la définition de la progression arithmétique, qu'avec le premier terme et la différence commune, ou la raison de la progression, on peut former tous les autres termes, en ajoutant consécutivement cette raison; et que par conséquent:

Le second terme est composé du premier, plus la raison.

Le troisième composé du second, plus la raison, et par conséquent du premier, plus deux fois la raison.

Le quatrième est composé du troisième, plus la raison, et par conséquent du premier, plus trois fois la raison, et ainsi de suite.

206. De sorte qu'on peut dire, en général, qu'*un terme quelconque d'une progression arithmétique, est composé du premier, plus autant de fois la raison qu'il y a de termes avant lui.*

207. Donc si le premier terme était zéro, tout autre terme de la progression serait égal à autant de fois la raison qu'il y aurait de termes avant lui.

208. Ce principe peut avoir les deux applications suivantes:

1° Il sert à trouver un terme quelconque d'une progression, sans qu'on soit obligé de calculer ceux qui le précèdent. Qu'on demande par exemple, quel serait le 100e terme de cette progression:

$$\div 4 \cdot 9 \cdot 14 \cdot 19 \cdot 24, \text{ etc.}$$

Puisque ce terme cherché doit être le centième, il a donc 99 termes avant lui; il est donc composé du premier terme 4, et de 99 fois la raison 5; il est donc 4 plus 495, c'est-à-dire 499.

209. 2° Ce même principe sert à lier deux nombres quelconques par une suite de tant d'autres nombres qu'on voudra, de manière que le tout forme une progression arithmétique; ce qu'on appèle *insérer* entre deux nombres donnés plusieurs *moyens proportionnels arihmétiques*, ou simplement, plusieurs *moyens arithmétiques*.

Par exemple, on peut lier 1 et 7 par cinq nombres qui fassent une progession arithmétique avec 1 et 7; ces nombres sont 2, 3, 4, 5, 6; mais comme il n'est pas toujours aisé de voir, du premier coup-d'œil, quels doivent être ces nombres, voici comment on peut les trouver à l'aide du principe que nous venons de poser.

Il ne s'agit que de trouver la raison qui doit régner dans cette progression.

Or le plus grand des deux nombres proposés devant être le dernier terme de la progression, doit être composé du premier, c'est-à-dire, du plus petit des deux nombres, plus autant de fois la raison qu'il y a de termes avant lui; donc si du plus grand de ces deux nombres on retranche le plus petit, le reste sera composé d'autant de fois la raison qu'il doit y avoir de termes avant le plus grand ; c'est-à-dire, qu'il est le produit de la multiplication de cette raison par le nombre des termes qui précèdent le plus grand ; donc (74) si l'on divise ce reste par le nombre des termes qui doivent précéder le plus grand, on aura cette raison.

Or le nombre des termes qui doivent précéder le plus grand, est plus grand d'une unité que le nombre des moyens qu'on veut insérer entre les deux ; donc *pour insérer entre deux nombres donnés tant de moyens arithmétiques qu'on voudra, il faut retrancher le plus petit de ces deux nombres, du plus grand, et diviser le reste par le nombre des moyens augmenté d'une unité.* Le quotient sera la différence ou la raison qui doit régner dans la progression.

Par exemple, si entre 4 et 11 on demande d'insérer 8 moyens arithmétiques, je retranche 4 de 11, il me reste 7 que je divise par 9, nombre de moyens augmenté de l'unité ; le quotient $\frac{7}{9}$ est la différence qui doit régner dans la progression, qui sera par conséquent :

$$\div 4 . 4\tfrac{7}{9} . 5\tfrac{5}{9} . 6\tfrac{3}{9} . 7\tfrac{1}{9} . 7\tfrac{8}{9} . 8\tfrac{6}{9} . 9\tfrac{4}{9} . 10\tfrac{2}{9} . 11.$$

Pareillement, si l'on demandait neuf moyens arithmétiques entre 0 et 1 ; retranchant 0 de 1, il reste 1 qu'il faudrait diviser par 10, nombre des moyens augmenté de l'unité, ce qui donne $\frac{1}{10}$ ou 0,1 pour la raison. Et par conséquent la progression sera

$$\div 0 . 0{,}1 . 0{,}2 . 0{,}3 . 0{,}4 . 0{,}5 . 0{,}6 . 0{,}7 . 0{,}8 . 0{,}9 . 1.$$

210. On voit par-là, qu'entre deux nombres, si voisins qu'ils puissent être l'un de l'autre, on peut toujours insérer tant de moyens arithmétiques qu'on voudra.

Nous n'en dirons pas davantage sur les progressions arithmétiques, que nous ne traitons ici que par rapport aux logarithmes, dont nous parlerons plus bas ; nous aurons occasion d'y revenir ailleurs.

Des Progressions Géométriques.

211. La progression géométrique est une suite de termes dont chacun contient celui qui le précède, ou est contenu en lui le même nombre de fois ; par exemple cette suite,

$$\div\div 3 : 6 : 12 : 24 : 48 : 96 : 192$$

est une progression géométrique, parce que chaque terme contient celui qui le précède, le même nombre de fois qui est ici 2.

Ce nombre de fois est ce qu'on appèle *la raison* de la progression.

Les quatre points qui précèdent la progression ont la même signification que les deux points qui précèdent la progression arithmétique (204). Mais on en met quatre pour avertir que la progression est géométrique.

La progression est dite *croissante* ou *décroissante*, selon que les termes vont en augmentant ou en diminuant.

Nous considérerons toujours la progression géométrique comme croissante, parce que les propriétés sont les mêmes dans l'une et dans l'autre, en changeant le mot de *multiplier* en celui de *diviser*, et celui de *contenir*, en ceux de *être contenu*.

Puisque le second terme contient le premier autant de fois qu'il y a d'unités dans la raison, il est donc composé du premier multiplié par la raison.

Puisque le troisième terme contient le second autant de fois qu'il y a d'unités dans la raison, il est donc composé du second multiplié par la raison, et par conséquent du premier multiplié par la raison, et encore multiplié par la raison; c'est-à-dire du premier multiplié par le carré, ou la seconde puissance de la raison.

Puisque le quatrième terme contient le troisième autant de fois qu'il y a d'unités dans la raison, il est donc composé du troisième multiplié par la raison, et par conséquent du premier multiplié par le carré de la raison, et encore multiplié par la raison; c'est-à-dire multiplié par le cube, ou la troisième puissance de la raison.

Par exemple, dans *la progression ci-dessus*, 6 est composé du premier terme 3 multiplié par la raison 2; 12 est composé du premier terme 3, multiplié par le carré 4 de la raison 2; 24 est composé du premier terme 3 multiplié par le cube 8 de la raison 2.

212. En continuant le même raisonnement, on voit qu'un *terme quelconque de la progression géométrique, est composé du premier multiplié par la raison élevée à une puissance marquée par le nombre des termes qui précèdent ce terme quelconque.*

Donc, si le premier terme de la progression est l'unité, chaque autre terme sera formé de la raison même élevée à une puissance marquée par le nombre des termes qui le précède; car la multiplication par le premier terme qui est l'unité, n'augmente point le produit.

Pour élever un nombre à une puissance proposée, à la septième, par exemple; il faut, suivant l'idée que nous avons donnée des puissances, multiplier ce nombre par lui-même six fois consécutives. Ainsi pour élever 2 à la septième puissance, je dirais 2 fois 2 font 4, 2 fois 4 font 8, 2 fois 8 font 16, 2 fois 16 font 32, 2 fois 32 font 64, 2 fois 64 font 128, qui serait la septième puissance de 2; mais on peut abréger l'opération en diverses manières : par exemple, je puis d'abord carrer 2, ce qui fait 4; cuber ce 4, ce qui donne 64, et multiplier 64 par 2, ce qui fait 128; ou bien je puis cuber 2; ce qui donne 8; carrer 8, ce qui donne 64, et multiplier 64 par 2, ce qui donne 128; en un mot, peu importe de quelle façon on s'y prène, pourvu que 2 se trouve 7 fois facteur dans le produit.

213. Le principe que nous venons de poser (212) sur la formation d'un terme quelconque de la progression, et la remarque

que nous venons de faire, peuvent servir à calculer tel terme qu'on voudra de la progression, sans être obligé de calculer ceux qui le précèdent. Si l'on demande, par exemple, quel serait le douzième terme de la progression?

$$\div 3 : 6 : 12 : 24 :, \text{etc.}$$

Comme je sais (212) que ce douzième terme doit être composé du premier, multiplié par la raison élevée à une puissance marquée par le nombre des termes qui précèdent ce douzième, je vois que, pour le former, il faut multiplier 3 par la onzième puissance de la raison 2. Pour former cette onzième puissance, je cube 2, ce qui me donne 8; je cube 8, ce qui me donne 512 pour la neuvième puissance, et enfin je multiplie 521, neuvième puissance de la raison, par 4, seconde puissance, et j'ai 2048 pour la onzième puissance de 2; je multiplie donc 2048 par 3, et j'ai 6144 pour le douzième terme de la progression.

214. Une autre application qu'on peut faire du même principe, c'est pour trouver tant de moyens proportionnels géométriques qu'on voudra entre deux nombres donnés. Si l'on demandait trois moyens géométriques entre 4 et 64, avec un peu d'attention, on verrait que ces trois moyens géométriques sont 8, 16, 32. En effet, $\div 4 : 8 : 16 : 32 : 64$ forment une progression géométrique; mais si l'on proposait d'autres nombres que 4 et 64, ou que l'on demandât tout autre nombre de moyens géométriques, on ne les trouverait pas si facilement.

Or voici comment on peut les trouver en vertu du principe dont il s'agit.

La question se réduit à trouver la raison qui doit régner dans la progression, parce que quand elle sera trouvée, on formera aisément les termes, par des multiplications successives par cette raison.

Qu'il soit question, par exemple, de trouver neuf moyens géométriques entre 2 et 2048.

2048 sera donc le dernier terme d'une progression géométrique qui commence par 2, et qui doit avoir neuf termes entre le premier et le dernier. 2048 est donc composé du premier terme 2 multiplié par la raison élevée à une puissance marquée par le nombre des termes qui doivent précéder 2048; donc (69) si l'on divise 2048 par le premier terme, le quotient sera la raison élevée à une puissance marquée par le nombre de termes qui doivent précéder 2048; donc, en cherchant quelle est la racine de cette puissance, on aura la raison : or cette puissance doit être la dixième, puisque devant y avoir neuf termes entre 2 et 2048, il y en a nécessairement dix avant 2048 : donc il faut extraire la racine dixième du quotient qu'aura donné le plus grand nombre 2048 divisé par le plus petit 2.

215. Comme on peut faire le même raisonnement dans tous

les cas, concluons donc en général que, *pour insérer entre deux nombres donnés, tant de moyens géométriques qu'on voudra, il faut diviser le plus grand de ces deux nombres par le plus petit, ce qui donnera un quotient; on extraira de ce quotient une racine du degré marqué par le nombre des moyens augmenté de l'unité.*

Ainsi pour revenir à notre exemple, je divise 2048 par 2, ce qui me donne 1024, dont je cherche la racine dixième (*); elle est 2; donc la raison est 2. Ainsi, pour former les moyens en question, je multiplie le premier terme 2 continuellement par la raison 2; et après avoir formé neuf moyens, je retombe sur 2048, comme on le voit ici,

$$\div\!\div 2 : 4 : 16 : 32 : 64 : 128 : 256 : 512 : 1024 : 2048.$$

Pareillement, si l'on demandait de trouver quatre moyens géométriques entre 6 et 48, je diviserais 48 par 6, et du quotient 8 je tirerais la racine cinquième; comme 8 n'a pas de racine cinquième exacte, on ne peut jamais assigner exactement en nombres, quatre moyens géométriques entre 6 et 48; mais on peut approcher de cette racine, si près qu'on le voudra, par une méthode analogue à celle de la racine carrée et de la racine cubique, que nous ferons connaître dans l'Algèbre. En attendant, il suffit qu'on conçoive qu'il est possible de trouver un nombre qui, multiplié quatre fois de suite par lui-même, approche de plus en plus de reproduire 8; et qu'il en est de même pour tout autre nombre et pour toute autre racine; et de-là nous conclurons qu'entre deux nombres quelconques, on peut toujours trouver tant de moyens géométriques qu'on voudra, soit exactement, soit par une approximation poussée à tel degré qu'on voudra, et c'est tout ce qu'il nous faut pour passer aux Logarithmes.

Des Logarithmes.

216. Les *Logarithmes* sont des nombres en progression arithmétique, qui répondent, terme par terme, à une pareille suite de nombres en progression géométrique. Si l'on a, par exemple, la progression géométrique, et la progression arithmétique suivantes

$$\div\!\div 2 : 4 : 8 : 16 : 32 : 64 : 128 : 256, \text{ etc.}$$
$$\div 3 . 5 . 7 . 9 . 11 . 13 . 15 . 17, \text{ etc.}$$

(*) Nous n'avons pas donné de méthode pour extraire la racine dixième d'un nombre; mais il en est de celle-ci comme de la racine carrée et de la racine cubique; la racine carrée ne doit avoir qu'un chiffre lorsque le nombre proposé n'en a pas plus de deux : la racine cubique ne doit avoir qu'un chiffre lorsque le nombre proposé n'en a pas plus de trois; pareillement la racine dixième n'aura jamais qu'un chiffre, tant que le nombre proposé n'en aura pas plus de dix; il en est de même pour les autres racines; la trentième, par exemple, n'aura qu'un chiffre, si le nombre proposé n'a pas plus de trente chiffres; cela se démontre, comme on l'a fait pour la racine carrée et la racine cubique.

Chaque terme de la suite inférieure, est dit le logarithme du terme qui est à pareille place dans la suite supérieure.

217. Un même nombre peut donc avoir une infinité de logarithmes différents, puisqu'à la même progression géométrique on peut faire correspondre une infinité de progressions arithmétiques différentes. Comme nous ne considérons ici les logarithmes, que par rapport à l'usage qu'on peut en faire dans les calculs numériques, nous ne nous arrêterons pas à considérer les différentes progressions géométriques et arithmétiques qu'on pourrait comparer entre elles; nous passons tout de suite à celles qu'on a considérées dans la formation des tables de logarithmes.

218. On a choisi pour progression géométrique, la progression décuple, et pour progression arithmétique, la suite naturelle des nombres : c'est-à-dire, qu'on a choisi les deux progressions suivantes :

$$\div\div 1 : 10 : 100 : 1000 : 10000 : 100000 : 1000000$$
$$\div 0 . 1 . 2 . 3 . 4 . 5 . 6.$$

219. Ainsi il sera toujours aisé de reconnaître quel est le logarithme de l'unité suivie de tant de zéros qu'on voudra; il a toujours autant d'unités qu'il y a de zéros à la suite de cette unité.

Nous n'enseignerons pas ici la méthode qu'on a suivie pour trouver les logarithmes intermédiaires de la progression décuple; elle dépend de principes que nous ne pouvons exposer ici; mais nous allons expliquer leur formation par une voie qui, à la vérité, ne serait pas la plus expéditive pour calculer ces logarithmes, mais qui suffit, tant pour concevoir cette formation, que pour rendre raison des usages auxquels on emploie ces nombres artificiels.

220. D'après la définition que nous avons donnée des logarithmes, on voit que pour avoir le logarithme d'un nombre quelconque, de 3, par exemple, il faut que ce nombre puisse faire partie de la progression géométrique fondamentale. Or, quoiqu'on ne voie pas que 3 puisse faire partie de la progression géométrique $\div\div 1 : 10 :$ 100, etc.; cependant on voit que si, entre 1 et 10, on inséroit un très-grand nombre de moyens géométriques (214), comme on monterait alors de 1 à 10 par des degrés d'autant plus serrés que le nombre de ces moyens serait plus grand, il arriverait de deux choses l'une; ou que quelqu'un de ces moyens se trouverait être précisément le nombre 3; ou que du moins il s'en trouverait deux consécutifs, entre lesquels le nombre 3 serait compris, et dont chacun différerait d'autant moins de 3, que le nombre des moyens insérés serait plus grand.

Cela posé, si l'on insérait pareillement entre 0 et 1 autant de moyens arithmétiques qu'on a inséré de moyens géométriques entre 1 et 10, chaque terme de la progression géométrique ayant pour logarithme le terme correspondant de la progression arithmétique, on prendrait dans celle-ci, pour logarithme de 3, le nombre qui s'y trouverait à pareille place que 3 se trouve dans la progression géométrique; ou si 3 n'était pas exactement quelqu'un des termes de celles-ci, on prendrait dans la progression arithmétique, le terme qui répondrait à celui de la progression géométrique, qui approche le plus du nombre 3.

C'est ainsi qu'on pourrait s'y prendre en effet, si l'on n'avait pas de moyens plus expéditifs. Quoi qu'il en soit, c'est à cela que revient le calcul des logarithmes.

221. Il faut donc se représenter qu'ayant inséré 10000000 moyens géométriques entre 1 et 10, pareil nombre entre 10 et 100, pareil nombre entre 100 et 1000, etc. on a inséré aussi pareil nombre de moyens arithmétiques entre 0 et 1, pareil nombre 1 et 2, pareil nombre entre 2 et 3; qu'ayant rangé tous les premiers sur une même ligne, et tous les seconds au-dessous, on a cherché dans la première le nombre le plus approchant de 2, et on a pris dans la suite inférieure le nombre correspondant; qu'on a cherché de même dans la première le nombre le plus approchant de 3, et qu'on a pris dans la suite inférieure, le nombre correspondant; qu'on en a fait de même, successivement, pour les nombres 4, 5, 6, etc.; qu'enfin ayant transporté dans une même colonne, comme on le voit dans la table ci-jointe, les nombres 1, 2, 3, 4, 5, etc. on a écrit dans une colonne à côté, les termes de la progression arithmétique qu'on a trouvés correspondants à ceux-là, ou du moins ceux qui en approchaient le plus; alors on aura l'idée de la formation des logarithmes, et de leur disposition dans les tables ordinaires.

Table des Logarithmes des nombres naturels depuis 1 jusqu'à 200.

Nombres.	Logarithmes.	Nombres.	Logarithmes.	Nombres.	Logarithmes.	Nombres.	Logarithmes.
0	Infini négat.	15	1,176091	30	1,477121	45	1,653213
1	0,000000	16	1,204120	31	1,491362	46	1,662758
2	0,301030	17	1,230449	32	1,505150	47	1,672098
3	0,477121	18	1,255273	33	1,518514	48	1,681241
4	0,602060	19	1,278754	34	1,531479	49	1,690196
5	0,698970	20	1,301030	35	1,544068	50	1,698970
6	0,778151	21	1,322219	36	1,556303	51	1,707570
7	0,845098	22	1,342423	37	1,568202	52	1,716003
8	0,903090	23	1,361728	38	1,579784	53	1,724276
9	0,954243	24	1,380211	39	1,591065	54	1,732394
10	1,000000	25	1,397940	40	1,602060	55	1,740363
11	1,041393	26	1,414973	41	1,612784	56	1,748188
12	1,079181	27	1,431364	42	1,623249	57	1,755875
13	1,113943	28	1,447158	43	1,633468	58	1,763428
14	1,146128	29	1,462398	44	1,643453	59	1,770852
15	1,176091	30	1,477121	45	1,653213	60	1,778151

Nombres.	Logarithmes.	Nombres.	Logarithmes.	Nombres.	Logarithmes.	Nombres.	Logarithmes.
60	1,778151	95	1,977724	130	2,113943	165	2,217484
61	1,785330	96	1,982271	131	2,117271	166	2,220108
62	1,792392	97	1,986772	132	2,120574	167	2,222716
63	1,799341	98	1,991226	133	2,123852	168	2,225309
64	1,806180	99	1,995635	134	2,127105	169	2,227887
65	1,812913	100	2,000000	135	2,130334	170	2,230449
66	1,819544	101	2,004321	136	2,133539	171	2,232996
67	1,826075	102	2,008600	137	2,136721	172	2,235528
68	1,832509	103	2,012837	138	2,139879	173	2,238046
69	1,838849	104	2,017033	139	2,143015	174	2,240549
70	1,845098	105	2,021189	140	2,146128	175	2,243038
71	1,851258	106	2,025306	141	2,149219	176	2,245513
72	1,857332	107	2,029384	142	2,152288	177	2,247973
73	1,863323	108	2,033424	143	2,155336	178	2,250420
74	1,869232	109	2,037426	144	2,158362	179	2,252853
75	1,875061	110	2,041393	145	2,161368	180	2,255273
76	1,880814	111	2,045323	146	2,164353	181	2,257679
77	1,886491	112	2,049218	147	2,167317	182	2,260071
78	1,892095	113	2,053078	148	2,170262	183	2,262451
79	1,897627	114	2,056905	149	2,173186	184	2,264818
80	1,903090	115	2,060698	150	2,176091	185	2,267172
81	1,908485	116	2,064458	151	2,178977	186	2,269513
82	1,913814	117	2,068186	152	2,181844	187	2,271842
83	1,919078	118	2,071882	153	2,184691	188	2,274158
84	1,924279	119	2,075547	154	2,187521	189	2,276462
85	1,929419	120	2,079181	155	2,190332	190	2,278754
86	1,934498	121	2,082785	156	2,193125	191	2,281033
87	1,939519	122	2,086360	157	2,195900	192	2,283301
88	1,944483	123	2,089905	158	2,198657	193	2,285157
89	1,949390	124	2,093422	159	2,201397	194	2,287800
90	1,954243	125	2,096910	160	2,204120	195	2,290035
91	1,959041	126	2,100371	161	2,206826	196	2,292256
92	1,963788	127	2,103804	162	2,209515	197	2,294466
93	1,968483	128	2,107210	163	2,212188	198	2,296665
94	1,993128	129	2,110590	164	2,214844	199	2,298853
95	1,977724	130	2,113943	165	2,217484	200	2,301030

Les Logarithmes renfermés dans cette table n'ont que six chiffrés après la virgule; ils en ont sept dans les tables ordinaires; mais cette différence ne nuit en rien à l'usage que nous en ferons ci-après.

222. Remarquons, au sujet de cette Table, que le premier chiffre de la droite de chaque logarithme, s'appèle la *Caractéristique*, parce que c'est par ce chiffre qu'on peut juger dans quelle décade est compris le nombre auquel appartient ce logarithme ; par exemple, si un nombre a pour caractéristique 3, je sais qu'il appartient à des mille, parce que le logarithme de 1000 est 3, et

que celui de 10000 étant 4, tout nombre depuis 1000 jusqu'à 10000 ne peut avoir pour logarithme que 3 et une fraction; il a donc 3 pour caractéristique, et les autres chiffres expriment cette fraction réduite en décimales.

Propriétés des Logarithmes.

223. Comme il ne s'agit ici que des logarithmes tels qu'ils sont dans les tables ordinaires, les propriétés que nous allons exposer, ne regardent que les progressions géométriques qui ont l'unité pour premier terme, et les progressions arithmétiques qui ont zéro pour premier terme.

Comparons donc encore, terme à terme, une progression géométrique quelconque, mais dont le premier terme soit l'unité, avec une progression arithmétique aussi quelconque, mais dont le premier terme soit zéro; par exemple, les deux progressions suivantes . . . .

$$\div\!\div 1 : 3 : 9 : 27 : 81 : 243 : 729 : 2187 : 6561, \text{ etc.}$$
$$\div\ 0 . 4 . 8 . 12 . 16 . 20 . 24 . 28 . 32, \text{ etc.}$$

Il suit de la nature et de la correspondance parfaite de ces deux progressions, qu'autant de fois la raison de la première est facteur dans l'un quelconque des termes de cette progression, autant de fois la raison de la seconde est contenue dans le terme correspondant de cette seconde; par exemple, dans le terme 2187, la raison 3 est sept fois facteur, et dans le terme 28, la raison 4 est contenue sept fois.

En effet, selon ce qui a été dit (206 et 212), la raison est facteur dans un terme quelconque de la première, autant de fois qu'il y a de termes avant celui-là; et dans la seconde, un terme quelconque est composé d'autant de fois la raison qu'il y a de termes avant lui. Or il y a le même nombre de termes de part et d'autre.

Concluons de-là, qu'un terme quelconque de la progression géométrique aura toujours pour correspondant dans la progression arithmétique, un terme qui contiendra la raison de celle-ci, autant de fois que la raison de la première est facteur dans le terme quelconque dont il s'agit.

224. Donc, *si l'on multiplie, l'un par l'autre, deux termes de la progression géométrique, et si l'on ajoute en même temps les deux termes correspondans de la progression arithmétique, le produit et la somme seront deux termes qui se correspondront dans ces progressions.*

Car il est évident que la raison sera facteur dans le produit, autant qu'elle l'est, tant dans l'un des termes multipliés, que dans l'autre; et que la raison de la progression arithmétique sera contenue dans la somme autant qu'elle l'est, tant dans l'un des termes ajoutés que dans l'autre.

225. Donc on peut, par l'addition seule de deux termes de la

progression arithmétique, connaître le produit des deux termes correspondants de la progression géométrique, en supposant ces deux progressions prolongées suffisamment.

Par exemple, en ajoutant les deux termes 8 et 24, qui répondent à 9 et 729, j'ai 32 qui répond à 6561; d'où je conclus que le produit de 729 par 9, est 6561; ce qui est en effet.

226. Donc, puisque les nombres naturels qui composent la première colonne de la table ci-dessus, ont été tirés d'une progression géométrique qui commence par l'unité; et puisque leurs logarithmes sont les termes correspondants d'un progression arithmétique qui commence par zéro, il faut en conclure qu'*en ajoutant les logarithmes de deux nombres, on a le logarithme de leur produit.*

De-là il est aisé de conclure les usages suivants.

Usage des Logarithmes.

227. *Pour faire une multiplication par logarithmes, il faut ajouter le logarithme du multiplicande au logarithme du multiplicateur; la somme sera le logarithme du produit; c'est pourquoi cherchant cette somme parmi les logarithmes des tables, on trouvera le produit à côté;* par exemple, si l'on propose de multiplier 14 par 13,

Je trouve dans la petite table ci-dessus que le logarithme de 14 est 1,146128
et que celui de 13 est. 1,113943

La somme 2,260071

répond dans la même table au nombre 182 qui est en effet le produit.

228. Pour carrer un nombre, il suffit donc de doubler son logarithme, puisqu'il faudrait ajouter ce logarithme à lui-même, pour mutiplier le nombre par lui-même.

229. Par une raison semblable, pour cuber un nombre, il faudra tripler son logarithme; et en général, pour élever un nombre à une puissance quelconque, il faudra prendre son logarithme autant de fois qu'il y a d'unités dans le nombre qui marque cette puissance; c'est-à-dire, multiplier son logarithme par le nombre qui marque cette puissance; par exemple, pour élever un nombre à la septième puissance, il faudra multiplier par 7, le logarithme de ce nombre.

230. Donc réciproquement, pour extraire la racine carrée, cubique, quatrième, etc. d'un nombre proposé, il faudra diviser le logarithme de ce nombre par 2, 3, 4, etc., c'est-à-dire, en général, par le nombre qui marque le degré de la racine qu'on veut extraire.

Par exemple, si lon demande la racine carrée de 144, ayant

trouvé dans la table, que le logarithme de ce nombre est 2,158362, j'en prends la moitié, 1,079181; je cherche parmi les logarithmes, à quel endroit se trouve 1,079181; il répond à 12, qui est par conséquent la racine carrée de 144.

Si l'on demande la racine septième de 128, je cherche dans la table son logarithme que je trouve être 2,107210; j'en prends le septième, ou je le divise par 7, et je cherche à quoi répond dans la table le quotient 0,301010; il répond à 2, qui est en effet la racine septième de 128.

231. *Pour trouver le quotient de la division d'un nombre par un autre, il faut retrancher le logarithme du diviseur, du logarithme du dividende; chercher dans la table à quel nombre répond le logarithme restant, ce nombre sera le quotient.*

Par exemple, si l'on veut diviser 187 par 17, je cherche dans la table les logarithmes de ces deux nombres, et je trouve

Le logarithme de 187	2,271842
Celui de 17	1,230449
La différence.	1,041393

répond, dans la table, à 11 qui est en effet le quotient.

Si la division ne pouvait pas être faite exactement, le logarithme restant ne se trouverait qu'en partie dans la table; mais nous allons enseigner ci-après ce qu'il faut faire dans ce cas.

La raison de cette règle est fondée sur ce que le quotient multiplié par le diviseur, devant reproduire le dividende (74), le logarithme du quotient, ajouté (227) au logarithme du diviseur, doit donc composer le logarithme du dividende, et par conséquent le logarithme du quotient vaut le logarithme du dividende, moins celui du diviseur.

232. D'après ce que nous venons de dire, il est très-facile de voir que pour faire une règle de Trois par logarithmes, il faut ajouter le logarithme du second terme au logarithme du troisième, et de la somme retrancher le logarithme du premier.

233. Remarquons que lorsqu'on cherche dans les tables ordinaires, un logarithme résultant de quelques opérations sur d'autres logarithmes; si l'on ne trouve de différence entre le dernier chiffre de ce logarithme et celui de la table, que sur le dernier chiffre seulement, on doit regarder cette différence comme nulle, parce que les logarithmes de tous les nombres intermédiaires à la progression décuple, ne sont qu'approchés à environ une demi-unité décimale du septième ordre près.

Des Nombres dont les logarithmes ne se trouvent point dans les Tables.

234. Les fractions et les nombres entiers joints à des fractions, n'ont pas leurs logarithmes dans les tables; il en est de même des

racines carrées, cubiques, etc. des nombres qui ne sont pas des puissances parfaites du degré de ces racines.

Si l'on demande le logarithme d'un nombre entier joint à une fraction, il faut d'abord réduire le tout en fraction (86), et ensuite retrancher le logarithme du dénominateur, du logarithme du numérateur. Par exemple, pour avoir le logarithme de $8\frac{3}{11}$ je cherche celui de $\frac{91}{11}$, que je trouve en retranchant 1,041393 logarithme de 11, de 1,959041 logarithme de 91; le reste 0,917648 est le logarithme de $8\frac{3}{11}$ puisque $8\frac{3}{11}$ ou $\frac{91}{11}$ n'est autre chose que 91 divisé par 11 (96).

235. La même raison prouve que, pour avoir le logarithme d'une fraction, il faut retrancher pareillement le logarithme du dénominateur, du logarithme du numérateur; mais comme cette soustraction ne peut se faire, puisque le logarithme du dénominateur sera plus grand que celui du numérateur, on retranchera au contraire le logarithme du numérateur de celui du dénominateur; le reste, qui marquera ce dont il s'en faut que la soustraction n'ait pu se faire, sera le logarithme de la fraction, en appliquant à ce reste un signe qui marque que la soustraction n'a pas été entièrement faite. Ce signe est celui-ci —, qu'on énonce *moins*. Ainsi le logarithme de la fraction $\frac{11}{91}$ serait — 0,917648 (*).

236. Ce signe est destiné à rappeler dans le calcul, que les logarithmes des fractions doivent être employés selon une règle tout opposée à celle que nous avons prescrite pour les logarithmes des nombres entiers, ou des nombres entiers joints à des fractions; c'est-à-dire, que si l'on a à multiplier par une fraction, il faut retrancher le logarithme de cette fraction; si, au contraire, l'on a à diviser par une fraction, il faut ajouter son logarithme.

La raison en est, pour la multiplication, que multiplier par une fraction, revient à multiplier par le numérateur, et à diviser ensuite par le dénominateur; donc, lorsqu'on opère par logarithmes, on doit ajouter le logarithme du numérateur, et retrancher ensuite celui du dénominateur, ou, ce qui revient au même, on doit seulement retrancher l'excès du logarithme du dénominateur du logarithme du numérateur : or, cet excès est précisément le logarithme de la fraction. A l'égard de la division, la raison en est aussi facile a saisir. En effet, diviser par $\frac{3}{4}$, par exemple, revient (109) à multiplier par $\frac{4}{3}$; donc, en opérant par logarithmes, il faut ajouter le logarithme de $\frac{4}{3}$, c'est-à-dire, (234) la différence du logarithme de 4, au logarithme de 3, ou du logarithme du dénominateur de la fraction proposée, au logarithme de son numérateur.

(*) Les nombres précédés du signe — se nomment nombres *négatifs*. Nous les ferons connaître plus particulièrement dans l'Algèbre; en attendant, nous prévenons que c'est en prendre une idée fausse, que de les regarder comme des nombres au-dessous de zéro. Il n'y a rien au-dessous de zéro.

237. Il peut arriver, et il arrive assez souvent, qu'en convertissant en une seule fraction, l'entier et la fraction dont on cherche le logarithme; il peut arriver, dis-je, que le numérateur soit un nombre qui passe les limites des tables. Par exemple, si l'on demande le logarithme de 53 $\frac{821}{5704}$; ce nombre réduit en fraction, revient à $\frac{303133}{5704}$, dont le numérateur passe les limites des tables les plus étendues.

Il est donc à propos de savoir comment on peut trouver le logarithme d'un nombre qui passe ces limites.

La méthode que nous allons donner n'est pas rigoureuse; mais elle est plus que suffisante pour les usages ordinaires. Avant que de l'exposer, observons :

238. 1° Qu'en ajoutant 1, 2, 3, etc. unités à la caractéristique du logarithme d'un nombre, on multiplie ce nombre par 10, 100, 1000, etc. puisque c'est ajouter le logarithme de 10, ou de 100, ou de 1000, etc. (219 et 227).

2° Au contraire, si l'on retranche 1, 2, 3, etc. unités de la caractéristique d'un logarithme, c'est diviser le nombre correspondant par 10, 100, 1000, etc.

239. Cela posé, qu'il soit question de trouver le logarithme de 357859, par exemple.

Je séparerai, par une virgule, sur la droite de ce nombre, autant de chiffres qu'il est nécessaire pour que le reste puisse se trouver dans les tables (*). Ici, par exemple, j'en séparerai deux, ce qui me donnera 3578,59, qui (28) est cent fois plus petit que le nombre proposé 357859.

Je cherche dans les tables le logarithme de 3578, que je trouve être 3,5536403; je prends en même temps à côté de ce logarithme (**), la différence 1214, entre ce même logarithme et celui de 3579, après quoi je fais cette règle de Trois : si, pour 1, unité de différence entre les deux nombres 3579 et 3578,

On a 1214 de différence entre leurs logarithmes;

Combien pour 0,59, différence entre les deux nombres 3578, 59 et 3578,

Aura-t-on de différence entre leurs logarithmes? C'est-à-dire, que je cherche le quatrième terme d'une proportion, dont les trois premiers sont:

$$1 : 1214 :: 0,59 :$$

Ce quatrième terme est 716,26, ou simplement 716, en négligeant les décimales. J'ajoute donc 716 au logarithme 3,5536403 de 3578, et j'ai 3,5537119 pour logarithme de 3578,59; il ne s'agit

(*) Nous supposons ici que l'on ait entre les mains des Tables ordinaires de logarithmes qui aillent jusqu'à 20000, ou au moins jusqu'à 10000. Celles de M. Rivard et celles de feu M. l'abbé de la Caille sont exactes et commodes.

(**) Ces différences se trouvent dans les Tables, à côté des logarithmes mêmes.

plus, pour avoir celui de 357859, que d'ajouter deux unités à la caractéristique du logarithme qu'on vient de trouver; et on aura 5,5537119 pour logarithme cherché, puisque 357859 est 100 fois plus grand que 3578,59.

Si les chiffres qu'on doit séparer sur la droite étaient tous des zéros, après avoir trouvé, dans les tables, le logarithme de la partie qui reste à gauche, il n'y aurait autre chose à faire qu'à ajouter autant d'unités à la caractéristique, qu'on aurait séparé de zéros.

240. S'il s'agit du logarithme d'un nombre accompagné de décimales, on cherchera ce logarithme, comme si le nombre proposé n'avait point de virgule; et après l'avoir trouvé, soit immédiatement dans les tables, soit par la méthode qu'on vient de donner (239), on ôtera autant d'unités à la caractéristique, qu'il y a de décimales dans le nombre proposé, parce qu'ayant considéré le nombre comme s'il n'y avait point de virgule, c'est-à-dire, comme 10, ou 100, ou 1000, etc. fois plus grand qu'il n'est, on doit le rappeler à sa valeur par une diminution convenable sur la caractéristique de son logarithme (238).

241. Enfin, s'il n'y a que des décimales dans le nombre proposé, on cherchera encore ce nombre dans les tables, comme s'il n'avait pas de virgule; et ayant pris le logarithme correspondant, on le retranchera d'autant d'unités qu'il y a de décimales dans ce même nombre, et on fera précéder le reste, du signe —; par exemple, pour avoir le logarithme de 0,03, je cherche celui de 3 qui est 0,477121; je le retranche de deux unités, et appliquant au reste le signe —, j'ai — 1,522879 pour logarithme de 0,03. En effet, 0,03 n'est autre chose que $\frac{3}{100}$; or, pour avoir le logarithme de $\frac{3}{100}$, il faut (235) retrancher le logarithme de 3, de celui de 100, et appliquer au reste le signe —.

Des Logarithmes dont les nombres ne se trouvent point dans les Tables.

242. Cette recherche n'est pas moins nécessaire que la précédente. Par exemple, pour la division, il arrive rarement que le quotient soit un nombre entier. Or, si l'on fait l'opération par logarithmes, on ne trouvera dans les tables le logarithme restant, que quand le quotient sera un nombre entier. Il y a une infinité d'autres cas de la même espèce.

243. Proposons-nous d'abord de trouver à quel nombre répond un logarithme proposé, soit qu'il excède les limites des tables, soit qu'il tombe entre les logarithmes des tables.

On retranchera de la caractéristique autant d'unités qu'il sera nécessaire, pour qu'on puisse trouver, dans les tables, les premiers chiffres du logarithme proposé, ainsi préparé. Si tous les chiffres se trouvent alors dans les tables, le nombre cherché sera le nombre même qu'on trouve à côté dans les tables; mais en mettant à sa suite autant de zéros qu'on aura ôté d'unités à la caractéristique (238).

Par exemple, le logarithme 7,2273467 se trouve (après avoir ôté trois unités à la caractéristique), répondre au nombre 16879; j'en conclus que le logarithme proposé 7,2273467, répond à 16879000.

Si l'on ne trouve dans les tables que les premiers chiffres du logarithme, on se conduira comme dans l'exemple qui suit.

Pour trouver à quel nombre appartient le logarithme 5,2432768, j'ôte deux unités à sa caractéristique; le logarithme 3,2432768 que j'ai alors, tombe entre les logarithmes de 1750 et 1751 : le nombre auquel il répond est donc 1750 et une fraction.

Afin d'avoir cette fraction, je retranche de mon logarithme 5,2432768, le logarithme de 1750, et j'ai pour différence 2288.

Je prends aussi dans les tables, la différence 2481 entre les logarithmes de 1751 et 1750, après quoi je fais cette règle de Trois :

Si 2481 de différence entre les logarithmes de 1751 et 1750,
Répondent à 1, unité de différence entre ces nombres,

A quelle différence de nombres doit répondre la différence 2288 entre mon logarithme et celui de 1750?

Je trouve pour quatrième terme $\frac{2288}{2481}$; ainsi le logarithme 3,2432768 appartient au nombre 1750 $\frac{2288}{2481}$, à très-peu de chose près; par conséquent, le logarithme proposé qui appartient à un nombre 100 fois plus grand (238), a pour nombre correspondant 175000 $\frac{228800}{2481}$; c'est-à-dire, 175092 $\frac{548}{2481}$, ou en réduisant en décimales, il a pour nombre correspondant 175092,22.

244. Si le logarithme proposé tombait entre ceux des tables, il n'y aurait aucune unité à retrancher à la caractéristique, et par conséquent point de zéros à ajouter à la fin de l'opération, qu'on ferait d'ailleurs de la même manière.

245. Mais comme la proportion que nous employons dans cette méthode n'est pas rigoureusement exacte (*), et qu'elle n'approche de la vérité, qu'autant que les nombres cherchés sont grands : si le logarithme proposé tombait au-dessous de celui de 1500, il faudrait, pour plus d'exactitude, ajouter à sa caractéristique autant d'unités qu'on pourrait le faire sans passer les bornes des tables; et ayant trouvé le nombre qui approche le plus d'y répondre dans ces tables, on en séparerait sur la droite autant de

(*) Cette proportion suppose que les différences des logarithmes sont proportionnelles aux différences des nombres, ce qui n'est jamais exactement vrai, mais approche assez, quand les nombres sont un peu grands, et cela suffit pour les usages ordinaires.

chiffres par une virgule, qu'on aurait ajouté d'unités à la caractéristique, ce qui suffira le plus souvent; mais si l'on veut avoir plus de décimales, on fera la proportion comme ci-dessus, (245) et réduisant le quatrième terme en décimales, on mettra celles-ci à la suite de celles qu'on a déjà trouvées.

Par exemple, si l'on demande à quel nombre appartient le logarithme 0,5432725; comme ce logarithme tombe entre ceux de 3 et de 4, et que le nombre auquel il appartient, est par conséquent beaucoup au-dessous de 1500, je cherche ce logarithme avec trois unités de plus à sa caractéristique; c'est-à-dire que je cherche 3.5432725; je trouve qu'il tombe entre les logarithmes de 3493 et 3494, d'où je conclus que le nombre cherché est 3,493, à moins d'un millième près. Mais si cette approximation ne suffit pas, je prendrai la différence entre mon logarithme et celui de 3494, c'est-à-dire, 739; je prendrai pareillement la différence 1243 entre les logarithmes de 3494 et 3493, et je chercherai, en raisonnant comme ci-dessus (245), le quatrième terme d'une proportion qui commencerait par ces trois-ci :

$$1243 : 1 :: 739 :$$

Ce quatrième terme, évalué en décimales, est 0,594; donc le nombre cherché est 3,493594.

Au reste, cette seconde approximation est bornée, parce que les logarithmes des tables n'étant exacts qu'à environ une demi-unité décimale du septième ordre près, les différences sont affectées de ce léger défaut; mais on peut toujours pousser l'approximation avec confiance, jusqu'à trois décimales : au surplus il est rare qu'on ait besoin d'aller jusque-là, mais la remarque que nous faisons, doit diriger aussi dans l'usage que nous avons fait ci-dessus (239 et 245), de la même proportion.

246. Si l'on veut avoir la fraction à laquelle répond un logarithme négatif proposé, on retranchera ce logarithme de 1, ou 2, ou 3, ou 4, etc. unités, selon l'étendue des tables; et après avoir trouvé le nombre qui répond au logarithme restant, on en séparera sur la droite, par une virgule, autant de chiffres qu'il y aura eu d'unités dans le nombre dont on aura retranché le logarithme.

Par exemple, si l'on demande à quelle fraction appartient —1,532732, je retranche 1,532732 de 4, et il me reste 2,467268, qui, dans la table, se trouve entre les logarithmes de 293 et de 294; j'en conclus que la fraction cherchée est entre 0,0293, et 0,0294; c'est-à-dire qu'elle est 0,0293, à moins d'un dix-millième près. En effet, retrancher de 4, le logarithme proposé 1,532732, c'est (236) multiplier 10000 par la fraction à laquelle appartient ce même logarithme proposé, ou (ce qui est la même chose), c'est multiplier cette fraction par 10000; donc le nombre qu'on trouve est 10000 fois trop grand; il faut donc le compter pour des dix-millièmes.

Tout ce que nous venons de dire, trouvera abondamment des applications par la suite. Bornons-nous, quant à présent, à donner une idée, par quelques exemples, de l'avantage que les logarithmes procurent pour la facilité et la promptitude des calculs.

EXEMPLE I.

On demande le quotient de 17954 divisé par 12836, approché jusqu'à moins d'un millième près.

Logarithme de 17954	4,254161
Logarithme de 12836	4,108430
reste.	0,145731

Ce reste, cherché dans les tables, avec une caractéristique plus forte de quatre unités, répond à 13987; donc (238) le quotient cherché est 1,3987.

EXEMPLE II.

On demande la racine cubique de 53, à moins d'un millième près.

Le logarithme de 53 est	1,724276
Son tiers (230) est.	0,574759

Ce dernier, cherché dans les tables avec une caractéristique plus forte de trois unités, répond à 5756; donc (238) la racine cherchée est 3,756.

Pour juger de l'avantage des logarithmes, on n'a qu'à chercher cette racine par la méthode donnée (156). Il ne faut pas pour cela regarder cette dernière comme inutile; car elle s'étend à une infinité de nombres auxquels les logarithmes n'atteindraient pas, par rapport aux bornes des tables.

EXEMPLE III.

Veut-on avoir, à moins d'un centième près, la racine cinquième du cube de 5736?

On triplera le logarithme 3,758609, de 5736; et on aura 11,275827, pour logarithme du cube de 5736. Prenant le cinquième de ce dernier logarithme, on a 2,255165, pour logarithme de la racine cinquième du cube de 5936. Ce logarithme, cherché dans les tables, avec une caractéristique plus forte de deux unités, pour avoir des centièmes, répond entre les nombres 17995 et 17996, la racine cherchée est donc 179,95 à moins d'un centième près.

EXEMPLE IV.

Qu'il soit question de trouver quatre moyens proportionnels géométriques, entre $2\frac{2}{3}$ et $5\frac{3}{4}$?

Il faudrait (215) pour avoir la raison qui doit régner dans la progression, diviser $5\frac{3}{4}$, par $2\frac{2}{3}$; et extraire la racine cinquième du quotient.

Par logarithmes, cette opération est très-simple. Je détermine, par les tables, le logarithme de $5\frac{3}{4}$, ou $\frac{23}{4}$; c'est 0,759668. Je détermine pareillement le logarithme de $2\frac{2}{3}$; c'est 0,425969. Je retranche donc (231) ce logarithme du premier, et j'ai 0,333699; prenant donc (230) le cinquième de ce dernier, j'ai 0,066740 pour le logarithme de la raison cherchée. Ce logarithme, cherché dans les tables, avec une caractéristique plus forte de 4 unités, pour avoir 4 décimales, répond à 11661, à moins d'une unité près; donc la raison est 1,1661, à moins d'un dix-millième près. Il ne s'agit donc plus, pour avoir les moyens proportionnels, que de multiplier le premier terme $2\frac{2}{3}$ par 1,1661; puis le produit, par 1,1661, et ainsi de suite.

Mais ces opérations peuvent être faites beaucoup plus promptement, à l'aide des logarithmes, en ajoutant successivement au logarithme 0,425969 du premier terme $2\frac{2}{3}$; le logarithme 0,066740 de la raison, son double, son triple, et son quadruple, en sorte qu'on aura 0,492709; 0,559449; 0,626189; 0,692929 pour les logarithmes des quatre moyens proportionnels demandés. Et si l'on cherche ces logarithmes dans les tables, avec trois unités de plus à la caractéristique, on trouve que ces quatre moyens proportionnels sont 3,109; 3,626; 4,228; 4,931.

REMARQUE.

Lorsque dans une opération où l'on fait usage des logarithmes, il s'en trouve quelques-uns que l'on doit retrancher, on peut simplifier l'opération par l'observation suivante.

Lorsqu'on a à retrancher un nombre quelconque, d'un autre qui est l'unité suivie d'autant de zéros qu'il y a de chiffres dans le premier, l'opération se réduit à écrire la différence entre 9 et chacun des chiffres du nombre proposé, à l'exception du dernier, pour lequel on écrit la différence entre 10 et ce chiffre. Par exemple, si j'ai 526927 à retrancher de 1000000, je retranche successivement les chiffres 5, 2, 6, 9, 2, de 9; et le dernier chiffre 7, je le retranche de 10, et j'ai 473073 pour reste.

Ce reste est ce qu'on appèle le *complément arithmétique* du nombre proposé.

La soustraction faite de cette manière, étant trop simple pour pouvoir être comptée pour une opération, il s'ensuit que lorsqu'on aura à former un résultat de l'addition et de la soustraction de plusieurs nombres, on pourra toujours réduire l'opération à l'addition. Par exemple, s'il s'agit d'ajouter les deux nombres 672736, 426452, et de retrancher de leur somme les deux nombres 432752,

18675, ce qui exige deux additions et une soustraction, je substitue à cette opération la suivante.

	672736
	426452
Complément arithmétique de 432752.	567248
Complément arithmétique de 18675.	981325
Somme	2647761

c'est-à-dire que j'ajoute ensemble les deux premiers nombres proposés, et les compléments arithmétiques des deux derniers; la somme est 2647761. Il faut en supprimer le premier chiffre 2; et les chiffres restants 647761 sont le résultat cherché.

La raison de cette opération est facile à sentir, en remarquant que si au lieu de retrancher 432752, comme on le proposoit, j'ajoute son complément arithmétique, c'est-à-dire 1000000 moins 432752, je fais en même temps la soustraction proposée, et une augmentation de 1000000, c'est-à-dire d'une dixaine au premier chiffre du résultat; donc pour chaque complément arithmétique que j'aurai introduit, j'aurai une dixaine de trop à l'égard du premier chiffre du résultat.

L'application de ceci aux logarithmes, est évidente.

Qu'il soit question, par exemple, de diviser 3760, par 79. Il faudrait retrancher le logarithme de 79, de celui de 3760. Au lieu de cette opération, j'écris log. 3760 3,575188
Complément arith. du log. de 79. 8,102373

Somme 11,677561

Ainsi 1, 677561 est le logarithme du quotient, et répond à 47,59 à moins d'un centième près.

Supposons, pour second exemple qu'il soit question de multiplier $\frac{675}{527}$, par $\frac{952}{377}$; il faudrait (106) multiplier 675 par 952, et 527 par 377; puis diviser le premier produit par le second. Par logarithme, on opérera ainsi. . . . .

log. 675.	2,829304
log. 952.	2,978637
complément arith. du log. de 527.	7,278189
complément arith. du log. de 377.	7,423659
Somme	20,509789

Le logarithme du produit est donc 0,509789, qui, cherché avec trois unités de plus à la caractéristique, répond à 3,234.

On peut faire usage du complément arithmétique, pour mettre les logarithmes des fractions sous la même forme que ceux des nombres entiers, et les employer de même dans le calcul; par-là on évitera la distinction des logarithmes négatifs, et des logarithmes positifs. Il suffira de se souvenir que la caractéristique du logarithme des fractions, proprement dites, est trop forte de 10 unités.

Par exemple, pour avoir le logarithme de $\frac{3}{4}$ qui n'est (96) autre chose que 3 divisé par 4; au lieu de retrancher le logarithme de 4, de celui de 3; c'est-à-dire de retrancher le logarithme de 3 de celui de 4, et de donner au reste le signe —, (255); au logarithme de 3, j'ajoute le complément arithmétique du logarithme de 4;

log. 3	0,477121
complément arith. du log. 4.	9,397940
Somme	9,875061

Cette somme est le logarithme de $\frac{3}{4}$, dont la caractéristique est trop forte de 10 unités. Or, il n'est pas nécessaire de faire actuellement la diminution; on peut la rejeter à la fin des opérations dans lesquelles on emploiera ce logarithme.

La même règle s'applique aux fractions décimales; ainsi pour avoir le logarithme de 0,575, qui n'est autre chose que $\frac{575}{1000}$; au logarithme de 575, j'ajouterais le complément arithmétique du logarithme de 1000.

En employant ainsi les complémens arithmétiques, au lieu des logarithmes négatifs des fractions, il n'en est pas plus difficile de trouver, dans les tables, les valeurs en décimales de ces mêmes fractions. Dès que je saurai qu'un logarithme proposé est, ou renferme un ou plusieurs compléments arithmétihques, je sais que sa caractéristique est trop forte d'autant de dixaines qu'il y entre de compléments arithmétiques; ainsi si elle passe ce nombre de dixaines, il sera facile de la diminuer, et de trouver le nombre auquel appartient ce logarithme, et qui sera un nombre entier, ou un nombre entier joint à une fraction.

Mais si la caractéristique est au-dessous du nombre de dixaines qu'elle est censée renfermer de trop, elle appartient certainement à une fraction que je trouverai en cette manière : je chercherai, par ce qui a été dit (242 *et suiv.*) à quel nombre répond le logarithme proposé; et lorsque je l'aurai trouvé, j'en séparerai, par une virgule, autant de dixaines de chiffres sur la droite, qu'il y aura de dixaines de trop dans la caractéristique.

Par exemple, si l'on me donnait 8,72235 pour logarithme résultant d'une opération dans laquelle il est entré un complément arithmétique; je vois, puisque sa caractéristique est au-dessous d'une dixaine, qu'il appartient à une fraction. Je cherche d'abord (242) à quel nombre répond 8,227535, considéré comme logarithme du nombre entier; je trouve qu'il répond à 53|8025|00; séparant 10 chiffres, j'ai 0539802500; pour valeur très-approchée de la fraction qui répond au logarithme proposé.

Mais comme il est très-rarement nécessaire d'avoir ces fractions à un tel degré de précision, on abrégera en diminuant tout de suite la caractéristique du logarithme proposé, autant qu'il est nécessaire pour la faire tomber parmi celle des tables; et prenant seulement le nombre correspondant, on séparera autant de chiffres de moins que ne le prescrit la règle précédente, autant de moins, dis-je, qu'on aura ôté d'unités à la caractéristique. Ainsi, dans le cas présent, je diminuerais la caractéristique de 5 unités, et ayant trouvé que le nombre correspondant est 5398, j'en séparerais seulement cinq chiffres, et j'aurais 0,05398.

Dans les élévations aux puissances, il faudra observer, qu'en multipliant (226) le logarithme par le nombre qui marque le degré de la puissance, il se trouvera qu'on multipliera aussi ce dont la caractéristique se trouvera être trop forte. Ainsi, en élevant au cube, par exemple, s'il entre un complément arithmétique proposé, c'est-à-dire si la caractéristique est trop forte de 10 unités celle du logarithme du cube sera trop forte de 30 unités et ainsi des autres. Il sera donc facile de la ramener à sa juste valeur.

Dans les extractions des racines, pour éviter toute méprise, lorss qu'il entrera des compléments arithmétiques dans les logarithme dont on fera usage, on aura soin d'ajouter ou d'ôter à la caractéristique autant de dixaines qu'il est nécessaire, pour ce dont elle sera trop forte, soit précisément d'autant de dixaines qu'il y a d'unités dans le nombre qui marque le degré de la racine: et ayant, conformément à la règle ordinaire, divisé parle nombre qui marque le degré de la racine, la caractéristique sera trop forte précisément de 10 unités.

Par exemple, si l'on demande la racine cubique de $\frac{276}{547}$; au logarithme de 276, j'ajoute le complément arithmétique de celui de 574.

log. 276	2,440909
complément arith. du log.	7,262013
Somme	9,702922
à la caractéristique de laquelle, j'ajoute	20
	29,702922

afin qu'elle deviène trop forte de 3 dixaines; et j'ai 29,702922 dont le tiers 9,900974 est le logarithme de la racine cubique demandée, mais avec des dix unités de trop à la caractéristique. Ainsi, conformément à ce qui a été observé ci-dessus, je trouve que cette racine cubique est 07961 à moins d'un dix millième près.

L'usage des compléments arithmétiques est principalement utile dans les calculs de la trigonométrie, par conséquent dans plusieurs des opérations du pilotage que l'on veut faire avec une certaine exactitude.

FIN.

TABLE.

FIN DE LA TABLE.

LES

PRINCIPES FONDAMENTAUX

DE L'ARITHMÉTIQUE.

LES

PRINCIPES FONDAMENTAUX DE L'ARITHMÉTIQUE,

SUIVIS DES RÈGLES NÉCESSAIRES AU COMMERCE ET A LA BANQUE;

PAR F. PEYRARD,

TRADUCTEUR D'EUCLIDE ET D'ARCHIMÈDE.

A PARIS,

DE L'IMPRIMERIE DE C.-F. PATRIS,

RUE DE LA COLOMBE, N° 4, DANS LA CITÉ.

1813.

LES

PRINCIPES FONDAMENTAUX

DE L'ARITHMÉTIQUE.

DÉFINITIONS.

1. L'UNITÉ est une quantité à laquelle on compare d'autres quantités de la même espèce.

2. Un nombre est ce qui exprime combien de fois une quantité contient l'unité.

3. Un nombre concret est celui dont on désigne l'espèce des unités. Exemple. Cinq mètres.

4. Un nombre abstrait est celui dont on ne désigne pas l'espèce des unités. Exemple. Cinq.

5. Un nombre entier est celui qui est composé d'unités entières. Exemple. Cinq, cinq mètres.

6. Un nombre fractionnaire ou fraction est celui qui renferme une ou plusieurs parties de l'unité, l'unité étant partagée en parties égales. Exemple. Un cinquième, deux cinquièmes, sept cinquièmes.

7. Un nombre complexe est celui qui est composé d'unités et de parties d'unités. Exemple. Cinq et trois cinquièmes; cinq mètres et trois décimètres; cinq toises, trois pieds, quatre pouces.

8. Un nombre pair est celui qui peut se partager en deux nombres égaux et entiers.

9. Un nombre impair est celui qui ne peut pas se partager en deux nombres égaux et entiers.

10. Un nombre est un multiple d'un autre, lorsque le second pris plusieurs fois est égal au premier.

EXEMPLE. Le nombre douze est un multiple de quatre, parce que quatre pris trois fois est égal à douze.

11. Un nombre est divisible par un autre, lorsque le second, pris plusieurs fois, est égal au premier.

EXEMPLE. Douze est divisible par quatre, parce que quatre pris trois fois est égal à douze.

12. Un nombre premier est celui qui n'est pas divisible par un nombre plus grand que l'unité.

13. Deux nombres sont premiers entre eux, quand ils ne sont pas divisibles par un nombre plus grand que l'unité.

Exemple. Cinq et six sont deux nombres premiers entre eux.

14. Un nombre commensurable ou rationnel est celui qui peut être formé par la répétition de l'unité ou par la répétition d'une fraction.

Exemple. Cinq est un nombre commensurable, parce qu'il est formé de l'unité répétée cinq fois. Trois et deux tiers est un nombre commensurable, parce qu'il est formé de la fraction un tiers répétée onze fois.

15. Un nombre est incommensurable ou irrationnel, lorsqu'il ne peut pas être formé par la répétition d'une fraction : nous verrons dans la suite qu'il existe de tels nombres.

16. Deux nombres sont commensurables ou rationnels entre eux, quand ils peuvent être formés l'un et l'autre par la répétition de l'unité, ou par la répétition d'une fraction.

Exemple. Trois, et quatre deux cinquièmes sont deux nombres commensurables entre eux, parce que trois est formé de la fraction un cinquième répété quinze fois, et que quatre deux cinquièmes est formé de la même fraction répétée vingt-deux fois.

17. Deux nombres sont incommensurables ou irrationnels entre eux, quand ils ne peuvent pas être formés l'un et l'autre par la répétition de l'unité, ou par la répétition d'une fraction.

18. L'addition est une opération par laquelle on cherche la somme de plusieurs nombres.

19. La soustraction est une opération par laquelle on cherche la différence de deux nombres.

20. La multiplication est une opération par laquelle on répète un nombre appelé *multiplicande* autant de fois que l'indique un autre nombre appelé *multiplicateur :* le résultat de l'opération se nomme *produit*.

Exemple. Multiplier douze par trois, c'est prendre douze trois fois; multiplier douze par trois quarts, c'est prendre trois fois le quart de douze; multiplier douze par deux et trois quarts, c'est prendre douze deux fois, et encore trois fois le quart de douze.

21. La division est une opération par laquelle on cherche combien de fois un nombre appelé *dividende* contient un autre nombre appelé *diviseur;* le résultat de l'opération se nomme *quotient*.

Exemple. Diviser douze par trois, c'est chercher combien de fois douze contient trois.

22. Le carré d'un nombre est le produit de ce nombre multiplié par lui-même.

Exemple. Le carré de cinq est vingt-cinq.

23. Le cube d'un nombre est le produit de ce nombre multiplié par son carré.

Exemple. Le cube de cinq est le produit de cinq par vingt-cinq; c'est-à-dire cent vingt-cinq.

24. La racine carrée d'un nombre est le nombre dont le carré est égal au nombre proposé.

EXEMPLE. La racine carrée de vingt-cinq est cinq.

25. La racine cubique d'un nombre est le nombre dont le cube est égal au nombre proposé.

EXEMPLE. La racine cubique de cent vingt-cinqest cinq.

AXIOMES.

26. Si à des nombres égaux on ajoute des nombres égaux, les sommes sont égales.

27. Si de nombres égaux on retranche des nombres égaux, les restes sont égaux.

28. Si l'on multiplie des nombres égaux par le même nombre, les produits sont égaux.

29. Si l'on divise des nombres égaux par le même nombre, les quotients sont égaux.

30. Si des nombres sont égaux, les carrés sont égaux.

31. Si des nombres sont égaux, leurs cubes sont égaux.

32. Si des nombres sont égaux, leurs racines carrées sont égales.

33. Si des nombres sont égaux, leurs racines cubiques sont égales.

34. Si un nombre en divise un autre, il divise aussi tous ses multiples.

35. Si un nombre divise toutes les parties d'un autre nombre, il divise aussi cet autre nombre.

36. Si un nombre en divise un autre et une de ses parties, il divise aussi l'autre partie.

De la Numération.

37. *On peut représenter tous les nombres possibles avec les noms suivans :*

Un	.
Deux	. .
Trois	. . .
Quatre	. . . .
Cinq	. . . . .
Six	. . . . . .
Sept	. . . .
Huit	. . . .
Neuf	. . . .
Dix ou une dixaine	. . . .

Dix centaines ou mille.
Dix centaines de mille ou un million.
Dix centaines de millions ou un billion.
Dix centaines de billions ou un trillion, etc.

En effet, puisque les nombres suivants, à partir de l'unité, vont jusqu'à l'infini en n'augmentant que d'une seule unité, et que ces nombres ne sont représentés qu'avec les noms que nous venons d'exposer, il est évident qu'avec ces noms on peut représenter tous les nombres possibles.

Un,
Deux,
Trois,
Quatre,
Cinq,
Six,
Sept,
Huit,
Neuf,

Une dixaine. *ou bien* . . . . . . dix.
Une dixaine un, ... onze.
Une dixaine deux, ... douze
Une dixaine trois, ... treize.
Une dixaine quatre, ... quatorze.
Une dixaine cinq, ... quinze.
Une dixaine six, ... seize.
Une dixaine sept, ... dix-sept.
Une dixaine huit, ... dix-huit.
Une dixaine neuf, ... dix-neuf.
Deux dixaines, ... vingt.

Deux dixaines un, ... vingt-un.
Deux dixaines deux, ... vingt-deux.
Deux dixaines trois, ... vingt-trois.
Deux dixaines quatre, ... vingt-quatre.
Deux dixaines cinq, ... vingt-cinq.
Deux dixaines six, ... vingt-six.
Deux dixaines sept, ... vingt-sept.
Deux dixaines huit, ... vingt-huit.
Deux dixaines neuf, ... vingt-neuf.
Trois dixaines, ... trente.

Trois dixaines un, ... trente-un.
Trois dixaines deux, ... trente-deux.
Trois dixaines trois, ... trente-trois.
Trois dixaines quatre, ... trente-quatre.
Trois dixaines cinq, ... trente-cinq.
Trois dixaines six, ... trente-six.
Trois dixaines sept, ... trente-sept.
Trois dixaines huit, ... trente-huit.
Trois dixaines neuf, ... trente-neuf.
Quatre dixaines, ... quarante.

Quatre dixaines un, *ou bien* . . . quarante-un.
Quatre dixaines deux, ... quarante-deux.
Quatre dixaines trois, ... quarante-trois.
Quatre dixaines quatre, ... quarante-quatre.
Quatre dixaines cinq, ... quarante-cinq
Quatre dixaines six, ... quarante-six.
Quatre dixaines sept, ... quarante-sept.
Quatre dixaines huit, ... quarante-huit.
Quatre dixaines neuf, ... quarante-neuf.
Cinq dixaines, ... cinquante.

Cinq dixaines un, ... cinquante-un.
Cinq dixaines deux, ... cinquante-deux.
Cinq dixaines trois, ... cinquante-trois.
Cinq dixaines quatre, ... cinquante-quatre.
Cinq dixaines cinq, ... cinquante-cinq.
Cinq dixaines six, ... cinquante-six.
Cinq dixaines sept, ... cinquante-sept.
Cinq dixaines huit, ... cinquante-huit.
Cinq dixaines neuf, ... cinquante-neuf.
Six dixaines, ... soixante.

Six dixaines un, ... soixante-un.
Six dixaines deux, ... soixante-deux.
Six dixaines trois, ... soixante-trois.
Six dixaines quatre, ... soixante-quatre.
Six dixaines cinq, ... soixante-cinq.
Six dixaines six, ... soixante-six.
Six dixaines sept, ... soixante-sept.
Six dixaines huit, ... soixante-huit.
Six dixaines neuf, ... soixante-neuf.
Sept dixaines, ... soixante-dix.

Sept dixaines un, ... soixante-onze.
Sept dixaines deux . . . . soixante-douze.
Sept dixaines trois, ... soixante-treize.
Sept dixaines quatre, ... soixante-quatorze.
Sept dixaines cinq, ... soixante-quinze.
Sept dixaines six, ... soixante-seize.
Sept dixaines sept, ... soixante-dix-sept.
Sept dixaines huit, ... soixante-dix-huit.
Sept dixaines neuf, ... soixante-dix-neuf.
Huit dixaines, ... quatre-vingt.

Huit dixaines un, ... quatre-vingt-un.
Huit dixaines deux, ... quatre-vingt-deux.
Huit dixaines trois, ... quatre-vingt-trois.
Huit dixaines quatre, ... quatre-vingt-quatre.
Huit dixaines cinq, ... quatre-vingt-cinq.

Huit dixaines six, *ou bien*	quatre-vingt-six.
Huit dixaines sept, ...	quatre-vingt-sept.
Huit dixaines huit, ...	quatre-vingt-huit.
Huit dixaines neuf, ...	quatre-vingt-neuf.
Neuf dixaines, ...	quatre-vingt-dix.
Neuf dixaines un, ...	quatre-vingt-onze.
Neuf dixaines deux, ...	quatre-vingt-douze.
Neuf dixaines trois, ...	quatre-vingt-treize.
Neuf dixaines quatre, ...	quatre-vingt-quatorze.
Neuf dixaines cinq, ...	quatre-vingt-quinze.
Neuf dixaines six, ...	quatre-vingt-seize.
Neuf dixaines sept, ...	quatre-vingt-dix-sept.
Neuf dixaines huit, ...	quatre-vingt-dix-huit.
Neuf dixaines neuf, ...	quatre-vingt-dix-neuf.
Dix dixaines	cent.

Cent un,
Cent deux.
Cent trois, etc.
Deux cent.

Deux cent un, etc.
Trois cent.

Trois cent un, etc.
Quatre cent.

Quatre cent un, etc.
Cinq cent.

Cinq cent un, etc.
Six cent.

Six cent un etc.,
Sept cent.

Sept cent un, etc.
Huit cent.

Huit cent un, etc.
Neuf cent.

Neuf cent un, etc.
Dix centaines ou mille.

Mille un, etc.
Deux mille.

Deux mille un, etc.
Trois mille.

Trois mille un, et ainsi de suite, jusqu'à dix centaines de mille, c'est-à-dire jusqu'à un millon.

Un million un, ainsi de suite jusqu'a dix centaines de millions, c'est-à-dire jusqu'à un billion.

Un billion un, et ainsi de suite jusqu'à dix centaines de billions, c'est-à-dire jusqu'à un trillion.

En continuant ainsi, il est évident qu'on parviendrait à représenter tous les nombres possibles, à partir de l'unité, avec les noms proposés.

38. On peut représenter plus simplement tous les nombres possibles avec les dix caractères suivants, qu'on appèle chiffres : 1, 2, 3, 4, 5, 6, 7, 8, 9, 0; les neuf premiers caractères représentent les nombres un, deux, trois, quatre, cinq, six, sept, huit, neuf; le dixième s'appèle zéro.

39. Pour représenter tous les nombres possibles avec ces dix caractères, on est convenu 1° qu'en allant de droite à gauche, le premier chiffre représenterait des unités, le second des dixaines, et le troisième des centaines; que le quatrième représenterait des mille, le cinquième des dixaines de mille, et le sixième des centaines de mille; que le septième représenterait des millions, le huitième des dixaines de millions, et le neuvième des centaines de millions; que le dixième représenterait des billions, etc. On est convenu 2° que le caractère appelé zéro tiendrait la place des centaines, des dixaines, et des unités qui manquent dans un nombre.

Il est évident, en effet, qu'avec ces dix caractères et par le moyen de ces deux conventions, on peut représenter tous les nombres possibles, puisque les nombres suivants qui, à partir de l'unité, vont jusqu'à l'infini en n'augmentant de l'un à l'autre que d'une seule unité, ne sont représentés qu'avec ces dix caractères.

1 .	un.
2 . .	deux.
3 . . .	trois.
4	quatre.
5	cinq.
6	six.
7	sept.
8	huit.
9	neuf.
10	dix.
11	onze.
etc.	

Il est évident que si, en allant de droite à gauche, on partage, par une virgule, un nombre en tranche de trois chiffres, la première tranche représentera des unités, la seconde des milles, la troisième des millions, etc. : la dernière tranche à gauche peut ne renfermer que deux et même qu'un seul chiffre.

40. Pour énoncer un nombre, il faut énoncer chaque tranche, comme si elle était seule, et prononcer à la fin de chaque tranche le nom de la tranche.

41. *Si le nombre* A *est égal à dix fois le nombre* B, *et le nombre* B *égal à dix fois le nombre* C, *le nombre* A *sera égal à cent fois le nombre* C.

En effet, puisque B est égal à 10 C, et que A est égal à dix B, il est évident que A est égal à dix fois 10 C, c'est-à-dire à 100 C.

42. *Si le nombre* A *est égal à dix fois le nombre* B, *et le nombre* B *égal à cent fois le nombre* C, *le nombre* A *sera égal à mille fois le nombre* C.

En effet, puisque B est égal à 100 C, et que A est égal à 10 B, il est évident que A est égal à dix fois 100 C, c'est-à-dire à 1000 C.

On démontrerait de la même manière que A serait égal à dix mille C, si le nombre A était égal à 10 B, et si le nombre B était égal à 1000 C et ainsi de suite.

43. *Si l'on place à la suite d'un nombre, un, deux, trois, etc. zéros, on rend ce nombre dix fois, cent fois, mille fois, etc. plus grand.*

Soit le nombre 6542; je dis, 1° que 65420 est dix fois plus grand que 6542.

En effet, puisqu'en plaçant un zéro à la suite de 6542, les unités devienent des dixaines, les dixaines des centaines, les centaines des mille, les milles des dixaines de milles, etc., il est évident que ce nombre devient dix fois plus grand; donc le nombre 65420 est dix fois plus grand que 6542; donc en plaçant un zéro à la suite d'un nombre, on le rend dix fois plus grand.

Je dis, 2° que 654200 est cent fois plus grand que 6542.

En effet, puisque 654200 est dix fois plus grand que 65420, et que 65420 est dix fois plus grand que 6542, il est évident que 654200 est cent fois plus grand que 6542 (41); donc en plaçant deux zéros à la suite d'un nombre on le rend cent fois plus grand.

Je dis, 3° que 6542000 est mille fois plus grand que 6542.

En effet, puisque 6542000 est dix fois plus grand que 654200, et que 654200 est cent fois plus grand que 6542, il est évident que 654200 est mille fois plus grand que 6542 (42); donc en plaçant trois zéros à la suite d'un nombre, on le rend mille fois plus grand.

On démontrerait de la même manière qu'en plaçant quatre zéros, cinq zéros, etc. à la suite d'un nombre, on le rend dix mille fois, cent mille fois, etc. plus grand. Donc, etc.

COROLLAIRE.

Il suit évidemment de là que l'on rend un nombre suivi de zéros, dix fois, cent fois, mille fois, etc. plus petit, si l'on retranche un zéro, deux zéros, etc.

Des nombres décimaux.

44. Les nombres décimaux sont des quantités de dix en dix fois plus petites que l'unité.

45. La dixième partie de l'unité s'appèle un *dixième*.

La dixième partie d'un dixième s'appèle un *centième*, parce que la dixième partie de la dixième partie de l'unité est contenue cent fois dans l'unité.

La dixième partie d'un centième s'appèle *millième*, parce que la dixième partie de la centième partie de l'unité est contenue mille fois dans l'unité, etc.

46. On représente les nombres décimaux par des chiffres placés à la droite des unités, et séparés des unités par une virgule : on met un zéro à la place du chiffre des unités, lorsque le nombre décimal n'est pas précédé d'un nombre entier. Le premier chiffre après la virgule représente des dixièmes, le deuxième des centièmes, le troisième des millièmes, etc. On met un zéro à la place des dixièmes, des centièmes, des millièmes, etc. qui manquent dans un nombre décimal.

47. Pour énoncer 0,2357, on dit : deux dixièmes trois centièmes cinq millièmes sept dix millièmes.

On peut aussi énoncer 0,2357, en disant : deux mille trois cent cinquante-sept dix-millièmes.

En effet, puisqu'un dixième est égal à 10 centièmes, et qu'un centième est égal à 10 millièmes, il est évident qu'un dixième est égal à 100 millièmes (41). De plus, puisque un millième est égal à 10 dix-millièmes, et qu'un dixième est égal à 100 millièmes, il est évident qu'un dixième est égal à 1000 dix-millièmes (42). On démontrera de la même manière qu'un centième est égal à 100 dix-millièmes. Mais un millième est égal à 10 dix-millièmes ; donc

1 dixième est égal	à	1000	dix-millièmes.
1 centième	à	100	dix-millièmes.
1 millième	à	10	dix-millièmes.
1 dix millième	à	1	dix-millième.

Donc. . . . .

2 dixièmes sont égaux . .	à	2000	dix-millièmes.
3 centièmes.	à	300	dix-millièmes.
5 millièmes.	à	50	dix-millièmes.
7 dix-millièmes.	à	7	dix-millièmes.

Donc, deux dixièmes trois centièmes cinq millièmes sept dix-millièmes sont égaux à deux mille trois cent cinquante-sept dix-millièmes. Donc, etc.

On démontrerait de la même manière qu'on peut énoncer 53,2357, en disant cinq cent trente-deux mille trois cent cinquante-sept dix-millièmes.

48. *On rend un nombre qui renferme des parties décimales dix fois, cent fois, mille fois, etc. plus grand, en avançant la virgule d'un rang, de deux rangs, de trois rangs, etc. vers la droite.*

Cette proposition se démontre de la même manière que la proposition 43.

COROLLAIRE.

Il suit de là que si l'on recule la virgule d'un rang, de deux rangs, de trois rangs, etc., vers la gauche, on rend un nombre dix fois, cent fois, mille fois plus petit.

Il suit encore de là que si, dans un nombre entier, l'on sépare un, deux, trois, etc., chiffres par une virgule, on rend ce nombre dix fois, cent fois, mille fois, etc. plus petit.

Signes abréviatifs.

49. Le signe $+$ marque l'addition, et se prononce *plus*.

Au lieu d'écrire 5 plus 4, on écrit $5+4$.

Le signe $-$ indique la soustraction, et se prononce *moins*.

Au lieu d'écrire 5 moins 3, on écrit $5-3$.

Le signe $\times$ marque la multiplication, et se prononce *multiplié par* ou *multipliant*.

Au lieu d'écrire 5 multiplié par 3, ou 5 multipliant 3, on écrit 5×3.

Lorsque des nombres sont représentés chacun par une seule lettre, au lieu d'écrire $a\times b$, on ecrit aussi $a\,b$, et lorsque la somme de plusieurs nombres doit être multipliée par un seul nombre ou par la somme de plusieurs nombres, on met le multiplicande et le multiplicateur chacun entre deux crochets.

Ainsi, pour marquer la multiplication de $6+5$ par $7+9$, on écrit $(6+5)\,(7+9)$.

Le signe — placé entre deux nombres écrits l'un au-dessous de l'autre, marque la division, et se prononce *divisé par* ou *divisant*.

Au lieu d'écrire 12 divisé par 4, ou 4 divisant douze, on écrit $\frac{12}{4}$.

Pour marquer qu'un nombre doit être élevé au carré, au cube, on écrit 2 ou 3 au-dessus de ce nombre, à l'extrémité d'une ligne placée au-dessus de ce même nombre, ou bien l'on met ce nombre entre deux crochets, et on écrit 2 ou 3 au-dessus de ce nombre vers la droite.

Au lieu d'écrire le carré de 12, on écrit $\overline{12}^{2}$ ou $(12)^{2}$.

Au lieu d'écrire le cube de 12, on écrit $\overline{12}^{3}$ ou $(12)^{3}$.

Le signe $\sqrt[2]{\ }$ ou $\sqrt{\ }$ marque l'extraction de la racine carrée; et se prononce *la racine carrée de*.

Au lieu d'écrire la racine carrée de 9, on écrit $\sqrt[2]{9}$ ou $\sqrt{9}$.

Le signe $\sqrt[3]{\ }$ marque l'extraction de la racine cubique, et se prononce *la racine cubique de*.

Au lieu d'écrire la racine cubique de 8, on écrit $\sqrt[3]{8}$.

Le signe $>$ marque que le nombre placé à gauche est plus grand que le nombre placé à droite, et se prononce *est plus grand que*.

Au lieu d'écrire 7 est plus grand que 5, on écrit $7 > 5$.

Le signe $<$ marque que le nombre placé à gauche est plus petit que le nombre placé à droite, et se prononce *est plus petit que*.

Au lieu d'écrire 5 est plus petit que 7, on écrit $5 < 7$.

Le signe $=$ marque que le nombre placé à gauche est égal au nombre placé à droite, et se prononce *est égal à*.

Au lieu d'écrire $5 + 7$ est égal à $8 + 4$, on écrit $5 + 7 = 8 + 4$.

De l'addition des Nombres entiers et décimaux.

50. Problème. *Trouver la somme de plusieurs nombres proposés, entiers ou décimaux.*

Écrivez les nombres proposés les uns sous les autres, de manière que les unités de la même espèce soient dans une même colonne verticale; les nombres étant ainsi disposés, menez au-dessous une ligne horizontale.

Prenez la somme des unités de la première colonne à droite; si cette somme ne surpasse pas neuf écrivez-la au-dessous, et si elle surpasse neuf, n'écrivez que l'excédent des dixaines, et retenez les dixaines pour les compter comme de simples unités avec la colonne suivante. Observez la même règle à l'égard des colonnes suivantes, jusqu'à la dernière colonne, au-dessous de laquelle vous écrirez la somme trouvée.

Si la somme d'une colonne contient une ou plusieurs dixaines sans reste, écrivez zéro au-dessous de cette colonne.

Je dis qu'en opérant ainsi, le nombre trouvé sera égal à la somme des nombres proposés.

En effet, puisque le premier chiffre du nombre trouvé contient la somme de la première colonne, ou l'excédent des dixaines de cette colonne; que le second chiffre du nombre trouvé contient la somme de la seconde colonne et le reste de la première, s'il y en a un ou l'excédent des dixaines de ces deux nombres, et ainsi de suite, et qu'enfin le chiffre placé sous la dernière colonne, ou ce chiffre avec celui ou ceux qui sont à sa gauche contient la somme de la dernière colonne avec le reste de la colonne précédente, s'il y en a un ; il est évident que le nombre trouvé sera égal à la somme de tous les nombres proposés.

De la soustraction des Nombres entiers et décimaux.

51. Problème. *Trouver la différence de deux nombres proposés, entiers ou décimaux.*

Écrivez le plus petit nombre sous le plus grand, de manière que les unités de la même espèce soient les unes sous les autres ; si les nombres proposés renferment des parties décimales, et s'ils n'ont pas autant de décimales l'un que l'autre, ajoutez à celui qui en a moins autant de zéros qu'il est nécessaire pour que les nombres proposés ayent autant de décimales l'un que l'autre ; les deux nombres étant ainsi disposés, menez au-dessous une ligne horizontale.

Cela posé, si les chiffres supérieurs sont tous plus grands que les chiffres inférieurs, retranchez, en allant de droite à gauche, chaque chiffre inférieur du chiffre supérieur, et écrivez le reste au-dessous.

Si un chiffre supérieur est plus petit que le chiffre inférieur, retranchez le chiffre inférieur du chiffre supérieur augmenté d'une dixaine ; et retranchez alors le chiffre inférieur à gauche du chiffre supérieur, diminué d'une unité.

Si un chiffre supérieur est plus petit que le chiffre inférieur, et si le chiffre supérieur à gauche, ou si plusieurs chiffres supérieurs à gauche sont des zéros, retranchez le chiffre inférieur du chiffre supérieur augmenté d'une dixaine ; retranchez de neuf chaque chiffre inférieur surmonté d'un zéro, et en opérant sur la colonne à gauche, dont le chiffre supérieur est significatif, retranchez le chiffre inférieur du chiffre supérieur diminué d'une unité.

Le nombre trouvé sera égal à la différence des nombres proposés.

Soient 1° les nombres 796 et 262. En opérant suivant la règle, on trouvera 234. Je dis que 234 est la différence des deux nombres proposés,

$$\begin{array}{r} 596 \\ 362 \\ \hline 234 \\ \hline \end{array}$$

En effet, puisque 500 surpasse 300 de 200, que 90 surpasse 60 de 30, et que 6 surpasse 2 de 4, il est évident que 596 surpasse 362 de 234, parce que 500 + 90 + 6 = 596 ; donc 234 est la différence des nombre proposés.

Soient 2° les nombres 268 et 293. En opérant suivant la règle, on trouvera 475 ; je dis que 475 est la différence des nombres proposés.

$$\begin{array}{r} 768 \\ 293 \\ \hline 475 \end{array}$$

En effet, puisque 600 surpasse 200 de 400, que 160 surpasse 90 de 70, et que 8 surpasse 3 de 5, il est évident que 768 surpasse 293 de 475, parce que 600 + 160 + 8 = 768, donc, etc.

Soient 3° les nombres 8005 et 3269. En opérant suivant la règle, on trouvera 4736. Je dis que 4736 est la différence des nombres proposés.

$$\begin{array}{r} 8005 \\ 3269 \\ \hline 4736 \end{array}$$

En effet, puisque 7000 surpasse 3000 de 4000, que 900 surpasse 200 de 700, que 90 surpasse 60 de 30, et que 10 + 5 surpasse 9 de 6, il est évident que 8005 surpasse 3269 de 4736, parce que 7000 + 900 + 90 + 10 + 5 = 8005. Donc, etc.

COROLLAIRE.

Il est évident que la différence de deux nombres proposés avec le plus petit de ces deux nombres est égale au plus grand.

De la Multiplication des nombres entiers.

52. Problème. *Trouver le produit d'un nombre entier par un nombre entier.*

Ecrivez le multiplicateur sous le multiplicande, de manière que les unités soient sous les unités, les dixaines sous les dixaines, les centaines sous les centaines etc.; menez une ligne horizontale sous le multiplicateur, en allant de droite à gauche; multipliez les unités du multiplicande par les unités du multiplicateur, si le produit ne surpasse pas 9, écrivez-le sous le premier chiffre du multiplicande, et si ce produit surpasse 9, n'écrivez que l'excédent des dixaines, ou zéro, si le produit contient une ou plusieurs dixaines sans reste, et retenez les dixaines comme si elles étaient des unités simples; multipliez les dixaines du multiplicande par les unités du multiplicateur, et si ce produit, avec le reste du produit précédent, s'il y en a un, ne surpasse pas neuf, écrivez-le sous le second chiffre du multiplicande; et s'il surpasse neuf, n'écrivez que l'excédent des dixaines, ou zéro, et retenez les dixaines comme si elles étaient des unités simples, et ainsi de suite jusqu'au dernier chiffre du multiplicande, que vous multiplierez par les unités du multiplicateur, et vous écrirez ce produit augmenté du reste du produit précédent, s'il y en a un, sous le dernier chiffre du multiplicande. Multipliez de la même manière tous les chiffres du multiplicande par le 2ᵉ, 3ᵉ, 4ᵉ, etc. chiffre du multiplicateur, et écrivez le premier chiffre de chaque produit sous le chiffre qui sert de multiplicateur. Menez une ligne horizontale sous le dernier produit, et prenez la somme de tous les produits partiels.

Cette somme contiendra le multiplicande autant de fois que le multiplicateur contient l'unité.

Démonstration. Puisque le produit du multiplicande par chaque chiffre du multiplicateur contiendrait le multiplicande autant de fois qu'il y aurait d'unités dans le chiffre qui aurait servi de multiplicateur, si les premiers chiffres à gauche des produits partiels étaient dans une même colonne verticale; que le produit par le second chiffre du multiplicateur doit être dix fois plus grand qu'il le serait si ce chiffre représentait des unités; que le produit par le troisième chiffre du multiplicateur doit être cent fois plus grand qu'il le serait si le chiffre représentait des unités, etc.; il est évident que le produit par le second chiffre du multiplicateur doit être suivi d'un zéro (43); que le produit par le troisième chiffre du multiplicateur doit être suivi de deux zéros (43) etc ; c'est-à-dire que le premier chiffre du produit par les unités du multiplicateur étant placé sous le premier chiffre du multiplicateur, le premier chiffre du produit par le second chiffre du multiplicateur doit être placé sous le second chiffre du multiplicateur; que le premier chiffre du produit par le troisième chiffre du multiplicateur doit être placé sous le troisième du multiplicateur, etc. Mais en opérant ainsi, il est évident que le produit par le premier chiffre à gauche du multiplicateur contiendra le multiplicande autant de fois qu'il y a d'unités dans le nombre représenté par ce chiffre; que le produit par le second chiffre du multiplicateur contiendra le multiplicande autant de fois qu'il y a d'unités représentées par le chiffre, etc. ; donc la somme de tous ces produits partiels contiendra le multiplicande autant de fois qu'il y a d'unités dans les nombres représentés par les chiffres du multiplicateur; c'est-à-dire autant de fois qu'il y a d'unités dans le multiplicateur.

Exemple. Soit proposé de multiplier 5734 par 3426.

```
    5734
    3426
    ----
   34404
  11468.
 22936..
17202...
--------
19644684
```

Je dis que 19644684 contient autant de fois le multiplicande 5734 que le multiplicateur 3426 contient l'unité.

DÉMONSTRATION. En effet, puisque

$$5734 \times 6 = 34404$$
$$5734 \times 2 = 11468$$
$$5734 \times 4 = 22936$$
$$5734 \times 3 = 17202$$

Il est évident que

$$5734 \times 6 \ldots = \ldots 34404$$
$$5734 \times 20 \ldots = \ldots 114680$$
$$5734 \times 400 \,. = .\, 2293600$$
$$5734 \times 3000 = 17202000$$

Donc,
$$5734 \times 3426 = 19644684$$

De la division des nombres entiers.

53. *Si deux nombres inégaux ont autant de chiffres l'un que l'autre, et si l'on écrit un chiffre à la suite du plus petit, ce nouveau nombre ne contiendra pas dix fois le plus grand des deux nombres inégaux.*

Soient les nombres inégaux, 5747, 5748, qui ne diffèrent que d'une seule unité; je dis que 57479 ne contient pas dix fois 5748.

En effet, puisque 57480 est égal à dix fois 5748, il est évident que 57479, qui est plus petit que 57480, ne contiendra pas dix fois 5748. Il en serait de même, à plus forte raison, si la différence des nombres inégaux était plus grande que l'unité. Donc, etc.

54. PROBLÈME. *Diviser un nombre entier par un nombre entier plus petit.*

Écrivez le diviseur à la droite du dividende; séparez le dividende du diviseur par une ligne verticale, et menez sous le diviseur une ligne horizontale.

Séparez par une virgule vers la gauche du dividende autant de chiffres qu'il en faut pour contenir le diviseur; les chiffres à la gauche de la virgule s'appèlent le premier membre de division.

Écrivez sous le diviseur le chiffre qui indique combien de fois le premier membre de division contient le diviseur: ce chiffre sera le premier du quotient.

Multipliez le diviseur par ce chiffre, et soustrayez le produit du premier membre de division.

Placez une virgule à la suite du chiffre du dividende qui est à la droite de la virgule; écrivez ce chiffre à la suite du reste; le reste avec ce chiffre s'appèle le second membre de division.

Écrivez à la droite du premier chiffre du diviseur le chiffre qui indique combien de fois le second membre de division contient le diviseur; ce chiffre sera le second du quotient.

Multipliez le diviseur par le second chiffre du quotient, et soustrayez le produit du second membre de division.

Placez une virgule à la suite du chiffre du dividende qui est à la droite de la seconde virgule; écrivez ce chiffre à la suite du reste, etc.

Si un membre de division ne contenait pas le diviseur, on écrirait zéro au quotient, et à la suite de ce membre de division, on écrirait le chiffre du dividende, qui est à la droite de la virgule, après avoir placé dans le dividende une virgule à la droite de ce chiffre; et si ce nouveau membre de division ne contenait pas encore le diviseur, on écrirait zéro au quotient, et à la suite de ce nouveau membre de division, on écrirait le chiffre du dividende qui est à la droite de la virgule, etc.

Je dis qu'en suivant cette règle le dividende contiendra le diviseur avec un reste, ou sans reste, autant de fois qu'il y aura d'unités dans le quotient.

En effet, puisque l'on aura soustrait du dividende autant de fois le diviseur qu'il y aura d'unités dans le nombre représenté par le premier chiffre du quotient; que l'on aura soustrait du reste du dividende autant de fois le diviseur qu'il y aura d'unités dans le nombre représenté par le second chiffre du quotient, etc., il est évident que le dividende contiendra le diviseur, avec un reste ou sans reste, autant de fois qu'il y aura d'unités dans le quotient.

Exemple. Soit 157589 à diviser par 239.

```
157,5,8,9, | 239
1434       |-----
-----      | 659
  1418     |
  1195     |
  -----
   2239
   2151
   -----
     88
```

Je dis que le dividende 157589 contient le diviseur 659 fois avec 88 pour reste.

En effet, puisque du dividende on a soustrait d'abord 600 fois 239, c'est-à-dire 143400; que du reste du dividende 14189, on a soustrait 50 fois 239, c'est-à-dire 11950, et que du reste du dividende 2239, on a soustrait 9 fois 239, c'est-à-dire 2151, et qu'on a trouvé 88 pour reste, il est évident que $157589 = 239 \times 600 + 239 \times 50 + 239 \times 9 + 88$, c'est-à-dire que $157589 = 239 \times 659 + 88$, donc, etc.

COROLLAIRE.

Il suit de là que le produit du diviseur par le quotient, plus le reste de la division, est égal au dividende.

Des Fractions.

55. On représente une fraction par deux nombres que l'on écrit l'un au-dessous de l'autre, et que l'on sépare par un trait; le nombre inférieur se nomme dénominateur, et marque en combien de parties égales l'unité est partagée; et le nombre supérieur se

nomme numérateur, et marque combien l'on prend de parties de l'unité.

56. Pour énoncer une fraction, on énonce d'abord le nombre supérieur, ensuite le nombre inférieur, et l'on ajoute au nom de celui-ci la terminaison en *ième*.

Pour énoncer $\frac{5}{7}$, on dit cinq septièmes : on excepte de cette règle les fractions qui ont 2, 3, 4 pour dénominateurs : on dit un demi, deux tiers, trois quarts.

57. *Extraire le nombre entier que renferme une fraction.*

Soit la fraction $\frac{39}{7}$; il faut extraire le nombre entier renfermé dans cette fraction.

Divisons le numérateur par le dénominateur, le quotient 5 sera le nombre entier renfermé dans $\frac{39}{7}$, et le reste 4 sera le numérateur de la fraction qui accompagne le nombre entier.

En effet, puisque l'unité vaut $\frac{7}{7}$, la fraction $\frac{39}{7}$ contiendra autant d'unités que 39 contient 7; mais 39 contient 7 cinq fois et quatre septièmes; donc $\frac{39}{7} = 5 + \frac{4}{7}$.

Donc pour extraire le nombre entier renfermé dans une fraction, il faut diviser le numérateur par le dénominateur : le quotient sera le nombre entier, et le reste sera le numérateur de la fraction qui accompagne le nombre entier.

58. *Réduire un nombre entier en fraction.*

Soit 7 à réduire en cinquièmes; je multiplie 5 par 7; et au-dessous du produit 35, j'écris le nombre 5; la fraction $\frac{35}{5}$ sera égale à 7 réduit en cinquièmes.

En effet, puisque l'unité vaut cinq cinquièmes, il est évident que 7 unités vaudront 7 fois cinq cinquièmes, c'est-à-dire trente-cinq cinquièmes.

Donc pour réduire un nombre entier en fraction, il faut multiplier le dénominateur qu'on veut lui donner par l'entier, et écrire au-dessous du produit le dénominateur qu'on veut lui donner.

59. *On ne change pas la valeur d'une fraction quand on divise ses deux termes par le même nombre.*

Soit la fraction $\frac{6}{10}$; qu'on divise ses deux termes par deux, je dis qu'on ne changera pas sa valeur.

En effet, en divisant 10 par 2, on rend les parties de l'unité deux fois plus grandes; mais en divisant 6 par 2, on rend le numérateur deux fois plus petit; donc on ne change pas la valeur de la fraction $\frac{6}{10}$ en divisant ses deux termes par 2; puisque, quand les parties de l'unité deviènent deux fois plus grandes, on en prend deux fois moins.

60. *Deux nombres inégaux étant donnés, trouver leur plus grand commun diviseur.*

Soient les deux nombres 9024, 3760; il faut trouver leur plus grand commun diviseur.

Divisons 9024 par 3760; que 2 soit le quotient, et 1504 le premier reste.

Divisons 3760 par le premier reste; que 2 soit le quotient, et 752 le second reste.

Divisons le premier reste 1504 par le second reste 752, et que 2 soit le quotient sans reste.

Puisque le dividende égale le produit du diviseur par le quotient plus le reste, nous aurons : $9024 = 3760 \times 2 + 1504$, $3760 = 1504 \times 2 + 752$, $1504 = 752 \times 2$.

Je dis, 1° que 752 est un commun diviseur de 9024 et de 3760.

En effet, puisque 752 divise 1504, 752 divise 1504×2 (34); mais 752 divise 752; donc 752 divise $1504 \times 2 + 752$ (35), c'est-à-dire 3760; mais puisque 752 divise 3760, 752 divise 3760×2 (34); mais 752 divise 1504; donc 752 divise $3760 \times 2 + 1504$, c'est-à-dire 9024 (3.); donc 752 est un commun diviseur de 9024 et 3760.

Je dis, 2° que 752 est le plus grand commun diviseur de 9024 et de 3760.

Que cela ne soit point, et que P, plus grand que 752, soit un diviseur commun de 9024 et de 3760.

Puisque P divise 3760, P divise 3760×2 (34); mais P divise 9024; donc P divise 1504 (36); puisque P divise 1504, P divise 1504×2 (34); mais P divise 3760; donc P divise 752 (34), c'est-à-dire que P, plus grand que 752, est contenu une ou plusieurs fois dans 752, ce qui est absurde; donc un nombre plus grand que 752 ne sauroit être un commun diviseur de 9024 et de 3760.

Donc 752 est leur plus grand commun diviseur.

COROLLAIRE I.

Il suit de-là que pour trouver le plus grand commun diviseur de deux nombres, il faut diviser le plus grand par le plus petit; le plus petit par le premier reste, le premier reste par le second, et ainsi de suite, jusqu'à ce que l'on trouve un reste qui divise le reste précédent, ce dernier reste sera le plus grand commun diviseur de ces deux nombres.

COROLLAIRE II.

Si le reste, qui divise le reste précédent sans reste, était l'unité, les deux nombres n'auraient de commun diviseur que l'unité.

61. *Réduire une fraction à sa plus simple expression sans changer sa valeur.*

Cherchez le plus grand commun diviseur des deux termes de la fraction proposée, et divisez ses deux termes par leur plus grand commun diviseur; la fraction sera réduite à sa plus simple expression sans avoir changé de valeur (54).

62. *Tout nombre terminé par un chiffre pair ou par zéro est divisible par deux.*

Tout nombre terminé par 5 est divisible par 5.

Tout nombre terminé par zéro est divisible par 5 et par 10.

COROLLAIRE.

Il suit de-là, 1° que les deux termes d'une fraction sont divisibles par deux, lorsque ses deux termes sont terminés par des chiffres pairs ou par des zéros, ou bien lorsque l'un des termes est terminé par un chiffre pair et l'autre par zéro;

2° Que les deux termes d'une fraction sont divisibles par 5, lorsque ses deux termes sont terminés par 5 ou par zéro, ou lorsque l'un est terminé par 5 et l'autre par zéro.

3° Que les deux termes d'une fraction sont divisibles par 10, lorsque ses deux termes sont terminés par zéro.

63. *On peut diviser par 9 ou par 3 tout nombre dont la somme des chiffres est divisible par 9 ou par 3.*

Soit le nombre 18765 dont la somme des chiffres est divisible par 9 et par 3, je dis que ce nombre est divisible par 9 et par 3.

En effet, puisque $18765 = 10000 + 8000 + 700 + 60 + 5$, que $10000 = 9999 + 1$, que $8000 = 1000 \times 8 = (999 + 1)\,8 = 999 \times 8 + 8$, que $700 = 100 \times 7 = (99 + 1)7 = 99 \times 7, + 7$, que $60 = 10 \times 6 = (9 + 1)6 = 9 \times 6 + 6$; il est évident que $18765 = 9999 + 1 + 999 \times 8 + 8 + 99 \times 7 + 7 + 9 \times 6 + 6 + 5$. Mais les nombres 9999, 999×8, 99×7, 9×6, sont chacun divisibles par 9 et par 3 (34); donc leur somme est divisible par 9 et par 3 (35); mais la somme des nombres 1, 8, 7, 6, 5 est divisible par 9 et par 3; donc le nombre 18765, auquel ces deux sommes sont égales, est aussi divisible par 9 et par 3 (35). Donc, etc.

COROLLAIRE.

Il suit de-là que les deux termes d'une fraction sont divisibles par 9 ou par 3, lorsque la somme des chiffres du numérateur et la somme des chiffres du dénominateur sont chacune divisibles par 9 ou par 3.

64. *Deux facteurs* A *et* B *peuvent recevoir deux arrangements différents.*

Car on peut écrire $A \times B$ et $B \times A$.

65. *Trois facteurs* A, B, C, *peuvent recevoir six arrangements différents.*

Car chaque facteur étant le dernier, les deux autres peuvent recevoir deux arrangements différents. On aura donc 3 fois 2 arrangements différents, c'est-à-dire six arrangements différents.

66. *Quatre facteurs* A, B, C, D, *peuvent recevoir vingt-quatre arrangements différents.*

Car chaque facteur étant le dernier, les trois autres recevront six arrangements différents; on aura donc quatre fois six arrangements différents, c'est-à-dire vingt-quatre arrangements différents.

Par le même raisonnement on prouverait que 5, 6 etc. facteurs peuvent recevoir 120, 720, etc., arrangements différents.

67. *Le produit de deux nombres est toujours le même, quel que soit celui des deux qu'on prène pour multiplicande* (*).

Soient les nombres 3, 5; je dis que le produit de 3 par 5 est le même que le produit de 5 par 3.

Que cinq rangées de trois points soient placées les unes au dessous des autres.

A . . . *B*
. . .
. . .
. . .
C . . . *D*

Il est évident 1° que le nombre des points contenus dans les cinq rangées sera égal à la rangée *AB*, répétée 5 fois, c'est-à-dire au produit de 3 par 5.

Il est évident 2° que le nombre des points contenus dans les cinq rangées est encore égal à la rangée *AC*, répétée trois fois, c'est-à-dire au produit de 5 par 3; donc le produit de 3 par 5 est égal au produit de cinq par 3, donc, etc.

68. *Le produit de trois nombres, 2, 3, 4, est toujours le même, quel que soit celui des trois qu'on prène pour multiplicande, et quel que soit celui des deux autres qu'on prène pour premier multiplicateur; c'est-à-dire que les trois facteurs peuvent recevoir tous les arrangements possibles, sans que le produit cesse d'être le même.*

Que deux rangées *AB*, *DC* de trois points soient chacune placées à côté l'une de l'autre, et que ces deux rangées soient répétées quatre fois, comme on le voit dans la figure *AG*.

Il est évident 1° qu'on aura tous les points contenus dans la figure *AG*, si l'on multiplie par 4 les points contenus dans la face *ABCD*, c'est-à-dire si l'on multiplie par 4 le produit de 2 par 3. Donc le nombre des points contenus dans la figure *AG* est égal à $2 \times 3 \times 4$.

Il est évident 2° qu'on aura tous les points contenus dans la

(*) Lorsqu'on a plusieurs nombres séparés par le signe $\times$, le premier vers la gauche s'appèle multiplicande; le second, le premier multiplicateur; le troisième, le second multiplicateur, etc.; ainsi si l'on avait $2 \times 3 \times 4$, etc., il faudrait dire 2 multiplié par 3, multiplié par 4, etc.

figure AG, si l'on multiplie par 3 les points contenus dans la face $BFGC$, c'est-à-dire si l'on multiplie par 3 le produit de 2 par 4. Donc le nombre des points contenus dans la figure AG est égal à $2 \times 4 \times 3$.

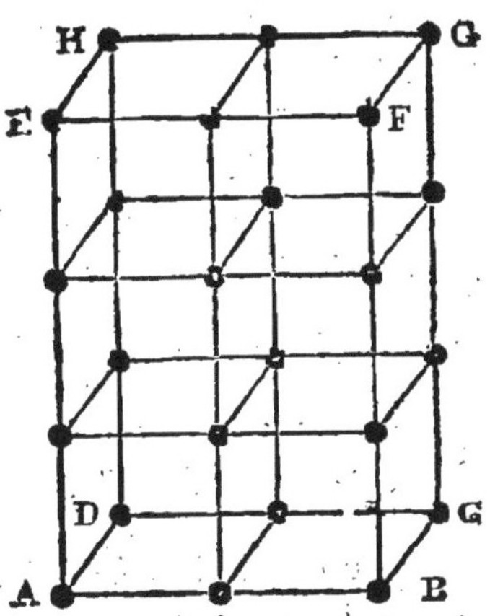

Il est vident 3° qu'on aura tous les points contenus dans la figure AG, si l'on multiplie tous les points contenus dans la face $AEFB$, c'est-à-dire si l'on multiplie par 2 le produit de 3 par 4. Donc le nombre des points contenus dans la figure AG est égal à $3 \times 4 \times 2$. Donc les trois produits $2 \times 3 \times 4$, $2 \times 4 \times 3$, $3 \times 4 \times 2$, sont égaux entre eux, puisque chacun de ces produits est égal au nombre des points contenus dans la figure AG. Mais chacun de ces produits est toujours le même, quel que soit celui des deux premiers facteurs qu'on prène pour multiplicande (67); donc chaque facteur étant le dernier, les deux autres peuvent recevoir deux arrangemens; donc les trois facteurs, 2, 3, 4, peuvent recevoir six arrangemens, c'est-à-dire tous les arrangemens possibles, sans que leur produit cesse d'être le même.

69. *Le produit de quatre nombres*, A, B, C, D, *est toujours le même, quel que soit celui des quatre qu'on prène pour multiplicande, quel que soit celui des trois restans qu'on prène pour premier multiplicateur, et quel que soit celui des deux restans qu'on prène pour second multiplicateur; c'est-à-dire que les quatre facteurs* A, B, C, D, *peuvent recevoir tous les arrangemens possibles, sans que leur produit cesse d'être le même.*

Je dis qu'on aura $A \times B \times C \times D = A \times B \times D \times C = A \times C \times D \times B = B \times C \times D \times A$.

Je dis 1° qu'on aura $A \times B \times C \times D = A \times B \times D \times C$.

En effet, puisque $A \times B$ multiplié par C et ensuite par D est égal à $A \times B$ multiplié par D et ensuite par C (68), il est évident que $A \times B \times C \times D = A \times B \times D \times C$.

Je dis 2° qu'on aura $A \times B \times C \times D = A \times C \times D \times B$.

En effet, puisque $A \times B \times C = A \times C \times B$ (68), il est évident qu'on aura : $A\times B\times C\times D=A\times C\times B\times D$. Mais $A\times C$ multiplié par B et ensuite par D est égal à $A\times C$ multiplié par D et ensuite par B (68); donc $A\times B\times C\times D=A\times C\times D\times B$.

Je dis 3° que $A\times B\times C\times D=B\times C\times D\times A$.

En effet, puisque $A\times B\times C=B\times C\times A$ (68), il est évident que $A\times B\times C\times D=B\times C\times A\times D$. Mais $B\times C$ multiplié par A et ensuite par D est égal à $B\times C$ multiplié par D et ensuite par A (68); donc $A\times B\times C\times D=B\times C\times D\times A$. Donc $A\times B\times C\times D=A\times B\times D\times C=A\times C\times D\times B=B\times C\times D\times A$. Mais chaque facteur étant le dernier, les trois autres peuvent recevoir six arrangements, sans que leur produit cesse d'être le même; donc les quatre facteurs, A, B, C, D, peuvent recevoir 24 arrangements différents, c'est-à-dire tous les arrangements possibles, sans que le produit cesse d'être le même. Donc, etc.

70. On démontrerait d'une manière semblable que 5, 6, 7, etc. facteurs peuvent recevoir tous les arrangements possibles, sans que leur produit cesse d'être le même.

71. *Le produit de plusieurs facteurs est divisible par tout nombre qui divise un de ces facteurs.*

Soit 15×7; je dis que 3 divise 15×7.

En effet, puisque 3 divise 15, et que le quotient de 15 par 3 est 5, on a $3\times 5=15$; donc $15\times 7=3\times 5\times 7=3\times 35$; mais 3×35 est divisible par 3; donc 15×7 qui égale 3×35 est aussi divisible par 3. Donc, etc.

72. *On ne change pas la valeur d'une fraction quand on multiplie ses deux termes par le même nombre.*

Soit la fraction $\frac{3}{5}$; qu'on multiplie ses deux termes par 2; je dis qu'on ne change pas la valeur de cette fraction.

En effet, en multipliant 5 par 2, on rend les parties de l'unité deux fois plus petites; mais en multipliant le numérateur par 2, on rend le numérateur deux fois plus grand; donc on ne change pas la valeur de la fraction $\frac{3}{5}$ en multipliant ses deux termes par 2, puisque, quand les parties de l'unité deviènent deux fois plus petites, on en prend deux fois plus.

73. *Réduire deux fractions au même dénominateur.*

Multipliez les deux termes de la première par le dénominateur de la seconde, et les deux termes de la seconde par le dénominateur de la première.

Il est évident 1°, qu'en suivant cette règle on ne change point les valeurs des fractions, puisqu'on multiplie les deux termes de chaque fraction par le même nombre (72).

Il est évident 2°, qu'on les réduit au même dénominateur, puisque les nouveaux dénominateurs sont deux produits égaux (67).

74. *Réduire tant de fractions que l'on voudra au même dénominateur.*

Multipliez les deux termes de chaque fraction par le produit des dénominateurs de toutes les autres fractions.

Il est évident 1°, qu'en suivant cette règle, on ne change pas les valeurs des fractions, puisque l'on multiplie les deux termes de chaque fraction par le même nombre (72); il est évident 2°, qu'on les réduit au même dénominateur, puisque les nouveaux dénominateurs sont des produits égaux (70).

75. *Trouver la somme de plusieurs fractions.*

Si les fractions proposées ont le même dénominateur, au-dessous de la somme des numérateurs, écrivez le dénominateur commun.

Soient les fractions $\frac{2}{7}+\frac{3}{7}$, il est évident que $\frac{2}{7}+\frac{3}{7}=\frac{5}{7}$.

Si les fractions proposées n'ont pas le même dénominateur, réduisez-les au même dénominateur (74), et au-dessous de la somme des numérateurs, écrivez le dénominateur commun.

Soient les fractions $\frac{2}{3}, \frac{3}{5}$; réduisant ces fractions au même dénominateur, on aura $\frac{10}{15}, \frac{9}{15}$. Puisque $\frac{2}{3}=\frac{10}{15}$, et que $\frac{3}{5}=\frac{9}{15}$, il est évident que $\frac{2}{3}+\frac{3}{5}=\frac{10}{15}+\frac{9}{15}$. Mais $\frac{10}{15}+\frac{9}{15}=\frac{19}{15}$; donc $\frac{2}{5}+\frac{3}{5}=\frac{19}{15}$.

76. *Soustraire une fraction d'une autre.*

Si les fractions proposées ont le même dénominateur, soustrayez le plus petit numérateur du plus grand, et au-dessous du reste écrivez le dénominateur commun.

Si les fractions proposées n'ont pas le même dénominateur, réduisez les au même dénominateur (74), soustrayez le plus petit numérateur du plus grand, et au-dessous du reste écrivez le dénominateur commun.

Soient les fractions $\frac{2}{3}, \frac{3}{5}$; réduisant ces fractions au même dénominateur, on aura $\frac{10}{15}, \frac{9}{15}$. Puisque $\frac{2}{3}=\frac{10}{15}$, et que $\frac{3}{5}=\frac{9}{15}$; il est évident que $\frac{2}{3}-\frac{3}{5}=\frac{10}{15}-\frac{9}{15}$; mais $\frac{10}{15}-\frac{9}{15}=\frac{1}{15}$; donc $\frac{2}{3}-\frac{3}{5}=\frac{1}{15}$.

77. *La moitié, le tiers, le quart, le cinquième, etc. d'un nombre* A *est égal à une fraction qui a pour numérateur le nombre* A, *et pour dénominateurs les nombres* 2, 3, 4, 5, *etc.*

Je dis, par exemple, que la cinquième partie de trois unités est égal aux trois cinquièmes d'une seule unité, c'est-à-dire à trois cinquièmes

En effet, la cinquième partie de trois unités égale la cinquième partie de l'unité, plus la cinquième partie de l'unité, plus enfin la cinquième partie de l'unité; mais la cinquième partie de l'unité est un cinquième; donc la cinquième partie de trois unités égale un cinquième, plus un cinquième, plus un cinquième, c'est-à-dire trois cinquièmes; donc, etc.

COROLLAIRE.

Il suit de là que l'on prend la moitié, le tiers, le quart, le cinquième, etc. du nombre, en lui donnant pour dénominateurs les nombres 2, 3, 4, 5, etc.

78. *Multiplier une fraction par un entier.*

Multipliez le numérateur par l'entier.

Soit proposé de multiplier $\frac{2}{11}$ par 4; il est évident que le produit sera $\frac{8}{11}$.

79. *Multiplier un entier par une fraction.*

Multipliez le numérateur par l'entier.

Soit proposé de multiplier 5 par $\frac{2}{3}$, le produit sera $\frac{10}{3}$.

En effet, multiplier cinq par deux tiers, c'est prendre deux fois le tiers de cinq; mais le tiers de 5 est égal à cinq tiers (77); donc les deux tiers de 5 sont égaux à $\frac{10}{3}$; donc $5 \times \frac{2}{3} = \frac{10}{3}$. Donc, etc.

80. *Multiplier une fraction par une fraction.*

Multipliez le numérateur par le numérateur, et le dénominateur par le dénominateur.

Soit proposé de multiplier $\frac{2}{5}$ par $\frac{3}{4}$; le produit sera égal à $\frac{6}{20}$.

En effet, multiplier $\frac{2}{5}$ par $\frac{3}{4}$, c'est prendre trois fois le quart de $\frac{2}{5}$; mais le quart de $\frac{2}{5}$ est de $\frac{2}{20}$, puisque le numérateur restant le même, les parties de l'unité sont devenues quatre fois plus petites; donc les trois quarts de $\frac{2}{5}$ sont égaux à $\frac{6}{20}$; donc le produit de $\frac{2}{5}$ par $\frac{3}{4}$ est égal à $\frac{6}{20}$. Donc, etc.

81. *Multiplier un nombre décimal par un nombre entier, ou un nombre entier par un nombre décimal, ou un nombre décimal par un nombre décimal.*

Faites la multiplication comme si le multiplicande et le multiplicateur étaient des nombres entiers, et séparez dans le produit autant de décimales qu'il y en a tant dans le multiplicande que dans le multiplicateur.

1er *et* 2e *cas*. Soit 5,78 à multiplier par 34; le produit sera 196,52. En effet, puisque $5,78 = \frac{578}{100}$ (48 et 77), il est évident que le produit de $5,78 \times 34 = \frac{578 \times 34}{100} = \frac{19652}{100} = 196,52$ (48 et 77).

Il en serait de même si l'on avait 34 à multiplier par 5,78. Donc, etc.

3e *cas*. Soit 5,78 à multiplier par 65,3, le produit sera 7,434. En effet, puisque $5,78 = \frac{578}{100}$, et que $65,3 = \frac{653}{10}$ (48 et 77), il est évident que $5,78 \times 65,3 = \frac{578}{100} \times \frac{653}{10} = \frac{377434}{1000} = 377,434$ (48 et 77). Donc, etc.

82. *Diviser un entier par une fraction.*

Multiplier l'entier par la fraction renversée.

Soit 5 à diviser par $\frac{2}{3}$; je dis que le quotient sera $\frac{5 \times 3}{2}$.

En effet, puisque 1 contient $\frac{1}{3}$ trois fois, il est évident que 5 contiendra $\frac{1}{3}$ quinze fois; mais $\frac{2}{3}$ est double de $\frac{1}{3}$; donc 5 ne contiendra $\frac{2}{3}$ que la moitié de quinze fois; donc $\frac{15}{2}$, c'est-à-dire $\frac{5\times 3}{2}$ est le quotient de 5 par $\frac{2}{3}$. Donc, etc.

87. *Diviser une fraction par un entier.*

Multipliez le dénominateur de la fraction par l'entier.

Soit $\frac{2}{5}$ à diviser par 3; je dis que le quotient sera $\frac{2}{5\times 3}$.

En effet, puisque 2 contient les deux tiers de 3, il est évident que les $\frac{2}{5}$, c'est-à-dire la cinquième partie de 2 (77), ne contiendra que la cinquième partie des deux tiers de 3; mais la cinquième partie de deux tiers est de deux quinzièmes; donc $\frac{2}{15}$, c'est-à-dire $\frac{2}{5\times 3}$ est le quotient de $\frac{2}{5}$ par 3. Donc, etc.

84. *Diviser une fraction par une fraction.*

Multipliez la fraction dividende par la fraction diviseur renversée.

Soit $\frac{2}{3}$ à diviser par $\frac{4}{5}$; je dis que le quotient sera $\frac{2\times 5}{3\times 4}$.

En effet, puisque $\frac{2}{3\times 4}$ est le quotient de $\frac{2}{3}$ divisé par quatre (87), il est évident que le quotient de $\frac{2}{3}$ divisé par $\frac{4}{5}$; c'est-à-dire par la cinquième partie de 4, égalera cinq fois $\frac{2}{3\times 4}$, c'est-à-dire $\frac{2\times 5}{3\times 4}$. Donc, etc.

85. *Diviser un nombre entier par un nombre décimal, un nombre décimal par un nombre entier, et un nombre décimal par un nombre décimal.*

1er *et* 2e *cas.* Ajoutez au nombre entier autant de zéros qu'il y aura de décimales dans l'autre nombre; supprimez la virgule, et faites la division comme à l'ordinaire.

Soit 327 à diviser par 5,32; je dis que le quotient de 327 par 5,32 est le même que le quotient de 32700 par 532.

En effet, puisque $327=\frac{32700}{100}$, et que $5,32=\frac{532}{100}$, il est évident que 327 divisé par 5,32 sera égal à $\frac{32700}{100}$ divisé par $\frac{532}{100}$; mais $\frac{32700}{100}$ divisé par $\frac{532}{100}=\frac{32700\times 100}{100\times 532}=\frac{32700}{532}$ (84). Donc, etc.

Il en serait de même, si l'on avait à diviser 527,6 par 34.

3e *cas.* Soit 52,6 à diviser par 4,27. Puisque $52,6=\frac{526}{10}=\frac{5260}{100}$, et que $4,27=\frac{427}{100}$, il est évident que 52,6 divisé par 4,27 égalera $\frac{5260}{100}$ divisé par $\frac{526}{100}$; mais $\frac{5260}{100}$ divisé par $\frac{427}{100}$ est égal à $\frac{5260\times 100}{100\times 427}=\frac{5260}{427}$. Donc, etc.

De la formation des nombres carrés, et de l'extraction de leurs racines.

86. *Si deux nombres sont premiers entre eux, le carré de l'un d'eux est premier avec l'autre.*

Soient les nombres 71 et 16 qui sont premiers entre eux; je dis, 1° que 71×71 et 16 sont premiers entre eux.

Puisque les nombres 71 et 16 sont premiers entre eux, si l'on divise le plus grand par le plus petit, le plus petit par le premier reste, le premier reste par le second reste, et ainsi de suite, on aura enfin un reste qui sera égal à l'unité (60). Que ces divisions soient faites, et que 71 divisé par 16 donne 4 pour quotient et 7 pour reste ; que 16 divisé par 7 donne 2 pour quotient et 2 pour reste, et que 7 divisé par deux donne 3 pour quotient et un pour reste.

Puisque le dividende égale le diviseur multiplié par le quotient, plus le reste, on aura :

$71 = 16 \times 4 + 7,\ 16 = 7 \times 2 + 2,\ 7 = 2 \times 3 + 1.$

Multiplions tous les termes de ces égalités par 71, et à la suite de ces égalités ainsi multipliées écrivons ces mêmes égalités : nous aurons :

$71 \times 71 = 71 \times 16 \times 4 + 71 \times 7,\ 71 \times 16 = 71 \times 7 \times 2 + 71 \times 2,\ 71 \times 7 = 71 \times 2 \times 3 + 71,\ 71 = 16 \times 4 + 7,\ 16 = 7 \times 2 + 2,\ 7 = 2 \times 3 + 1.$

Supposons, s'il est possible, que les nombres 71×71 et 16 ne soient pas premiers entre eux ; et que le nombre P, plus grand que l'unité, soit diviseur de ces deux nombres.

Puisque P divise 71×71, P divisera le nombre $71 \times 16 \times 4 + 71 \times 7$, qui lui est égal. Mais P divise $71 \times 16 \times 4$, puisque P divise 16 ; donc P divise 71×7 ; car, lorsqu'un nombre en divise un autre, il divise aussi ses multiples, et lorsqu'un nombre en divise un autre et une de ses parties, il divise aussi l'autre partie (34 et 36.)

Puisque P divise 71×16, le nombre P divisera $71 \times 7 \times 2 + 71 \times 2$, qui lui est égal. Mais on a démontré que P divise 71×7 ; donc P divise $71 \times 7 \times 2$ (34) ; donc P divise 71×2 (36).

Puisque P divise 71×7, le nombre P divisera $71 \times 2 \times 3 + 71$. Mais on a démontré que P divise 71×2 ; donc le nombre P divise $71 \times 2 \times 3$ (34), et par conséquent 71 (36).

Puisque P divise 71, P divise $16 \times 4 + 7$ qui lui est égal ; mais P divise 16, donc P divise 16×4 (34), et par conséquent 7 (36).

Puisque P divise 16 ; P divise $7 \times 2 + 2$ qui lui est égal ; mais P divise 7 ; donc P divise 7×2 (34), et par conséquent 2 (36).

Puisque P divise 7, P divise $2 \times 3 + 1$; mais P divise 7 ; donc P divise 2×3 (34), et par conséquent 1 (36) ; donc P, qui est plus grand que l'unité, divise l'unité, c'est-à-dire qu'un nombre plus grand que l'unité est contenu une ou plusieurs fois dans l'unité ; ce qui est absurde. Donc les nombres 71×71 et 16 sont premiers entre eux.

Je dis, 2° que les nombres 71 et 16×16 sont premiers entre eux.

Multiplions tous les termes des premières égalités par 16, et à la suite de ces égalités ainsi multipliées écrivons ces mêmes égalités.

Supposons, s'il est possible, que 71 et 16×16 ne soient pas premiers entre eux, et que le dombre Q, plus grand que l'unité, soit diviseur de ces deux nombres.

Nous démontrerons, de la même manière, que Q sera diviseur de l'unité ; ce qui est absurde. Donc 71 et 16 × 16 sont premiers entre eux.

Donc, si deux nombres sont premiers entre eux, le carré de l'un d'eux est premier avec l'autre nombre.

87. *Il est impossible d'assigner exactement la racine carrée des nombres qui ne sont pas les carrés d'un des nombres* 1, 2, 3, 4, 5, etc.

Soit le nombre 7 ; je dis qu'il est impossible d'assigner exactement la racine carrée de ce nombre.

En effet, la racine de ce nombre étant plus grande que 2, et plus plus petite que 3, s'il était possible de l'assigner, elle serait égale à 2, plus une fraction. Réduisons l'entier en fraction ; ajoutons cette nouvelle fraction avec la première, et que la fraction qui résulte de cette addition soit réduite à sa plus simple expression. Puisque le numérateur et le dénominateur sont premiers entre eux, le carré du numérateur et le dénominateur seront premiers entre eux (86). Mais si le carré du numérateur et le dénominateur sont premiers entre eux, le carré du dénominateur et le carré du numérateur seront aussi premiers entre eux (86). Mais si le carré du numérateur et le carré du dénominateur sont premiers entre eux, le carré du dénominateur ne sera pas diviseur du carré du numérateur ; il est donc impossible que le carré de cette fraction soit égal à 7. Il est donc impossible d'assigner exactement la racine carrée de 7. On ferait le même raisonnement pour tout autre nombre qui ne serait pas le carré d'un des nombres 1, 2, 3, 4, 5, etc.

COROLLAIRE.

Il suit de là que les racines carrées des nombres 2, 3, 5, etc., sont des nombres incommensurables, ou irrationnels, puisqu'ils ne peuvent pas être formés ni par répétition de l'unité, ni par la répétition d'une partie de l'unité, quelque petite qu'elle puisse être.

88. *Le carré de la somme de deux nombres renferme le carré du premier, le double du premier par le second, et le carré du second.*

Soient les nombres 5 et 4 ; je dis que le carré de leur somme qui est 9 renferme le carré de 5, le double de 5 multiplié par 4, et le carré de 4.

En effet, le carré de $5+4$ est égal au carré de 9, puisque $5+4=9$. Mais le carré de $5+4$ égale $5+4$ pris cinq fois, et encore 4 fois, c'est-à-dire $(5+4)\times 5+(5+4)\times 4$, c'est-à-dire à $5\times 5+5\times 4+5\times 4+4\times 4$, c'est-à-dire à $5\times 5+2\times 5\times 4+4\times 4$; donc le carré de 9 renferme le carré de 5, le double de 5 par 4, et le carré de 4. Donc, etc.

89. *Le carré d'un nombre ne peut avoir que le double des chiffres de la racine, ou le double moins un.*

Soient les nombres 10000 et 99999, composés chacun de cinq chiffres.

Je dis d'abord que le carré de 10000, qui est le plus petit nombre représenté par cinq chiffres, a neuf chiffres à son carré, c'est-à-dire le double des chiffres de la racine, moins un; ce qui est évident, puisque le produit de 10000 par 10000 doit être égal à l'unité suivie de huit zéros (43).

Je dis en second lieu que le carré de 99999, qui est le plus grand nombre représenté par cinq chiffres, a dix chiffres, et ne peut en avoir davantage.

En effet, le carré de 99999 ne peut avoir moins de dix chiffres; car le carré de 90000, qui est plus petit que 99999, en a dix.

Le carré de 99999 ne peut pas avoir plus de dix chiffres. Car, qu'il en ait davantage, si cela est possible, onze, par exemple. Puisque 100000, qui est plus grand que 99999, n'a que onze chiffres à son carré, et que ce carré est le plus petit nombre représenté par onze chiffres, il est évident que le carré d'un nombre plus petit serait plus grand que le carré d'un nombre plus grand, ou du moins que le carré d'un nombre plus petit serait égal au carré d'un nombre plus grand, ce qui est absurde. Donc le carré 99999 ne peut avoir que dix chiffres. Donc les carrés des nombres placés entre 10000 et 99999 ne peuvent avoir que le double des chiffres de leurs racines, ou le double des chiffres de leurs racines, moins un, etc.

Le raisonnement serait le même pour tout autre nombre. Donc le carré d'un nombre ne peut avoir que le double des chiffres de la racine, ou le double des chiffres de la racine moins un.

90. *Le nombre des chiffres de la racine carrée d'un nombre est égal à la moitié du nombre des chiffres de son carré, lorsque le nombre des chiffres du carré est pair; et égal à la moitié du nombre dés chiffres du carré, augmenté de l'unité, lorsque le nombre des chiffres est impair.*

Je dis, 1° qu'un nombre de dix chiffres a cinq chiffres à sa racine.

En effet, sa racine ne peut pas en avoir davantage; car, si elle en avait six, son carré en aurait au moins onze : elle ne peut pas en avoir moins; car le carré du plus petit nombre, représenté par cinq chiffres, en a neuf.

Je dis, 2° qu'un nombre de neuf chiffres a cinq chiffres à sa racine; car le carré du plus petit nombre de cinq chiffres, est le plus petit nombre de neuf chiffres.

Le raisonnement serait le même pour tout autre nombre; donc, etc.

91. Puisque le nombre des chiffres de la racine carrée d'un nombre est égal à la moitié du nombre des chiffres de son carré, lorsque le nombre des chiffres du carré est pair, ou égal à la moitié du nombre des chiffres de son carré, plus un, lorsque le nombre des chiffres est impair, il est évident que, si en allant de droite à gauche, on partage le nombre dont on veut avoir la racine carrée,

en tranches de deux chiffres, le nombre des chiffres de la racine sera égal au nombre des tranches : la première tranche à gauche peut n'avoir qu'un seul chiffre.

92. *Extraire la racine carrée d'un nombre de trois, ou de quatre chiffres.*

Séparez par une virgule, les deux chiffres à droite; extrayez la racine du plus grand carré contenu dans la tranche à gauche du nombre proposé; écrivez-en la racine à la droite du nombre proposé; soustrayez le carré de cette racine de la tranche à gauche; à la droite du reste, écrivez les chiffres de la seconde tranche; ayant doublé la racine carrée de la première tranche, placez un zéro à la suite de son double; divisez par ce dernier nombre le reste du nombre proposé; écrivez le quotient à droite de la racine de la première tranche; élevez au carré le nombre placé à la droite du nombre proposé; si le carré de ce nombre est plus grand que le nombre proposé, diminuez ce nombre d'une, de deux, etc. unités, jusqu'à ce que le carré de ce nombre ne soit pas, pour la première fois, plus grand que le nombre proposé, et soustrayez ce carré du nombre proposé; je dis que le nombre trouvé sera la racine carrée du nombre proposé, lorsque la soustraction se fera sans reste; et qu'il sera la racine du plus grand carré contenu dans le nombre proposé, lorsque la soustraction se fera avec un reste.

En effet, puisque la racine carrée d'un nombre de trois ou de quatre chiffres doit avoir deux chiffres, des dixaines et des unités (91), et que les deux derniers chiffres vers la droite du nombre proposé ne peuvent pas faire partie du carré des dixaines, il est évident que les dixaines de la racine sont la racine du plus grand carré contenu dans le nombre représenté par le chiffre ou par les chiffres de la première tranche à gauche. Mais le carré de la racine du nombre proposé doit renfermer le carré des dixaines, le double produit des dixaines par les unités et le carré des unités (88); donc le nombre proposé, moins le carré des dixaines du nombre proposé, renfermera le double produit des dixaines par les unités et le carré des unités; donc si l'on divise le reste par le double des dixaines, on aura les unités de la racine du nombre proposé, lorsque le carré de la somme des dixaines et des unités de la racine trouvée ne sera pas plus grand que le nombre proposé; et le nombre trouvé sera la racine du nombre proposé, ou la racine du plus grand carré contenu dans le nombre proposé.

Exemple. Soit proposé d'extraire la racine carrée de 5329. Cette racine aura deux chiffres (91).

```
53,29 | 73
49    | 140
------
 429
5329
----
   0
```

Separez par une virgule les deux derniers chiffres à droite. La racine du plus grand carré de la première tranche à gauche étant 7, écrivez 7 à la droite du nombre proposé ; de 53 soustrayez le carré de 7 ; à côté du reste 4 écrivez 29 ; divisez le nombre 429 par 140, qui est le double de la racine de la première tranche suivi d'un zéro ; écrivez le quotient 3 à la droite de la racine de la première tranche ; élevez 73 au carré. Si le carré de 73 est égal au nombre proposé, il est évident que 73 sera la racine du nombre proposé ; et si le carré de 73 est plus petit que le nombre proposé, soustrayez-le de ce nombre ; et s'il est plus grand, diminuez 73 d'une, de deux, etc. unités, jusqu'à ce que le carré du reste ne soit pas, pour la première fois, plus grand que le nombre proposé. Il est évident que si la soustraction se fait sans reste, 73 sera la racine du nombre proposé ; et que si elle se fait avec un reste, 73 sera la racine du plus grand carré contenu dans le nombre proposé ; car si 73 était augmenté d'une unité, son carré serait plus grand que le nombre proposé.

93. *Extraire la racine carrée d'un nombre de cinq ou de six chiffres.*

Partagez par des virgules ce nombre en tranches de deux chiffres, en allant de droite à gauche ; extrayez la racine carrée des deux premières tranches à gauche, comme dans le numéro précédent ; à la droite du reste, écrivez la dernière tranche à droite du nombre proposé ; ayant doublé la racine carrée des deux premières tranches, écrivez un zéro à la suite de son double ; divisez par ce dernier nombre le reste du nombre proposé ; écrivez le quotient à droite de la racine carrée des deux premières tranches ; élevez au carré le nombre placé à la droite du nombre proposé ; si le carré de ce nombre est plus grand que le nombre proposé, diminuez ce nombre d'une, de deux, etc. unités, jusqu'à ce que son carré ne soit pas, pour la première fois, plus grand que le nombre proposé, et soustrayez ce carré du nombre proposé. Je dis que le nombre placé à la droite du nombre proposé sera la racine du nombre proposé, lorsque la soustraction se fera sans reste, et qu'il sera la racine du plus grand carré contenu dans le nombre proposé, lorsque la soustraction se fera avec un reste.

En effet, puisque la racine carrée d'un nombre de cinq ou de six chiffres doit avoir trois chiffres, des centaines, des dixaines et des unités (91), et que les deux derniers chiffres vers la droite du nombre proposé ne peuvent pas faire partie du carré de la somme des centaines et des dixaines de la racine, il est évident que la somme des centaines et des dixaines sont la racine du plus grand carré contenu dans le nombre représenté par les chiffres des deux premières tranches ; mais le carré de la racine du nombre proposé, doit renfermer le carré de la somme des centaines et des dixaines, le double du produit de cette somme par les unités, et le carré des unités (88); donc si du nombre proposé on soustrait le carré de la somme des centaines et des dixaines, le reste renfermera le double produit de la somme des centaines et des dixaines par les unités, et le carré des unités; donc si l'on divise le reste par le double de la somme des centaines et des dixaines, on aura les unités de la racine du nombre proposé, lorsque le carré de la somme des centaines, des dixaines et des unités de la racine trouvée ne sera pas plus grand que le nombre proposé; et le nombre trouvé sera la racine du nombre proposé, ou la racine du plus grand carré contenu dans le nombre proposé.

Exemple. Soit proposé d'extraire la racine carrée de 125316. Cette racine aura trois chiffres.

12,53,16	354
2816	700
0	

Séparez, par des virgules, le nombre proposé en tranches de deux chiffres en allant de droite à gauche. Que la racine des deux premières tranches à gauche soit de trente-cinq dixaines; écrivez 35 à la droite du nombre proposé; soustrayez le carré de 35 des deux premières tranches, et à côté du reste 28, écrivez la dernière tranche 16; divisez 2816 par 700, qui est le double des dixaines de la racine trouvée; écrivez le quotient 4 à la droite des dixaines de la racine; élevez 354 au carré; si le carré de 354 est égal au nombre proposé, il est évident que 354 est la racine du nombre proposé; et si ce carré est plus petit que le nombre proposé, soustrayez-le du nombre proposé; s'il est plus grand, diminuez ce nombre d'une, de deux, etc. unités, jusqu'à ce que le carré du reste ne soit pas, pour la première fois, plus grand que le nombre proposé. Il est évident que si la soustraction se fait sans reste, 354 sera la racine du nombre proposé, et que si elle se fait avec un reste, 354 sera la racine du plus grand carré contenu dans le nombre proposé; car si 354 était augmenté d'une unité, son carré serait plus grand que le nombre proposé.

94. *Extraire la racine d'un nombre de sept ou de huit, de neuf ou de dix chiffres, etc.*

Extrayez la racine du nombre représenté par les chiffres qui précèdent les deux derniers. Écrivez cette racine à la droite du nombre proposé; soustrayez le carré de cette racine du nombre représenté par les chiffres qui précèdent les deux derniers; à côté du reste écrivez les deux derniers chiffres du nombre proposé; doublez le nombre trouvé; écrivez un zéro à la droite de son double; divisez le reste par ce dernier nombre; écrivez le quotient à la droite du nombre trouvé, etc.

On démontrerait, comme dans les numéros 92 et 93, que le

nombre placé à droite du nombre proposé est la racine de ce nombre, ou la racine du plus grand carré contenu dans ce nombre.

95. *Si ce qui reste d'un nombre dont on a extrait la racine carrée est égal au double de la racine plus un, ou plus grand que le double de la racine plus un, la racine trouvée est trop petite.*

Soit 5476 le nombre dont on veut avoir la racine carrée; que la racine trouvée soit 73, et que le reste soit $2 \times 73 + 1$; je dis que la racine trouvée est trop petite.

En effet, puisque $(74)^2 = (73+1)^2 = 73 \times 73 + 2 \times 73 + 1$ (88), il est évident que le carré de 74 sera égal à 5476. ,et que la racine trouvée 73 était trop petite d'une unité.

COROLLAIRE.

Il suit évidemment de là que lorsque le reste est plus petit que le double du nombre trouvé augmenté d'une unité, le nombre trouvé est la racine cherchée du plus grand carré contenu dans le nombre proposé.

96. *La racine carrée d'un nombre représenté par l'unité suivie d'un nombre pair de zéros est égale à l'unité suivie de la moitié des zéros du nombre proposé.*

Cela est évident, puisque le carré d'un nombre représenté par l'unité suivie de zéros, doit être l'unité suivie d'un nombre double de zéros (43).

97. *Extraire la racine d'un nombre qui n'est pas un carré, de manière que l'erreur de la racine en moins, ne soit pas d'un dixième, d'un centième, d'un millième, etc.*

Écrivez à la suite du nombre proposé, deux, quatre, six, etc. zéros, selon que vous voudrez que l'erreur ne soit pas d'un dixième, d'un centième, d'un millième, etc.; cherchez ensuite la racine, selon la règle ordinaire, et séparez de la racine autant de décimales que vous aurez ajouté de fois deux zèros; je dis que l'erreur en moins ne sera pas d'une unité de la dernière décimale.

Soit proposé, par exemple, d'extraire la racine carrée de 7, de manière que l'erreur ne soit pas d'un centième en moins.

A la droite de 7 écrivez quatre zéros; cherchez la racine de 70000; 264 sera la racine du plus grand carré contenu dans 70000; séparez deux décimales; je dis que 2,64 est la racine approchée de 7, l'erreur approchée n'étant pas d'un centième en moins.

En effet, puisque le carré de 264 est plus petit que 70000, et que le carré de 265 est plus grand que 70000, il est évident que le carré de $\frac{264}{100}$, c'est-à-dire que $\frac{264 \times 264}{100 \times 100}$ est plus petit que

$\frac{70000}{100 \times 100}$, c'est-à-dire que 7, et que le carré de $\frac{265}{100}$, c'est-à-dire que $\frac{265 \times 265}{100 \times 100}$ est plus grand que $\frac{70000}{100 \times 100}$, c'est-à-dire que 7; donc $\frac{264}{100}$, ou 2, 64, est la racine approchée de 7, l'erreur n'étant pas d'un centième en moins.

COROLLAIRE.

Il suit évidemment de là que si l'on voulait extraire la racine d'un nombre décimal, il faudrait écrire un zéro à sa droite, si le nombre des chiffres décimaux était impair; et l'on démontrerait, comme au numéro précédent, que l'erreur ne serait pas d'une unité de la dernière décimale.

De la formation des nombres cubiques et de l'extraction de leurs racines.

98. *Si deux nombres sont premiers entre eux, le cube de l'un d'eux est premier avec l'autre.*

Soient les nombres premiers entre eux 71, 16; je dis que les nombres $71 \times 71 \times 71$, et 16 sont premiers entre eux, et que les nombres $16 \times 16 \times 16$, et 71 sont aussi premiers entre eux.

Puisque ces nombres sont premiers entre eux, si l'on divise le plus grand par le plus petit, le plus petit par le premier reste, le premier reste par le second reste, et ainsi de suite, on aura enfin un reste qui sera égal à l'unité (60, corollaire II). Que ces divisions soient faites; 71 divisé par 16 donnera 4 pour quotient et 7 pour reste; 16 divisé par 7 donnera 2 pour quotient et 2 pour reste; et enfin 7 divisé par 2 donnera 3 pour quotient et 1 pour reste.

Puisque le dividende égale le diviseur multiplié par le quotient, plus le reste, on aura :

$$71 = 16 \times 4 + 7; \quad 16 = 7 \times 2 + 2; \quad 7 = 2 \times 3 + 1.$$

Multiplions tous les termes de ces égalités par 71×71, multiplions-les ensuite par 71, et à la suite de ces égalités ainsi multipliées, écrivons ces mêmes égalités.

Multiplions ensuite tous les termes des premières égalités par 16×16; multiplions-les ensuite par 16, et à la suite de ces égalités ainsi multipliées, écrivons ces mêmes égalités.

On démontrerait, comme au n° 86, que $71 \times 71 \times 71$ est premier avec 16, et que $16 \times 16 \times 16$ est premier avec 71.

99. *Il est impossible d'assigner exactement la racine cubique des nombres qui sont entre 1 et 8, entre 8 et 27, entre 27 et 64, etc.*

Soit le nombre 10; je dis qu'il est impossible d'assigner exactement la racine cubique de ce nombre.

En effet, la racine cubique de ce nombre étant plus grande que 2, et plus petite que 3, s'il était possible de l'assigner, elle serait égale à 2 plus une fraction.

Réduisons 2 en fraction; ajoutons cette nouvelle fraction avec la première, et que la fraction qui résulte de cette addition, soit réduite à sa plus simple expression. Puisque le numérateur et le dénominateur sont premiers entre eux, le cube du numérateur, et le dénominateur sont premiers entre eux (98); le cube du dénominateur, et le cube du numérateur seront premiers entre eux par la même raison. Mais si le cube du numérateur, et le cube du dénominateur sont premiers entre eux, le cube du dénominateur ne sera pas diviseur du cube du numérateur; il est donc impossible que le cube de cette fraction soit égal à 10; il est donc impossible d'assigner exactement la racine cubique de 10.

COROLLAIRE.

Il suit de là que les racines cubiques des nombres placés entre 1 et 8, entre 8 et 27, entre 27 et 64, etc. sont des nombres incommensurables, ou irrationnels, puisqu'ils ne peuvent être formés ni par la répétition de l'unité, ni par la répétition d'une partie de l'unité, quelque petite qu'elle puisse être (14)...

100. *Le cube de la somme de deux nombres renferme le cube du premier, le triple carré du premier par le second, le triple carré du second par le premier, et le cube du second.*

Soient les nombres $7+5$; je dis que $(7+5)^3 = 7\times7\times7 + 3\times7\times7\times5 + 3\times5\times5\times7 + 5\times5\times5$.

En effet, puisque $(7\times5)^2 = 7\times7 + 2\times7\times5 + 5\times5$, (88), il est évident que $(7\times5)^3 = (7\times7 + 2\times7\times5 + 5\times5)\times(7+5) = 7\times7\times7 + 2\times7\times7\times5 + 7\times5\times5 + 7\times7\times5 + 2\times7\times5\times5 + 5\times5\times5 = 7\times7\times7 + 3\times7\times7\times5 + 3\times5\times5\times7 + 5\times5\times5$. Donc, etc.

101. *Le cube d'un nombre ne peut avoir que le triple des chiffres de sa racine, ou le triple moins un, ou le triple moins deux.*

Soient les nombres de cinq chiffres 10000, 99999; je dis d'abord que le cube de 10000, qui est le plus petit nombre de cinq chiffres, a treize chiffres, c'est-à-dire le triple moins deux.

En effet, puisque le carré de 10000 a neuf chiffres (43), il est évident que le produit du carré de 10000 par 10000 aura treize chiffres.

Je dis en second lieu que le cube de 99999, qui est le plus grand nombre représenté par cinq chiffres, en a quinze, et ne peut en avoir davantage.

En effet, le cube de 99999 ne peut pas en avoir moins de quinze; car le cube de 90000, qui est plus petit que 99999 en a quinze. Le carré de 99999 ne peut pas en avoir davantage. Car qu'il en ait davantage, s'il est possible, seize, par exemple; puisque le cube de 100000, qui est plus grand que 99999, n'a que seize chiffres à son cube, et que ce cube est le plus petit nombre représenté par seize chiffres, il est évident que le cube d'un nombre plus petit serait plus grand que le cube d'un nombre plus grand, ou du moins que le cube d'un nombre plus petit serait égal au cube d'un nombre plus grand, ce qui est absurde. Donc les cubes des nombres placés entre 10000 et 99999 ne peuvent avoir que le triple des chiffres de leurs racines, ou le triple moins un, ou le triple moins deux.

102. *Le nombre des chiffres de la racine cubique d'un nombre proposé est égal au tiers des chiffres du nombre proposé, lorsque le nombre de ses chiffres est divisible par trois, et au tiers du nombre de ses chiffres augmenté d'une ou de deux unités, lorsque le nombre des chiffres n'est pas divisible par trois.*

Soit un nombre de quinze chiffres, je dis 1° que ce nombre a cinq chiffres à sa racine cubique.

En effet, sa racine ne peut pas en avoir davantage; car si elle en avait six, son cube en aurait au moins seize(101); elle ne peut pas en avoir moins, car le cube du plus petit nombre représenté par cinq chiffres en a treize.

Je dis 2° qu'un nombre de treize chiffres a cinq chiffres à sa racine cubique; car le cube du plus petit nombre de cinq chiffres a treize chiffres.

Le raisonnement serait le même pour tout autre nombre. Donc, etc.

COROLLAIRE.

Puisque le nombre des chiffres de la racine est égal au tiers du nombre des chiffres de son cube, ou au tiers du nombre de ses chiffres, augmenté d'une ou de deux unités, il est évident que si en allant de droite à gauche, on partage, par des virgules, le nombre dont on veut avoir la racine cubique, en tranches de trois chiffres, le nombre des chiffres de la racine cubique sera égal au nombre des tranches.

103. *Extraire la racine cubique d'un nombre de quatre, ou de cinq ou de six chiffres.*

Séparez, par une virgule, les trois derniers chiffres à droite du nombre proposé; extrayez la racine cubique du plus grand cube contenu dans la tranche qui est à la gauche de la virgule; écrivez cette racine à la droite du nombre proposé; soustrayez le cube de cette racine de la tranche qui est à la gauche de la virgule; à côté du reste, écrivez les chiffres qui sont à la droite de la virgule; élevez au carré la racine de la tranche qui est à la gauche de la virgule; triplez le carré de cette racine, et écrivez deux zéros vers la droite; divisez par ce dernier nombre le reste du nombre proposé;

écrivez le quotient à la droite de la racine de la tranche qui est à la gauche de la virgule; élevez au cube le nombre placé à la droite du nombre proposé; soustrayez le cube de ce nombre du nombre proposé; et si la soustraction ne peut pas se faire, diminuez le nombre placé à la droite du nombre proposé, d'une, de deux, etc. unités, jusqu'à ce que la soustraction puisse avoir lieu. Le nombre placé à la droite du nombre proposé sera la racine cubique du nombre proposé, lorsque la soustraction se fera sans reste; et il sera la racine cubique du plus grand cube contenu dans le nombre proposé, lorsque la soustraction se fera avec un reste.

En effet, puisque la racine cubique du nombre proposé doit avoir deux chiffres, des dixaines et des unités (102); que le cube de la racine cubique du nombre proposé, qui doit renfermer des dixaines et des unités est égal au cube des dixaines, au triple carré des dixaines multiplié par les unités, au triple carré des unités par les dixaines, et au cube des unités (100), et que le nombre placé à la droite de la virgule ne peut pas faire partie du cube des dixaines, le cube des dixaines devant être suivi de trois zéros (43), il est évident que le chiffre qui est la racine du plus grand cube contenu dans la tranche à gauche de la virgule, représente les dixaines de la racine cubique du nombre proposé; et puisque le nombre proposé diminué du cube des dixaines, est égal au triple carré des dixaines multiplié par les unités, au triple carré des unités multiplié per les dixaines, et au cube des unités, il est évident que si l'on divise le reste par le triple carré des dixaines, c'est-à-dire par le triple carré du premier chiffre à gauche de la racine, suivi de deux zéros, le quotient sera les unités de la racine cubique du nombre proposé, ou de la racine cubique du plus grand cube contenu dans ce nombre, suivant que le cube du nombre trouvé sera égal au nombre proposé, ou plus petit que ce nombre.

Exemple. Soit proposé d'extraire la racine cubique de 42875.

42,875	35
27	2700
15875	
42875	
0	

Séparez par une virgule, les trois derniers chiffres à droite; extrayez la racine du plus grand cube contenu dans 42; à la droite du nombre proposé écrivez 3, qui est la racine du plus grand cube contenu dans 42; de 42 soustrayez 27 qui est le cube de 3; à côté du reste 15, écrivez 875; divisez le reste 15875 par le triple carré de 30, c'est-à-dire par 2700; écrivez le quotient 5 à la droite de la racine cubique du plus grand cube contenu dans 42; du nombre proposé, soustrayez le cube de 35; la soustrac-

davantage, s'il est possible, seize, par exemple; puisque le cube de 100000, qui est plus grand que 99999, n'a que seize chiffres à son cube, et que ce cube est le plus petit nombre représenté par seize chiffres, il est évident que le cube d'un nombre plus petit serait plus grand que le cube d'un nombre plus grand, ou du moins que le cube d'un nombre plus petit serait égal au cube d'un nombre plus grand, ce qui est absurde. Donc les cubes des nombres placés entre 10000 et 99999 ne peuvent avoir que le triple des chiffres de leurs racines, ou le triple moins un, ou le triple moins deux.

102. *Le nombre des chiffres de la racine cubique d'un nombre proposé est égal au tiers des chiffres du nombre proposé, lorsque le nombre de ses chiffres est divisible par trois, et au tiers du nombre de ses chiffres augmenté d'une ou de deux unités, lorsque le nombre des chiffres n'est pas divisible par trois.*

Soit un nombre de quinze chiffres, je dis 1° que ce nombre a cinq chiffres à sa racine cubique.

En effet, sa racine ne peut pas en avoir davantage; car si elle en avait six, son cube en aurait au moins seize(101); elle ne peut pas en avoir moins, car le cube du plus petit nombre représenté par cinq chiffres en a treize.

Je dis 2° qu'un nombre de treize chiffres a cinq chiffres à sa racine cubique; car le cube du plus petit nombre de cinq chiffres a treize chiffres.

Le raisonnement serait le même pour tout autre nombre. Donc, etc.

COROLLAIRE.

Puisque le nombre des chiffres de la racine est égal au tiers du nombre des chiffres de son cube, ou au tiers du nombre de ses chiffres, augmenté d'une ou de deux unités, il est évident que si en allant de droite à gauche, on partage, par des virgules, le nombre dont on veut avoir la racine cubique, en tranches de trois chiffres; le nombre des chiffres de la racine cubique sera égal au nombre des tranches.

103. *Extraire la racine cubique d'un nombre de quatre, ou de cinq ou de six chiffres.*

Séparez, par une virgule, les trois derniers chiffres à droite du nombre proposé; extrayez la racine cubique du plus grand cube contenu dans la tranche qui est à la gauche de la virgule; écrivez cette racine à la droite du nombre proposé; soustrayez le cube de cette racine de la tranche qui est à la gauche de la virgule; à côté du reste, écrivez les chiffres qui sont à la droite de la virgule; élevez au carré la racine de la tranche qui est à la gauche de la virgule; triplez le carré de cette racine, et écrivez deux zéros vers la droite; divisez par ce dernier nombre le reste du nombre proposé;

écrivez le quotient à la droite de la racine de la tranche qui est à la gauche de la virgule; élevez au cube le nombre placé à la droite du nombre proposé; soustrayez le cube de ce nombre du nombre proposé ; et si la soustraction ne peut pas se faire, diminuez le nombre placé à la droite du nombre proposé, d'une, de deux, etc. unités, jusqu'à ce que la soustraction puisse avoir lieu. Le nombre placé à la droite du nombre proposé sera la racine cubique du nombre proposé, lorsque la soustraction se fera sans reste; et il sera la racine cubique du plus grand cube contenu dans le nombre proposé, lorsque la soustraction se fera avec un reste.

En effet, puisque la racine cubique du nombre proposé doit avoir deux chiffres, des dixaines et des unités (102); que le cube de la racine cubique du nombre proposé, qui doit renfermer des dixaines et des unités est égal au cube des dixaines, au triple carré des dixaines multiplié par les unités, au triple carré des unités par les dixaines, et au cube des unités (100), et que le nombre placé à la droite de la virgule ne peut pas faire partie du cube des dixaines, le cube des dixaines devant être suivi de trois zéros (43), il est évident que le chiffre qui est la racine du plus grand cube contenu dans la tranche à gauche de la virgule, représente les dixaines de la racine cubique du nombre proposé; et puisque le nombre proposé diminué du cube des dixaines, est égal au triple carré des dixaines multiplié par les unités, au triple carré des unités multiplié per les dixaines, et au cube des unités, il est évident que si l'on divise le reste par le triple carré des dixaines, c'est-à-dire par le triple carré du premier chiffre à gauche de la racine, suivi de deux zéros, le quotient sera les unités de la racine cubique du nombre proposé, ou de la racine cubique du plus grand cube contenu dans ce nombre, suivant que le cube du nombre trouvé sera égal au nombre proposé, ou plus petit que ce nombre.

Exemple. Soit proposé d'extraire la racine cubique de 42875.

42,875	35
27	2700
15875	
42875	
0	

Séparez par une virgule, les trois derniers chiffres à droite; extrayez la racine du plus grand cube contenu dans 42; à la droite du nombre proposé écrivez 3, qui est la racine du plus grand cube contenu dans 42; de 42 soustrayez 27 qui est le cube de 3; à côté du reste 15, écrivez 875; divisez le reste 15875 par le triple carré de 30, c'est-à-dire par 2700; écrivez le quotient 5 à la droite de la racine cubique du plus grand cube contenu dans 42; du nombre proposé, soustrayez le cube de 35; la soustraction se faisant sans reste, il est évident que 35 est la racine cubique de 42875, puisque le cube de 35 est égal à ce nombre.

Si la soustraction était faite avec un reste, 35 serait la racine cubique du plus grand cube contenu dans le nombre proposé. Si le cube de 35 s'était trouvé plus grand que le nombre proposé, on aurait diminué 35 d'une, de deux, etc. unités, jusqu'à ce que le cube du reste eût pu être soustrait de 42875.

104. *Extraire la racine cubique d'un nombre de 7, ou de 8, ou de 9 chiffres.*

Séparez, par une virgule, les trois derniers chiffres à droite du nombre proposé; extrayez la racine cubique du plus grand cube contenu dans la tranche à gauche, comme au numéro précédent; écrivez cette racine à la droite du nombre proposé; soustrayez le cube de cette racine de la tranche à gauche de la virgule; à côté du reste, écrivez les chiffres qui sont à la droite de la virgule; élevez au carré la racine cubique de la première tranche, triplez ce carré, et écrivez deux zéros à la suite; divisez par ce dernier nombre le reste du nombre proposé; écrivez le quotient à la droite de la racine cubique de la tranche qui est à la droite de la virgule; élevez au cube le nombre placé à la droite du nombre proposé; soustrayez le cube de ce nombre du nombre proposé; et si la soustraction ne peut pas se faire, diminuez le nombre placé à la droite du nombre proposé, d'une, de deux, etc. unités, jusqu'à ce que la soustraction puisse avoir lieu. Le nombre placé à la droite du nombre proposé sera la racine cubique du nombre proposé, lorsque la soustraction se fera sans reste, et la racine cubique du plus grand cube contenu dans le nombre proposé, lorsque la soustraction se fera avec un reste.

En effet, puisque la racine cubique du nombre proposé doit avoir trois chiffres, des dixaines et des unités, les dixaines étant représentées par les deux premiers chiffres à gauche (102), puisque le cube d'un nombre qui renferme des dixaines et des unités est égal au cube des dixaines, au triple carré des dixaines multiplié par les unités, au triple carré des unités multiplié par les dixaines, et au cube des unités (100), et que le nombre placé à la droite de la virgule ne peut pas faire partie du cube des dixaines, le cube des dixaines devant être suivi de trois zéros (43), il est évident que les chiffres qui représentent la racine cubique de la tranche à gauche sont les deux premiers chiffres de la racine cubique du nombre proposé; et puisque le nombre proposé diminué du cube des dixaines, c'est-à-dire du cube du nombre représenté par les deux premiers chiffres placés à la gauche du nombre proposé, est égal au triple carré des dixaines par les unités, au triple carré des unités par les dixaines et au cube des dixaines, il est évident que si l'on divise le reste par le triple carré des dixaines, c'est-à-dire par le triple carré des deux premiers chiffres à gauche de la racine, suivi de deux zéros, le quotient sera les unités de la racine cubique du nombre proposé, ou de la racine cubique du plus grand cube contenu dans ce nombre, suivant que le cube du nombre trouvé sera égal au nombre proposé, ou plus petit que ce nombre.

COROLLAIRE.

Il est évident que par des procédés semblables, on trouverait la racine cubique d'un nombre de dix ou de onze ou de douze chiffres, d'un nombre de treize, ou de quatorze ou de quinze chiffres, etc.

EXEMPLE.

Soit proposé d'extraire la racine cubique de 12812904.

12812,904	234
12167	258700
745904	
12812904	
0	

Séparez par une virgule les trois derniers chiffres 904 à droite; extrayez la racine cubique du plus grand cube contenu dans 12812, et à la droite du nombre proposé, écrivez 23, qui est la racine cubique du plus grand cube contenu dans ce nombre. De 12812, soustrayez 12167, qui est le cube de 23; à côté du reste 745, écrivez 904; divisez le reste 745904, par le triple carré de 230, c'est-à-dire par 158700; écrivez le quotient 4 à la droite de 23, qui est la racine cubique du plus grand cube contenu dans 12812; soustrayez le cube de 234 du nombre proposé 12812904; la soustraction se faisant sans reste, il est évident que 234 est la racine cubique de 12812904, puisque le cube de 234 est égal à ce nombre.

Si la soustraction était faite avec un reste, 234 serait la racine cubique du plus grand cube contenu dans 12812904.

Si le cube de 234 s'était trouvé plus grand que le nombre proposé, on aurait diminué 234 d'une, de deux, etc. unités, jusqu'à ce que le cube du reste eût pu être soustrait du nombre proposé.

105. *Extraire la racine cubique d'un nombre de dix, ou de onze, ou de douze chiffres, etc.*

Extrayez la racine cubique du nombre représenté par les chiffres qui précèdent les trois derniers; écrivez cette racine à la droite du nombre proposé; soustrayez le cube de cette racine du nombre représenté par les chiffres qui précèdent les trois derniers; à côté du reste, écrivez les trois derniers chiffres du nombre proposé; élevez au carré le nombre trouvé; triplez son carré; écrivez deux zéros à la suite de son triple; divisez par ce dernier nombre le reste du nombre proposé; écrivez le quotient à la droite du nombre trouvé, etc.

On démontrerait, comme aux numéros 103 et 104, que le nombre placé à la droite du nombre proposé, est la racine cubique de ce nombre, ou la racine cubique du plus grand cube contenu dans ce même nombre.

106. *Si le reste du nombre dont on veut avoir la racine cubique égalait le triple carré du nombre trouvé, plus le triple du nombre trouvé, plus l'unité, ou si le reste était plus grand, la racine trouvée serait trop petite.*

Soit 17576 un nombre dont on veut avoir la racine cubique; que le nombre trouvé soit 25, et que le reste soit égal à $3 \times 25 \times 25 + 3 \times 25 + 1$; je dis que la racine cubique trouvée est trop petite.

En effet, puisque $(26)^3 = (25 + 1)^3 = 25 \times 25 \times 25 + 3 \times 25 \times 25 + 3 \times 25 + 1$ (100), il est évident que le cube de 26 sera égal à 17576, et que la racine trouvée était trop petite d'une unité.

107. *La racine cubique d'un nombre représenté par l'unité suivie d'un nombre de zéros divisible par 3 est égale à l'unité suivie du tiers des zéros.*

Soit, par exemple, le nombre 1000,000,000; je dis que 1000 est la racine cubique de ce nombre.

En effet, puisque $1000 \times 1000 = 1000,000$, il est évident que $1000 \times 1000 \times 1000 = 1000,000,000$ (43); donc 1000 est la racine cubique de 1000,000,000; donc etc.

108. *Extraire la racine cubique approchée d'un nombre qui n'est pas un cube parfait, de manière que l'erreur en moins ne soit pas d'un dixième, d'un centième, d'un millième, etc.*

Écrivez à la suite du nombre proposé trois, six, neuf, etc. zéros, suivant que vous voudrez que l'erreur en moins ne soit pas d'un dixième, d'un centième, d'un millième, etc; extrayez la racine cubique comme à l'ordinaire, et séparez de la racine trouvée autant de décimales que vous aurez ajouté de fois trois zéros; je dis que l'erreur ne sera pas d'une unité du dernier chiffre décimal.

Soit proposé, par exemple, d'extraire la racine cubique de 7, de manière que l'erreur en moins ne soit pas d'un dixième.

Ecrivez trois zéros à la suite de 7; extrayez la racine cubique de 7000; on trouvera 22 pour la racine cubique du plus grand cube contenu dans 7000; séparez une décimale de 22; je dis que 2,2 ou $\frac{22}{10}$ est la racine cubique de 7, l'erreur n'étant pas d'un dixième en moins.

En effet, puisque le cube de 22 est plus petit que 7000, et que le cube de 23 est plus grand que 7000, il est évident que le cube de $\frac{22}{10}$, c'est-à-dire $\frac{22 \times 22 \times 22}{10 \times 10 \times 10}$, sera plus petit que $\frac{7000}{1000}$, c'est-à-dire que 7, et que le cube de $\frac{23}{10}$, c'est-à-dire $\frac{23 \times 23 \times 23}{10 \times 10 \times 10}$, sera plus grand que $\frac{7000}{1000}$, c'est-à-dire que 7. Donc $\frac{22}{10}$ ou 2,2 est la racine cubique approchée de 7, l'erreur n'étant pas d'un dixième en moins; donc, etc.

COROLLAIRE.

Il suit de là que si le nombre dont on veut avoir la racine cubique était un nombre décimal, et que si le nombre des chiffres décimaux n'était pas divisible par trois, il faudrait écrire à la suite de ce nombre un ou deux zéros, afin que le nombre des décimales fût divisible par trois.

S'il était proposé, par exemple, d'extraire la racine de 3,5, il faudrait écrire deux zéros à la suite de ce nombre, extraire la racine cubique de 2500, et séparer une décimale.

On démontrerait comme au numéro précédent, que l'erreur ne serait pas d'un dixième en moins de la dernière décimale.

Des Puissances 4e, 5e, 6e, etc.

109. *Il est impossible d'assigner exactement la racine* m *d'un nombre* a, *lorsque le nombre* a *se trouve placé entre* 1^m *et* 2^m, *entre* 2^m *et* 3^m, *entre* 3^m *et* 4^m, *etc.*

Cette proposition se démontre par des raisonnements semblables à ceux que nous avons faits pour démontrer qu'il est impossible d'assigner exactement les racines carrées des nombres qui se trouvent entre 1 et 4, entre 4 et 9, etc. (86 et 87), et pour démontrer qu'il est impossible d'assigner exactement la racine cubique des nombres qui se trouvent entre 1 et 8, entre 8 et 27, etc. (98 et 99).

110. *Pour connaître le nombre des chiffres de la racine* m *d'un nombre proposé* a, *partagez le nombre* a, *en allant de droite à gauche, en tranches, de* m *chiffres ; le nombre des chiffres de la racine* m *du nombre* a *sera égal au nombre des tranches, la première tranche à gauche pouvant avoir un nombre de chiffres plus petit que celui des autres tranches.*

Cette proposition se démontre par des raisonnements semblables à ceux que nous avons faits pour démontrer que le nombre des chiffres de la racine carrée est égal au nombre des tranches du nombre proposé, le nombre proposé étant partagé en tranches de deux chiffres (89, 90), ou bien pour démontrer que le nombre des chiffres de la racine cubique, est égal au nombre des tranches du nombre proposé, le nombre proposé étant partagé en tranches de trois chiffres (101, 102).

111. *Extraire la racine quatrième d'un nombre proposé* a.

Partagez, en allant de droite à gauche, le nombre a en tranches de quatre chiffres; que le nombre des tranches soit quatre; la racine de a aura quatre chiffres.

Pour avoir les chiffres des milles de la racine, élevez 2000 à la quatrième puissance; si $(2000)^4$ est plus grand que a, le chiffre des mille sera 1; si $(2000)^4$ est plus petit que a, élevez 3000 à la quatrième puissance; si $(3000)^4$ est plus grand que a, le chiffre des mille sera 2; si $(3000)^4$ est plus petit que a, élevez 4000 à la quatrième puissance, etc., jusqu'à ce que vous trouviez un nombre dont la quatrième puissance soit plus grande que a. Que ce nombre soit 7000; le chiffre des mille sera 6.

Pour avoir le chiffre des centaines, élevez 6100, 6200, 6300, etc. à la quatrième puissance, jusqu'à ce que vous trouviez un nombre dont la quatrième puissance soit plus grande que a; que ce nombre soit 6400, le chiffre des centaines sera 3. Si $(6100)^4$ était plus grand que a, il est évident que le chiffre des centaines serait zéro. On trouverait de la même manière les chiffres des dixaines et des unités.

C'est par des raisonnemens semblables qu'on viendrait à bout d'extraire la racine 5e, 6e, 7e; etc, d'un nombre proposé.

112. *Extraire la racine* m *d'un nombre proposé* a, *de manière que l'erreur ne soit pas d'un dixième, d'un centième, d'un millième, etc.*

Écrivez à la droite du nombre a, autant de fois m zéros que vous voudrez avoir de décimales; extrayez la racine m de a suivi de m zéros, suivant la règle ordinaire; et séparez de la racine autant de décimales que vous aurez ajouté de fois m zéro.

Cette règle se démontre par des raisonnements semblables à ceux que nous avons faits pour l'approximation des racines carrées et cubiques (96, 97, 107, 108).

Des Raisons et des Proportions arithmétiques.

113. La raison arithmétique de deux nombres a, b est la différence de ces deux nombres.

La raison arithmétique de 7 à 5 est 2; la raison arithmétique de 5 à 7 est 2; la raison arithmétique de a à b est $a-b$, ou $b-a$, selon que a est plus grand ou plus petit que b.

Le premier nombre d'une raison arithmétique s'appèle *antécédent*, et le second *conséquent ;* l'antécédent et le conséquent sont les termes de la raison.

114. On représente une raison arithmétique en écrivant un point entre les deux termes qui la composent.

Pour représenter la raison arithmétique de 7 à 5, ou de 5 à 7, on écrit 7 . 5, 5 . 7.

115. Si l'on représente par a le plus petit terme de la raison arithmétique, et par d la différence de ses deux termes, il est évident que le plus grand sera représenté par $a+d$. Il suit de là que toute raison arithmétique peut être représentée par la formule $a+d.\ a$, ou par la formule $a.\ a+d$, selon que le premier terme est plus grand ou plus petit que le second.

116. *Une raison arithmétique ne change point, quand on ajoute à ses deux termes, ou qu'on en retranche le même nombre.*

Soit la raison arithmétique $a+d.\ a$, dont la différence est égale à d; ajoutons b à ses deux termes, ou retranchons b de ses deux termes. Il est évident que la différence de $a+d+b$ à $a+b$, et que la différence de $a+d-b$ à $a-b$ sera toujours égale à d. Le raisonnement serait le même, si l'on avait la raison $a.\ a+d$.

117. Quatre nombres sont en proportion arithmétique, lorsque l'excès du premier sur le second est égal à l'excès du troisième sur le quatrième, ou lorsque l'excès du second sur le premier est égal à l'excès du quatrième sur le troisième.

118. Pour représenter une proportion arithmétique, on écrit un point entre le premier nombre et le second, deux points entre le second et le troisième, et un point entre le troisième et le quatrième.

Soit la proportion arithmétique $a\ .\ b : c.\ d$; on l'énonce ainsi : a est à b comme c est à d.

119. On appèle *termes* les nombres qui composent une proportion arithmétique; le premier et le dernier s'appèlent les *extrêmes ;* le second et le troisième, les *moyens*.

120. Lorsque les moyens sont égaux, la proportion s'appèle *continue*.

Exemple. $a\ .\ b : b\ .\ c$ est une proportion continue. On peut la représenter ainsi $\div a\ .\ b\ .\ c$; mais elle doit s'énoncer de la même manière que $a\ .\ b : b\ .\ c$.

121. *Toute proportion arithmétique est représentée par l'une ou l'autre des deux formules suivantes :*

$$a+d\ .\ a : b+d\ .\ b;\quad a\ .\ a+d : b\ .\ b+d,$$

suivant que les antécédents sont plus grands ou plus petits que leurs conséquents.

Ce qui est évident d'après la définition de la proportion arithmétique (117).

122. *Toute proportion arithmétique continue est représentée par l'une ou l'autre des deux formules suivantes :*

$$a+2d \,.\, a+d : a+d \,.\, a; \quad a \,.\, a+d : a+d \,.\, a+2d,$$

ou bien

$$\div\, a+2d \,.\, a+d \,.\, a; \quad \div\, a \,.\, a+d \,.\, a+2d.$$

Cela est évident d'après la définition de la proportion arithmétique continue (120).

123. *Dans toute proportion arithmétique, la somme des extrêmes est égale à la somme des moyens.*

Soient les proportions arithmétiques

$$a+d \,.\, a : b+d \,.\, b, \text{ et } \quad a \,.\, a+d : b \,.\, b+d;$$

je dis que

$$a+d+b=a+b+d \quad \text{et que} \quad a+b+d=a+d+b.$$

Cela est évident.

Autrement.

Soit la proportion arithmétique $a \,.\, b : c \,.\, d$; je dis que $a+d = b+c$.

En effet, puisque $a \,.\, b : c \,.\, d$, l'on aura

$$a-b=c-d \quad \text{ou bien} \quad b-a=d-c \ (117),$$

suivant que les antécédents seront plus grands ou plus petits que les conséquents.

Que l'on ait 1°, $a-b=c-d$. Puisque $a-b=c-d$, on aura

$$a-b+b=c-d+b \ (26),$$

c'est-à-dire $\quad a=c-d+b.$

De plus, puisque $a=c-d+b$, on aura

$$a+d=c-d+b+d \ (26),$$

c'est-à-dire $\quad a+d=c+b.$

Que l'on ait 2°, $b-a=d-c$. Puisque $b-a=d-c$, on aura

$$b-a+a=d-c+a \ (26),$$

c'est-à-dire $\quad b=d-c+a.$

De plus, puisque $b = d - c + a$, on aura

$$b + c = d - c + a + c \ (26),$$

c'est-à-dire $$b + c = d + a.$$

Donc la somme des extrêmes est égale à la somme des moyens, soit que les antécédents soient plus grands ou plus petits que les conséquents ; donc, etc.

124. *Dans toute proportion arithmétique continue, la somme des extrêmes est égale au double du terme moyen.*

Soient les proportions arithmétiques continues

$$a + 2d . a + d : a + d . a \quad \text{et} \quad a . a + d : a + d . a + 2d;$$

je dis que

$$a + 2d + a = 2 \times (a + d)$$

et que $$a + a + 2d = 2 \times (a + d).$$

Cela est évident.

Autrement.

Soit la proportion arithmétique continue $a . b : b . c$, l'on aura

$$a - b = b - c,$$

ou bien $$b - a = c - b \ (120),$$

suivant que les antécédents sont plus grands ou plus petits que les conséquents.

Qu'on ait 1°, $a - b = b - c$, on aura

$$a - b + b = b - c + b \ (26),$$

c'est-à-dire $$a = 2b - c.$$

De plus, puisque $a = 2b - c$, on aura

$$a + c = 2b - c + c \ (26),$$

c'est-à-dire $$a + c = 2b.$$

Qu'on ait 2°, $b - a = c - b$; on démontrera de la même manière que $2b = a + c$. Donc, etc.

125. *Quatre nombres sont en proportion arithmétique, lorsque la somme des extrêmes est égale à la somme des moyens.*

Soient les quatre nombres a, b, c, d, et que $a + d = b + c$; je dis que $a . b : c . d$.

Les antécédents sont plus grands ou plus petits que les conséquents. Qu'ils soient plus grands :

Puisque $a + d = b + c$, on aura

$$a + d - d = b + c - d \ (27);$$

c'est-à-dire $$a = b + c - d.$$

De plus, puisque $a = b + c - d$, on aura

$$a - b = b + c - d - b \ (27),$$

c'est-à-dire $$a - b = c - d.$$

Que les antécédents soient plus petits que les conséquents.

Puisque $a + d = b + c$, on aura

$$a + d - a = b + c - a \ (27),$$

c'est-à-dire $$d = b + c - a.$$

De plus, puisque $d = b + c - a$, on aura

$$d - c = b + c - a - c \ (27),$$

c'est-à-dire $$d - c = b - a.$$

Donc $a - b = c - d$, et $b - a = d - c$,

suivant que les antécédents sont plus grands ou plus petits que les conséquents; donc $a \,.\, b : c \,.\, d$ (117); donc, etc.

126. *Quatre nombres ne sont pas en proportion arithmétique, lorsque la somme des extrêmes n'est pas égale à la somme des moyens.*

Soient les quatre nombres a, b, c, d, et que $a + d$ ne soit pas égal à $b + c$; je dis que les quatre nombres a, b, c, d, ne sont pas en proportion arithmétique.

Puisque $a + d$ n'est pas égal à $b + c$, $a + d - d$ ne sera pas égal à $b + c - d$ (27**), c'est-à-dire que a ne sera pas égal à $b + c - d$. De plus, puisque a n'est pas égal à $b + c - d$, $a - b$ ne sera pas égal à $b + c - d - b$ (27**), c'est-àdire que $a - b$ ne sera pas égal à $c - d$. On démontrerait de la même manière que $b - a$ n'est pas égal à $d - c$. Donc les quatre nombres a, b, c, d ne sont pas en proportion arithmétique (117); donc, etc.

127. *Dans toute proportion arithmétique, un des extrêmes est égal à la somme des moyens moins l'autre extrême; et un des moyens est égal à la somme des extrêmes moins l'autre moyen.*

Soit la proportion arithmétique $a \,.\, b : c \,.\, d$; je dis que $a = b + c - d$, et que $b = a + d - c$.

En effet, puisque $a \,.\, b : c \,.\, d$, on aura

$$a + d = b + c \ (123);$$

donc $$a + d - d = b + c - d \ (27),$$

c'est-à-dire $$a = b + c - d.$$

De plus, puisque $b + c = a + d$, on aura

$$b + c - c = a + d - c \ (27),$$

c'est-à-dire

$$b = a + d - c.$$

On démontrerait de la même manière que $d = b + c - a$, et que $c = a + d - b$. Donc, etc.

128. *Dans toute proportion continue, le terme moyen est égal à la moitié de la somme des extrêmes.*

Soit la proportion continue $a . b : b . c.$, je dis que $b = \frac{a + c}{2}$.

En effet, puisque $b + b = a + c$, il est évident que $b = \frac{a + c}{2}$ (29). Donc, etc.

129. *Si quatre nombres sont en proportion arithmétique, ils seront encore en proportion arithmétique, si l'on met le second terme à la place du troisième, et le troisième à la place du second.*

Que $a . b : c . d$; je dis que $a . c : b . d$.

En effet, puisque $a . b : c . d$, on aura

$$a + d = b + c \ (123).$$

Donc $a . c : b . d$, puisqu'il est démontré que $a + d = b + c$ (125); donc, etc.

130. *Si quatre nombres sont en proportion arithmétique, ils seront encore en proportion arithmétique, si l'on met le premier terme à la place du dernier, et le dernier à la place du premier.*

Que $a . b : c . d$; je dis que $d . b : c . a$.

En effet, puisque $a . b : c . d$, on aura

$$a + d = d + c \ (125).$$

Donc $d . b : c . a$, puisqu'il est démontré que $a + d = b + c$ (125); donc, etc.

131. *Si quatre nombres sont en proportion arithmétique, ils seront encore en proportion arithmétique, si l'on met les conséquents à la place de leurs antécédents, et les antécédents à la place de leurs conséquents.*

Que $a . b : c . d$; je dis que $b . a : d . c$.

En effet, puisque $a . b : c . d$, on aura

$$a + d = b + c \ (123).$$

Donc $d . b : c . a$, puisquil est démontré que $a + d = b + c$ (125); donc, etc.

Des Raisons et Proportions géométriques.

132. La raison géométrique de deux nombres est le quotient de la division du premier par le second.

Le premier nombre de la raison géométrique s'appèle *antécédent* et le second *conséquent*; l'antécédent et le conséquent sont les termes de la raison.

On représente une raison géométrique en écrivant deux points entre les deux termes qui la composent.

133. Si l'on représente par a le conséquent d'une raison géométrique, et par q le quotient de la division du premier terme par le second, il est évident que le premier terme sera représenté par $a \times q$ (54, *cor.*).

134. *Une raison géométrique ne change point quand on multiplie ou que l'on divise ses deux termes par le même nombre.*

Soit la raison géométrique $a \times q : a$; multipliant et divisant les deux termes de cette raison par b, on aura

$$a \times q \times b : a \times b \quad \text{et} \quad \frac{a \times q}{b} : \frac{a}{b};$$

mais

$$\frac{a \times q \times b}{a \times b} = q \quad \text{et} \quad \frac{a \times q}{b} \times \frac{b}{a} = q \ (84).$$

Donc les raisons $a \times q \times b : a \times b$ et $\frac{a \times q}{b} : \frac{a}{b}$ sont les mêmes que la raison $a \times q : a$ (132); donc, etc.

135. *Une raison géométriqae* $a \times b : c \times d$ *reste la même, si aux facteurs* b, d, *on substitue deux autres facteurs* m, n, *pourvu que la raison de* m *à* n *soit la même que celle de* b *à* d.

En effet, que la raison de m à n soit la même que celle de b à d, il est évident que $\frac{m}{n} = \frac{b}{d}$ (132). Donc

$$\frac{a}{c} \times \frac{m}{n} = \frac{a}{c} \times \frac{b}{d} \ (28),$$

ou bien

$$\frac{a \times m}{c \times n} = \frac{a \times b}{c \times d} \ (80);$$

Donc la raison $a \times m$ à $c \times n$ est la même que celle de $a \times b$ à $c \times d$, puisque le quotient de $a \times m$ par $c \times n$ est égal au quotient de $a \times b$ par $c \times d$ (132); donc, etc.

136. Quatre nombres sont en proportion géométrique, lorsque le quotient du premier nombre par le second est égal au quotient du troisième par le quatrième.

137. Pour représenter une proportion (*), on sépare le premier nombre du second par deux points, le second du troisième par quatre, et le troisième du quatrième par deux.

Soit la proportion $a : b :: c : d$; on l'énonce ainsi : a est à b comme c est à d.

138. On appèle *termes* les nombres qui composent une proportion. Le premier et le dernier s'appèlent les *extrêmes*; le second et le troisième, les *moyens*.

139. Lorsque les moyens sont égaux, la proportion s'appèle *continue*.

Exemple. $a : b :: b : c$, est une proportion continue; on peut la représenter ainsi $\div a : b : c$; mais elle doit être énoncée de la même manière que $a : b :: b : c$.

140. Toute proportion peut être représentée par cette formule,

$$a \times q : a :: b \times q : b;$$

ce qui est évident, puisque $\frac{a \times q}{a} = q$, et que $\frac{b \times q}{b} = q$ (136).

141. Toute proportion continue peut être représentée par cette formule,

$$a \times q \times q : a \times q :: a \times q : a$$

ou par celle-ci $\div a \times q \times q : a \times q : a$.

Ce qui est évident d'après la définition de la proportion continue (139).

142. *Dans toute proportion, le produit des extrêmes est égal au produit des moyens.*

Soit la proportion géométrique $a \times q : a :: b \times q : b$; je dis que $a \times q \times b = a \times b \times q$.

Ce qui est évident.

Autrement.

Soit la proportion $a : b :: c : d$; je dis que $a \times d = b \times c$.

En effet, puisque $a : b :: c : d$, on aura

$$\frac{a}{b} = \frac{c}{d} \text{ (136).}$$

(*) Le mot *géométrique* est toujours sousentendu quand on écrit le mot *proportion* sans qualification.

En effet, puisque $\frac{a}{b} = \frac{c}{d}$, on aura

$$\frac{a \times b}{b} = \frac{c \times b}{d} \ (28),$$

c'est-à-dire $$a = \frac{c \times b}{d} \ (59).$$

De plus, puisque $a = \frac{c \times b}{d}$, on aura

$$a \times d = \frac{c \times b \times d}{d} \ (28),$$

c'est-à-dire $$a \times d = c \times b \ (59);$$

mais $a \times d$ est le produit des extrêmes, et $c \times b$ est le produit des moyens; donc le produit des extrêmes est égal au produit des moyens.

COROLLAIRE.

Il suit évidemment de là que dans toute proportion continue, le produit des extrêmes est égal au carré du terme moyen.

143. *Quatre nombres sont en proportion, lorsque le produit des extrêmes est égal au produit des moyens.*

Soient les quatre nombres a, b, c, d; que $a \times d = b \times c$; je dis que $a : b :: c : d$.

En effet, puisque $a \times d = c \times b$, on aura

$$\frac{a \times d}{b} = \frac{c \times b}{b} \ (29, 77),$$

c'est-à-dire $$\frac{a \times d}{b} = c \ (59)$$

De plus, puisque $\frac{a \times d}{c} = c$, on aura

$$\frac{a \times d}{b \times d} = \frac{c}{d} \ (29,\ 85), \text{ c'est-à-dire } \frac{a}{b} = \frac{c}{d} \ (59).$$

Donc le quotient de a par b sera égal au quotient de c par d; donc $a : b :: c : d$ (136); donc, etc.

144. *Quatre nombres ne sont pas en proportion, lorsque le produit des extrêmes n'est pas égal au produit des moyens.*

Soient les quatre nombres a, b, c, d; que $a \times d$ ne soit pas égal à $b \times c$; je dis que les quatre nombres a, b, c, d ne forment pas une proportion.

En effet, puisque $a \times d$ n'est pas égal à $b \times c$, $\frac{a \times d}{b}$ ne sera pas égal à $\frac{c \times b}{b}$ (29**, 77), c'est-à-dire que $\frac{a \times d}{b}$ ne sera pas égal à c (59). De plus, puisque $\frac{a \times d}{b}$ n'est pas égal à c, $\frac{a \times d}{b \times d}$ ne sera pas égal à c (29**, 77, 83), c'est-à-dire que $\frac{a}{b}$ ne sera pas égal à $\frac{c}{d}$ Donc le quotient de a par b ne sera pas égal au quotient de c par d; donc les nombres a, b, c, d ne seront pas en proportion (136); donc, etc.

145. *Dans toute proportion, un des extrêmes est égal au produit des moyens divisé par l'autre extrême, et un des moyens est égal au produit des extrêmes divisé par l'autre moyen.*

Soit la proportion $a : b :: c : d$; je dis que $a = \frac{b \times c}{d}$, et que $b = \frac{a \times d}{c}$.

En effet, puisque $a \times d = b \times c$ (142), on aura

$$\frac{a \times d}{d} = \frac{b \times c}{d} \quad (29, 77),$$

c'est-à-dire

$$a = \frac{b \times c}{d} \quad (59)$$

De plus, puisque $a \times d = b \times c$, on aura

$$\frac{a \times d}{c} = \frac{b \times c}{c} \quad (29),$$

c'est-à-dire

$$\frac{a \times d}{c} = b, \text{ c'est-à-dire } b = \frac{a \times d}{c}. \quad (59)$$

Donc, etc.

146. *Dans toute proportion continue, le terme moyen est égal à la racine carrée du produit des extrêmes.*

Soit la proportion continue $a : b :: b : c$; je dis que $b = \sqrt[2]{a \times c}$.

En effet, puisque $b \times b = a \times c$ (142), il est évident que $b = \sqrt[2]{a \times c}$ (32). Donc, etc.

147. *Si quatre nombres sont en proportion, ils seront en-*

core en proportion, si l'on met le second terme à la place du troisième, et le troisième à la place du second.

Soit la proportion

$$a \times q : a :: b \times q : b;$$

je dis que $\quad a \times q : b \times q :: a : b.$

Cela est évident, puisque $\frac{a \times q}{b \times q} = \frac{a}{b}$ (59, 136).

148. *Si quatre nombres sont en proportion, ils seront encore en proportion, si l'on met le premier terme à la place du dernier, et le dernier à la place du premier.*

Soit la proportion

$$a \times q : a :: b \times q : b;$$

je dis que $\quad b : a :: b \times q : a \times q.$

Cela est évident, puisque $\frac{b}{a} = \frac{b \times q}{a \times q}$ (59, 136).

149. *Si quatre nombres sont en proportion, ils seront encore en proportion si l'on met les conséquents à la place des antécédents, et les antécédents à la place des conséquents.*

Soit la proportion

$$a \times q : a :: b \times q : b;$$

je dis que $\quad a : a \times q :: b : b \times q.$

En effet, puisque $\frac{a}{a \times q} = \frac{a \times 1}{a \times q} = \frac{1}{q}$,

et que $\quad \frac{b}{b \times q} = \frac{b \times 1}{b \times q} = \frac{1}{q}$ (59);

il est évident que $\quad \frac{a}{a \times q} = \frac{b}{b \times q}.$

Donc $\quad a : a \times q :: b : b \times q$ (136).

150. *Dans toute proportion, la somme des antécédents est à la somme des conséquents comme un antécédent est à son conséquent.*

Soit la proportion

$$a \times q : a :: b \times q : b;$$

je dis que $a \times q + b \times q : a + b :: a \times q : a.$

En effet, puisque

$$\frac{a\times q+b\times q}{a+b}=\frac{(a+b)\times q}{a+b}=q,$$

et que $$\frac{a\times q}{a}=q\ (59),$$

il est évident que

$$\frac{a\times q+b\times q}{a+b}=\frac{a\times q}{a};$$

donc $a\times q+b\times q : a+b :: a\times q : a$ (136); donc, etc.

151. *Si tant de nombres qu'on voudra sont proportionnels, la somme des antécédents est à la somme des conséquents comme un antécédent est à son conséquent.*

Que $a\times q : a :: b\times q : b :: c\times q : c$;
je dis que

$a\times q+b\times q+c\times q : a+b+c :: a\times q : a$.

En effet, puisque

$$\frac{a\times q+b\times q+c\times q}{a+b+c}=\frac{(a+b+c)q}{a+b+c}=q,$$

et que $$\frac{a\times q}{a}=q\ (59),$$

il est évident que

$$\frac{a\times q+b\times q+c\times q}{a+b+c}=\frac{a\times q}{a};$$

donc $a\times q+b\times q+c\times q : a+b+c :: a\times q : q$ (136). Donc, etc.

152. *Dans toute proportion géométrique, la différence des antécédents est à la différence des conséquents, comme un antécédent est à son conséquent.*

Soit la proportion géométrique $a\times q : a :: b\times q : b$; je dis que $a\times q-b\times q : a-b :: a\times q : a$, ou bien que $b\times q-a\times q : b-a :: a\times q : a$, selon que les antécédents sont plus grands ou plus petits que les conséquents.

En effet, puisque $\frac{a\times q-b\times q}{a-b}=\frac{(a-b)\times q}{a-b}=q$,

et que $\frac{a\times q}{a}=q$ (59), on aura

$$\frac{a\times q-b\times q}{a-b}=\frac{a\times q}{a}.$$

Donc $a\times q-b\times q : a-b :: a\times q : a$ (136).

De plus, puisque

$$\frac{b \times q - a \times q}{b-a} = \frac{(b-a) \times q}{b-a} = q, \text{ et que } \frac{a \times q}{a} = q \ (59),$$

il est évident que

$$\frac{b \times q - a \times q}{b-a} = \frac{a \times q}{a}.$$

Donc $b \times q - a \times q : b - a :: a \times q : a$ (136); donc etc.

COROLLAIRE.

Il suit évidemment des propositions 150 et 152, que la somme des antécédents est à la somme des conséquents, comme la différence des antécédents est à la différence des conséquents.

153. *Si un nombre est à un nombre comme une partie du premier est à une partie du second, le reste du premier est au reste du second, comme le premier est au second.*

En effet, soient les nombres a, b; que c soit une partie de a, et d une partie de b, et que $a : b :: c : d$; je dis que $a - c : b - d :: a : b$.

Cela est évident d'après la proposition précédente.

154. *La somme des deux premiers termes est au second, comme la somme des deux derniers est au dernier.*

Soit la proportion $a \times q : a :: b \times q : b$; je dis que $a \times q + a : a :: b \times q + b : b$.

En effet, puisque $\frac{a \times q + a}{a} = \frac{(q+1) \times a}{a} = q + 1$, et que $\frac{b \times q + b}{b} = \frac{(q+1) \times b}{b} = q + 1$ (59), il est évident que $\frac{a \times q + a}{a} = \frac{b \times q + b}{b}$. Donc

$$a \times q + a : b \times q + b :: a \times q : a \ (136)$$

Donc, etc.

155. *La somme des deux premiers termes est au premier, comme la somme des deux derniers est au troisième.*

Soit la proportion $a \times q : a :: b \times q : b$; je dis que $a \times q + a : a \times q :: b \times q + b : b \times q$.

En effet, puisque $\frac{a \times q + a}{a \times q} = \frac{(q+1) \times a}{a \times q} = \frac{q+1}{q}$, et que $\frac{b \times q + b}{b \times q} = \frac{(q+1) \times b}{b \times q} = \frac{q+1}{q}$ (59), il est évident

que $$\frac{a \times q + a}{a \times q} = \frac{b \times q + b}{b \times q}\text{; donc}$$

$$a \times q + a : a \times q :: b \times q + b : b \times q \text{ (136).}$$

Donc, etc.

156. *La différence des deux premiers termes est au second, comme la différence des deux derniers est au dernier.*

Soit la proportion

$$a \times q : a :: b \times q : b;$$

je dis que $a \times q - a : a :: b \times q - b : b$,

ou bien que $a - a \times q : a :: b - b \times q : b$,

suivant que les antécédents sont plus grands ou plus petits que les conséquents.

En effet, puisque

$$\frac{a \times q - a}{a} = \frac{(q-1) \times a}{a} = q - 1,$$

et que $$\frac{b \times q - b}{b} = \frac{(q-1) \times b}{b} = q - 1 \text{ (59),}$$

il est évident que

$$\frac{a \times q - a}{a} = \frac{b \times q - b}{b};$$

donc $a \times q - a : a :: b \times q - b : b$ (136)

De plus, puisque

$$\frac{a - a \times q}{a} = \frac{(1-q) \times a}{a} = 1 - q,$$

et que $$\frac{b - b \times q}{b} = \frac{(1-q) \times b}{b} = 1 - q, \text{ (59),}$$

il est évident que

$$\frac{a - a \times q}{a} = \frac{b - b \times q}{b};$$

donc $a - b \times q : a :: b - b \times q : b$ (136). Donc, etc.

157. *La différence des deux premiers termes est au premier, comme la différence des deux derniers est au troisième.*

Soit la proportion

$$a \times q : a :: b \times q : b ;$$

je dis que $a \times q - a : a \times q :: b \times q - b : b \times q$,

ou bien que $a - a \times q : a \times q :: b - b \times q : b \times q$,

selon que les antécédents sont plus grands ou plus petits que les conséquents.

En effet, puisque

$$\frac{a \times q - a}{a \times q} = \frac{(q-1) \times a}{a \times q} = \frac{q-1}{q},$$

et que $\frac{b \times q - b}{b \times q} = \frac{(q-1) \times b}{b \times q} = \frac{q-1}{q}$ (59),

il est évident que

$$\frac{a \times q - a}{a \times q} = \frac{b \times q - b}{b \times q}.$$

Donc $a \times q - a : a \times q :: b \times q - b : b \times q$ (136).

De plus, puisque

$$\frac{a - a \times q}{a \times q} = \frac{(1-q) \times a}{a \times q} = \frac{1-q}{q},$$

et que $\frac{b - b \times q}{b \times q} = \frac{(1-q) \times b}{b \times q} = \frac{1-q}{q}$ (59),

il est évident que

$$\frac{a - a \times q}{a \times q} = \frac{b - b \times q}{b \times q};$$

donc $a - a \times q : a \times q :: b - b \times q : b \times q$ (136).

Donc, etc.

158. *Tant de proportions qu'on voudra étant données, le produit des premiers antécédents sera au produit des premiers conséquents comme le produit des seconds antécédents est au produit des seconds conséquents.*

Soient tant de proportions qu'on voudra,

$$a \times n : a :: b \times n : b ;$$
$$f \times p : f :: g \times p : g ;$$
$$h \times q : h :: k \times q : k .$$

Je dis que

$$a \times n \times f \times p \times h \times q : a \times f \times h$$
$$:: b \times n \times g \times p \times k \times q : b \times g \times k .$$

En effet, puisque

$$\frac{a\times n\times f\times p\times h\times q}{a\times f\times h}=\frac{(a\times f\times h)\times(n\times p\times q)}{a\times f\times h}$$
$$=n\times p\times q,$$

et que

$$\frac{b\times n\times g\times p\times k\times q}{b\times g\times k}=\frac{(b\times g\times k)\times(n\times p\times q)}{b\times g\times k}$$
$$=n\times p\times q\ (59);$$

il est évident que

$$\frac{a\times n\times f\times p\times h\times q}{a\times f\times h}=\frac{b\times n\times g\times p\times k\times q}{b\times g\times k}.$$

Donc

$$a\times n\times f\times p\times h\times q : a\times f\times h$$
$$:: b\times n\times g\times p\times k\times q : b\times g\times k\ (136);$$

donc, etc.

COROLLAIRE I.

Il suit évidemment de là que les carrés, les cubes, etc. des termes d'une proportion, forment encore une proportion.

COROLLAIRE II.

Il est évident que lorsqu'on multiplie les termes correspondants de plusieurs proportions les uns par les autres, on peut omettre, dans les produits, les facteurs qui sont tout à la fois dans les antécédents et dans les conséquents de chaque raison.

En effet, soient les proportions,

$$a : b :: c : d$$
$$b : e :: f : g$$

Multipliant les termes correspondants les uns par les autres, on aura

$$a\times b : b\times e :: c\times f : d\times g;$$

mais $a : e :: a\times b : b\times e$ (134);

donc $a : e :: c\times f : d\times g$.

Donc, etc.

159. *Les racines carrées, cubiques, etc., des termes d'une proportion, forment encore une proportion.*

Soit la proportion $a : b :: c : d$; je dis que

$$\sqrt[2]{a} : \sqrt[2]{b} :: \sqrt[2]{c} : \sqrt[2]{d};$$

que $\sqrt[3]{a} : \sqrt[3]{b} :: \sqrt[3]{c} : \sqrt[3]{d}$, etc.

En effet, puisque $\frac{a}{b}=\frac{c}{d}$ (136), il est évident que

$$\frac{\sqrt[2]{a}}{\sqrt[2]{b}}=\frac{\sqrt[2]{c}}{\sqrt[2]{d}}, \text{ et que } \frac{\sqrt[3]{a}}{\sqrt[3]{b}}=\frac{\sqrt[3]{c}}{\sqrt[3]{d}}, \text{ etc. } (32, 33, 33^*).$$

Donc $\sqrt[2]{a} : \sqrt[2]{b} :: \sqrt[2]{c} : \sqrt[2]{d}$;

$\sqrt[3]{a} : \sqrt[3]{b} :: \sqrt[3]{c} : \sqrt[3]{d}$, etc. (136).

REMARQUE.

La proposition précédente n'est vraie que lorsqu'on peut extraire sans reste les racines carrées, cubiques, etc., des termes d'une proportion.

On peut cependant la regarder comme vraie, lorsque les racines sont approchées avec un très-grand nombre de décimales, parce qu'alors le quotient du premier terme par le second ne diffère pas sensiblement du quotient du troisième par le quatrième.

De la Progression arithmétique.

160. Une progression arithmétique est une suite de nombres qui vont en augmentant ou en diminuant d'un même nombre qu'on appèle *différence.*

161. On appèle *termes* les nombres qui forment une progression arithmétique.

162. Une progression arithmétique est croissante, lorsque ses termes vont en augmentant, et décroissante lorsque ses termes vont en diminuant. Nous ne parlerons que de la progression arithmétique croissante, parce que la progression arithmétique décroissante n'est autre chose qu'une progression arithmétique croissante renversée.

163. Nous appèlerons le plus petit des extrêmes d'une progression arithmétique, le premier terme de la progression, et le plus grand des extrêmes, le dernier terme.

164. On représente une progression arithmétique en séparant les termes consécutifs par un point, et en plaçant devant son premier terme deux points séparés par une ligne horizontale.

165. Nous appèlerons a le premier terme d'une progression arithmétique; ω son dernier terme; d la différence des termes consécutifs; n le nombre des termes, et s la somme des termes.

166. *Toute progression arithmétique peut être représentée par la formule suivante*,

$$\div a \,.\, a+d : a+2d \,.\, a+3d \,.\, a+4d \,.\, a+5d \ldots\ldots \omega,$$

ou par celle-ci,

$$\div \omega \ldots\ldots a \,.\, 5d \,.\, a+4d \,.\, a+3d \,.\, a+2d \,.\, a+d \,.\, a.$$

selon que la progession est croissante ou décroissante.

Ce qui est évident d'après la définition de la progression arithmétique (160).

167. *Un terme quelconque* ω *d'une progression arithmétique égale le premier terme* a, *plus la différence* d, *prise autant de fois qu'il y a de termes avant lui, c'est-à-dire que* $\omega = a + d \times (n-1)$.

Ce qui est évident d'après la formule générale (166).

168. *La différence* d *de deux termes consécutifs d'une progression arithmétique, est égale à la différence des extrêmes divisée par le nombre des termes moins un.*

En effet, puisque $\omega = a + d \times (n-1)$, on aura

$$\omega - a = a + d \times (n-1) - a \ (27),$$

c'est-à-dire $\omega - a = d \times (n-1)$;

donc $\dfrac{\omega - a}{n-1} = \dfrac{d \times (n-1)}{n-1}$ (29),

c'est-à-dire $\dfrac{\omega - a}{n-1} = d$, c'est-à-dire $d = \dfrac{\omega - a}{n-1}$. Donc, etc.

169. *Entre deux nombres donnés* p *et* q, *insérer un nombre* m *de moyens arithmétiques.*

Que $p > q$; puisque $n = m + 2$.

D'après la formule $d = \dfrac{\omega - a}{n-1}$ (169), on aura $d = \dfrac{p-q}{m+1}$,

et par conséquent

$$\div q \,.\, q + \frac{p-q}{m+1} \,.\, q + 2 \times \frac{p-q}{m+1} \,.\, q + 3 \times \frac{p-q}{m+1} \ldots\ldots p;$$

ce qu'il fallait faire.

Exemple. Soit proposé d'insérer quatre moyens proportionnels entre 3 et 7, on aura

$$d = \frac{7-3}{5} = \frac{4}{5};$$

et par conséquent la progression arithmétique suivante,

$$\div\ 3 \,.\, 3 + \frac{4}{5} \,.\, 3 + \frac{8}{5} \,.\, 3 + \frac{12}{5} \,.\, 3 + \frac{16}{5} \,.\, 3 + \frac{20}{5},$$

c'est-à-dire

$$\div\ 3 + \frac{4}{5} \,.\, 4 + \frac{3}{5} \,.\, 5 + \frac{2}{5} \,.\, 6 + \frac{1}{5} \,.\, 7$$

ce qu'il fallait faire.

170. *La somme des termes d'une progression arithmétique est égale à la demi-somme des extrêmes* a *et* ω, *multipliée par le nombre des termes ; c'est-à-dire que* $s = \left(\frac{a+\omega}{2}\right) \times n$.

Soit la progression

$$\div\ a \,.\, a+d \,.\, a+2d \,.\, a+3d;$$

Ecrivons au-dessous de cette progression, cette même progression renversée, de la manière suivante,

$$\begin{array}{l} \div\ a \,.\, a+d \,.\, a+2d \,.\, a+3d; \\ \div\ a+3d \,.\, a+2d \,.\, a+d \,.\, a; \end{array}$$

il est évident que les sommes des termes correspondants sont égales entre elles, et que la somme des termes de ces deux progressions est égale à la somme de deux termes correspondants, multipliée par le nombre des termes de l'une de ces deux progressions Mais la somme de deux termes correspondants est égale à la somme des extrêmes a, $a+3d$ de l'une de ces progressions; donc la somme des termes de ces deux progressions est égale à la somme des extrêmes a, $a+3d$ de l'une des progressions, multipliée par le nombre des termes de l'une de ces mêmes progressions; mais la somme de l'une de ces progressions est égale à la somme des termes de l'autre progression; donc la somme des termes de l'une de ces progressions est égale à la moitié de la somme des extrêmes multipliée par le nombre des termes.

171. C'est à l'aide des deux égalités, $\omega = a + d \times (n-1)$, $s = \left(\frac{a+\omega}{2}\right) \times n$, qu'on a calculé la table suivante, par le moyen de laquelle, connaissant trois des cinq choses a, ω, d, n, s, d'une progression arithmétique, on peut toujours trouver les deux autres.

ÉTANT données	Trouver	FORMULES.
ω, d, n	a	$a = \omega - dn + d.$
ω, n, s		$a = \frac{2s}{n} - \omega.$
ω, d, s		$a = \frac{1}{2}d + \sqrt{(-2ds + \frac{1}{4}d^2 + \omega d + \omega^2)}.$
d, n, s		$a = \frac{s}{n} - \frac{dn + d.}{2}$
a, d, n	ω	$\omega = a + dn - d.$
a, n, s		$\omega = \frac{2s}{n} - a$
a, d, s		$\omega = \frac{1}{2}d + \sqrt{(2ds + \frac{1}{4}d^2 - ad + a^2)}.$
d, n, s		$\omega = \frac{s}{n} + \frac{dn - d.}{2}$
a, ω, n	d	$d = \frac{\omega - a.}{n - 1}$
a, n, s		$d = \frac{2s - 2an.}{nn - n}$
a, ω, s		$d = \frac{\omega^2 - a^2}{2s - a - \omega}.$
ω, n, s		$d = \frac{2\omega n - 2s.}{nn - n}$
a, ω, d	n	$n = 1 + \frac{\omega - a}{d}.$
a, ω, s		$n = \frac{2s}{a + \omega}.$
a, d, s		$n = \frac{1}{2} - \frac{a}{d} + \sqrt{\left(\frac{2s}{d} + \frac{1}{4} - \frac{a}{d} + \frac{a^2}{d^2}\right)}.$
ω, d, s		$n = \frac{1}{2} + \frac{\omega}{d} + \sqrt{\left(-\frac{2s}{d} + \frac{1}{4} + \frac{\omega}{d} + \frac{\omega^2}{d^2}\right)}.$
a, ω, n	s	$s = \frac{an + \omega n}{2}$
a, d, n		$s = an + \frac{dnn - dn.}{2}$
a, d, ω		$s = \frac{a + \omega}{2} + \frac{\omega^2 - a^2.}{2d}$
ω, d, n		$s = \omega n - \frac{dnn - dn}{2}$

De la Progression géométrique.

172. Une progression géométrique est une suite de nombres dont le quotient de chacun, par celui qui le précède, est toujours le même.

173. On appèle *termes* les nombres qui forment une progression géométrique.

174. Une progression est croissante ou décroissante, selon que ses termes vont en augmentant ou en diminuant. Nous ne parlerons que de la progression géométrique croissante, parce que la progression géométrique décroissante n'est qu'une progression croissante renversée.

175. Nous appèlerons le plus petit des extrêmes d'une progression géométrique, le premier terme de la progression, et le plus grand des extrêmes, son dernier terme.

176. On représente une progression géométrique en séparant ses termes consécutifs par deux points, et en plaçant devant son premier terme quatre points séparés par une ligne horizontale.

177. Soit la proposition géométrique suivante;

$$\div 2 : 6 : 18 : 54.$$

On l'énonce ainsi, 2 est à 6 comme 6 est à 18, comme 18 est à 54.

178. Nous appèlerons a le premier terme d'une progression géométrique; ω le dernier terme; q le quotient d'un terme par celui qui le précède; n le nombre des termes, et s la somme de tous les termes.

179. Toute progression géométrique peut être représentée par la formule suivante,

$$\div a : a \times q : a \times q^2 : a \times q^3 : a \times q^4 \ldots . \omega.$$

ou bien par celle-ci,

$$\omega \ldots . a \times q^4 : a \times q^3 : a \times q^2 : aq : a,$$

suivant que la progression est croissante ou décroissante.

180. *Un terme quelconque* ω *d'une progression géométrique est égal au premier* a *multiplié par la raison* q *élevée à la puissance indiquée par le nombre des termes qui le précèdent, c'est-à-dire que* $\omega = a \times q^{n-1}$.

Ce qui est évident d'après la formule de la progression géométrique (179).

181. *Le quotient* q *de deux termes consécutifs d'une progression géométrique, est égal à la racine* n — 1 *du quotient du plus grand extrême par le plus petit.*

En effet, puisque $\omega = a \times q^{n-1}$, on aura

$$\frac{\omega}{a} = \frac{a + q^{n-1}}{a} \ (29), \text{ c'est-à-dire } \frac{\omega}{a} = q^{n-1} \ (59).$$

Donc

$$\sqrt[n-1]{\frac{\omega}{a}} = \sqrt[n-1]{q^{n-1}} \ (33),$$

$$\text{c'est-à-dire } \sqrt[n-1]{\frac{\omega}{a}} = q, \text{ c'est-à-dire } q = \sqrt[n-1]{\frac{\omega}{a}}. \text{ Donc, etc.}$$

182. *Entre deux nombres donnés* b *et* c, *insérer un nombre* m *de moyens géométriques.*

Que $c > b$; puisque $m = n - 2$, d'après la formule

$$q = \sqrt[n-1]{\frac{\alpha}{a}} \ (181), \text{ on aura } q = \sqrt[m+1]{\frac{c}{b}},$$

et par conséquent

$$\div b : b \times \sqrt[m+1]{\frac{c}{b}} : b \times \left(\sqrt[m+1]{\frac{c}{b}}\right)^2 : b \times \left(\sqrt[m+1]{\frac{c}{b}}\right) \ldots\ldots c;$$

ce qu'il fallait faire.

Exemple. Soit proposé d'insérer entre 3 et 96 quatre moyens géométriques, on aura

$$q = \sqrt[5]{\frac{96}{3}} = \sqrt[5]{32} = 2;$$

et par conséquent la progression géométrique suivante

$$\div 3 : 6 : 12 : 24 : 48 : 96.$$

183. *La somme des termes d'une progression géométrique est égale à* $\frac{\omega \times q - a}{q - 1}$.

Soit la proportion géométrique

$$\div a : a \times q : a \times q^2 : a \times q^3 \ (A).$$

On peut écrire cette progression sous cette forme

$$a : a \times q :: a \times q : a \times q^2 :: a \times q^2 : a \times q^3 ;$$

donc

$$a + a \times q + a \times q^2 : a \times q + a \times q^2 + a \times q^3 :: a : a \times q \ (151)(\text{B}).$$

Mais le premier terme de la proportion B égale la somme de tous les termes de la progression géométrique A, moins le dernier $a \times q^3$, et le second terme de la proportion B égale la somme de tous les termes de la progression géométrique A, moins le premier a; donc, si l'on nomme s la somme de tous les termes de la progression géométrique A, et ω son dernier terme, on aura

$$s - \omega : s - a :: a : a \times q ;$$

donc $\quad (s - \omega) \times a \times q = (s - a) \times a \ (142).$

Faisant les multiplications indiquées, on aura

$$s \times a \times q - \omega \times a \times q = s \times a - a \times a ;$$

c'est-à-dire

$$(s \times q - \omega \times q) \times a = (s - a) \times a ;$$

donc $\quad \dfrac{(s \times q - \omega \times q) \times a}{a} = \dfrac{(s - a) \times a}{a} \ (29),$

c'est-à-dire $\quad s \times q - \omega \times q = s - a \ (59).$

Donc

$$s \times q - \omega \times q + \omega \times q = s - a + \omega \times q \ (26),$$

c'est-à-dire $\quad s \times q = s - a + \omega \times q.$

Donc $\quad s \times q - s = s - a + \omega \times q - s \ (27),$

c'est-à-dire $\quad s \times (q - 1) = \omega \times q - a.$

Donc $\quad \dfrac{s \times (q - 1)}{q - 1} = \dfrac{\omega \times q - a}{q - 1} \ (29),$

c'est-à-dire $\quad s = \dfrac{\omega \times q - a}{q - 1} \ (84).$

Donc, etc.

184. C'est à l'aide des deux égalités $\omega = a \times q^{n-1}$, $s = \dfrac{\omega \times q - a}{q - 1}$ qu'on a calculé la table suivante, au moyen de laquelle, connaissant trois des cinq choses, ω, a, q, n, s, d'une progression géométrique, on peut toujours trouver les deux autres.

ÉTANT données	Trouver	FORMULES.
ω, q, n	a	$a = \frac{\omega}{q^{n-1}}$.
ω, s, n		$(s-a)a^{\frac{1}{n-1}} = (s-\omega)\,\omega^{\frac{1}{n-1}}$.
ω, q, s		$a = \omega q - sq + s$.
q, n, s		$a = s\left(\frac{q-1}{q^n-1}\right)$.
a, q, n	ω	$\omega = aq^{n-1}$.
a, s, n		$(s-\omega)\,\omega^{\frac{1}{n-1}} = (s-a)\,a^{\frac{1}{n-1}}$.
a, q, s		$\omega = s - \frac{s+a}{q}$.
q, n, s		$\omega = s\,q^{n-1}\left(\frac{q-1}{q^n-1}\right)$.
a, ω, n	q	$q = \sqrt[n-1]{\frac{\omega}{a}}$.
a, n, s		$q^n - \frac{s}{a}q + \frac{s}{a} - 1 = 0$.
a, ω, s		$q = \frac{s-a}{s-\omega}$.
n, ω, s		$q^n - \frac{s}{s-\omega}q^{n-1} + \frac{\omega}{s-\omega} = 0$.
a, ω, q	n	$n = 1 + \frac{L\omega - La}{Lq}$.
a, ω, s		$n = 1 + \frac{L\omega - La}{L(s-a) - L(s-\omega)}$.
a, q, s		$n = \frac{L(sq - s + a) - La}{Lq}$.
ω, q, s		$n = 1 + \frac{L\omega - L(\alpha q - sq + s)}{Lq}$.
a, ω, n	s	$s = \frac{\omega^{\frac{n}{n-1}} - a^{\frac{n}{n-1}}}{\omega^{\frac{1}{n-1}} - a^{\frac{1}{n-1}}}$.
a, q, n		$s = a\left(\frac{q^n-1}{q-1}\right)$.
a, ω, q		$s = \frac{\omega q - a}{q-1}$.
ω, n, q		$s = \frac{\omega}{q^{n-1}}\left(\frac{q^n-1}{q-1}\right)$.

Des Logarithmes.

185. Le nombre a étant décomposé en m facteurs égaux entre eux, on représente par $a^{\frac{1}{m}}$ un de ces facteurs; par $a^{\frac{2}{m}}$, $a^{\frac{1}{m}} \times a^{\frac{1}{m}}$; par $a^{\frac{3}{m}}$, $a^{\frac{1}{m}} \times a^{\frac{1}{m}} \times {}^{\frac{1}{m}}$ etc.

Que a, par exemple, soit décomposé en cinq facteurs égaux, de manière que $6 \times 6 \times 6 \times 6 \times 6 = a$, on aura

$$6 = a^{\frac{1}{m}}; \quad 6 \times 6 = a^{\frac{1}{m}} \times a^{\frac{1}{m}} = a^{\frac{2}{m}};$$

$$6 \times 6 \times 6 = a^{\frac{1}{m}} \times a^{\frac{1}{m}} \times a^{\frac{1}{m}} = a^{\frac{3}{m}}, \text{ etc.}$$

186. On représente $\dfrac{1}{a^{\frac{1}{m}}}$ par $a^{-\frac{1}{m}}$, et $\dfrac{1}{a^{\frac{n}{m}}}$ par $a^{-\frac{n}{m}}$.

187. *La puissance* n *de* a$^{\frac{1}{m}}$ *est égale à* a$^{\frac{n}{m}}$.

Car, que $n = 3$; il est évident que

$$\left(a^{\frac{1}{m}}\right)^3 = a^{\frac{1}{m}} \times a^{\frac{1}{m}} \times a^{\frac{1}{m}} = a^{\frac{3}{m}} \quad (185).$$

188. *La puissance* p *de* a$^{\frac{n}{m}}$ *est égale à* a$^{\frac{n \times p}{m}}$.

En effet, puisque dans $a^{\frac{n}{m}}$, $a^{\frac{1}{m}}$ est n fois facteur (185), il est vident que dans $\left(a^{\frac{n}{m}}\right)^2$, $a^{\frac{1}{m}}$ sera $2n$ fois facteur; que dans $\left(a^{\frac{n}{m}}\right)^3$, $a^{\frac{1}{m}}$ sera $3n$ fois facteur, et qu'enfin dans $\left(a^{\frac{n}{m}}\right)^p$, $a^{\frac{1}{m}}$ sera $n \times p$ fois facteur (185), c'est-à-dire que

$$\left(a^{\frac{n}{m}}\right)^2 = a^{\frac{1}{m} \times 2n}; \quad \text{que} \quad \left(a^{\frac{n}{m}}\right)^3 = a^{\frac{1}{m} \times 3n},$$

et qu'enfin $$\left(a^{\frac{n}{m}}\right)^p = a^{\frac{1}{m} \times n \times p},$$

c'est-à-dire que

$$\left(a^{\frac{n}{m}}\right)^2 = a^{\frac{2n}{m}} \text{ que } \left(a^{\frac{n}{m}}\right)^3 = {}^{\frac{3n}{m}},$$

et qu'enfin $$\left(a^{\frac{n}{m}}\right)^p = a^{\frac{n \times p}{m}}.$$

Donc, etc.

189. *Trouver la racine* p *de* $a^{\frac{n}{m}}$; *on suppose que* n *est divisible par* p.

Divisez n par p; que le quotient soit q; je dis que $a^{\frac{q}{m}}$ sera la racine p de $a^{\frac{n}{m}}$.

En effet, puisque la puissance p de $a^{\frac{q}{m}}$ est égale à $a^{\frac{p \times q}{m}}$ (188), et que $p \times q$ est égal à n, il est évident que $a^{\frac{q}{m}}$ est la racine p de $a^{\frac{n}{m}}$.

190. *Le produit* $a^{\frac{n}{m}}$ *par* $a^{\frac{p}{m}}$ *est égal à* $a^{\frac{n+p}{m}}$.

En effet, puisque dans $a^{\frac{n}{m}} \times a^{\frac{p}{m}}$, $a^{\frac{1}{m}}$ est autant de fois facteur qu'il y a d'unités dans $n + p$ (185), il est évident que

$$a^{\frac{n}{m}} \times a^{\frac{p}{m}} = a^{\frac{1}{m}(n+p)} = a^{\frac{n+p}{m}}.$$

Donc, etc.

191. *Le quotient de* $a^{\frac{n}{m}}$ *par* $a^{\frac{p}{m}}$ *est égal à* $a^{\frac{n-p}{m}}$.

Cela est évident, puisque le produit de $a^{\frac{n-p}{m}}$, par $a^{\frac{p}{m}}$ est égal à $a^{\frac{n-p+p}{m}}$; c'est-à-dire, à $a^{\frac{n}{m}}$ (190).

Si p était plus grand que n, en faisant $p = n + q$, on aurait a^{n-n-p}, c'est-à-dire a^{-q}, c'est-à-dire $\frac{1}{a^q}$ (186).

Si p était égal à n, le quotient $a^{\frac{n}{m}}$ par $a^{\frac{p}{m}}$ serait égal à

$a^{\frac{n-n}{m}}$, c'est-à-dire $a^{\frac{0}{m}}$; mais le quotient $a^{\frac{n}{m}}$ par $a^{\frac{n}{m}}$ est égal à l'unité. Donc $a^{\frac{0}{m}}$ est égal à l'unité.

192. *La puissance* n *de* a$^{-\frac{1}{m}}$ *est égale à* a$^{-\frac{n}{m}}$.

En effet, puisque $a^{-\frac{1}{m}}$ est égal à $\frac{1}{a^{\frac{1}{m}}}$ (186), que la puissance n de 1 est 1, et que la puissance n de $a^{\frac{1}{m}}$ est $a^{\frac{n}{m}}$ (187), il est évident que la puissance de $\frac{1}{a^{\frac{1}{m}}}$ est égale à $\frac{1}{a^{\frac{n}{m}}}$. Mais $\frac{1}{a^{\frac{n}{m}}}$ est égal à $a^{-\frac{n}{m}}$ (186). Donc la puissance de n de $a^{-\frac{1}{m}}$ est égale à $a^{-\frac{n}{m}}$.

193. *La puissance* p *de* a$^{-\frac{n}{m}}$ *est égale à* a$^{-\frac{n \times p}{m}}$.

En effet, puisque $a^{-\frac{n}{m}}$ est égal à $\frac{1}{a^{\frac{n}{m}}}$ (186), que la puissance p de 1 est 1, et que la puissance p de $a^{\frac{n}{m}}$ est $a^{\frac{n \times p}{m}}$ (188), il est évident que la puissance p de $\frac{1}{a^{\frac{n}{m}}}$ est $\frac{1}{a^{\frac{n \times p}{m}}}$. Mais $\frac{1}{a^{\frac{n \times p}{m}}}$ est égal à $a^{-\frac{n \times p}{m}}$ (186) ; donc la puissance p de $a^{-\frac{n}{m}}$ est égale à $a^{-\frac{n \times p}{m}}$.

194. *Le produit de* a$^{\frac{n}{m}}$ *par* a$^{-\frac{p}{m}}$ *est égal à* a$^{\frac{n-p}{m}}$, p *étant plus petit que* n.

En effet, puisque $a^{-\frac{p}{m}}$ est égal à $\frac{1}{a^{\frac{p}{m}}}$; que le produit de $a^{\frac{n}{m}}$ par $\frac{1}{a^{\frac{p}{m}}}$ est égal à $\frac{a^{\frac{n}{m}}}{a^{\frac{p}{m}}}$, et que $\frac{a^{\frac{n}{m}}}{a^{\frac{p}{m}}}$ est égal à $a^{\frac{n-p}{m}}$, (191) ;

il est évident que le produit de $a^{\frac{n}{m}}$ par $a^{-\frac{p}{m}}$ est égal à $a^{\frac{n-p}{m}}$.

Si p était plus grand que n, en faisant p égal à $n+q$, au lieu de $a^{\frac{n-p}{m}}$, on aurait $a^{\frac{n-n-q}{m}}$, c'est-à-dire $a^{-\frac{q}{m}}$, ou bien $\frac{1}{a^{\frac{q}{m}}}$ (186).

Si p était égal à n, $a^{\frac{n-p}{m}}$ serait égal à $a^{\frac{n-n}{m}}$, c'est-à-dire à $a^{\frac{0}{m}}$; mais $a^{-p} = a^{\frac{1}{p}} = a^{\frac{1}{n}}$, et $a^{n} \times a^{\frac{1}{n}} = 1$; donc $a^{0} = 1$.

195. *Le produit de* $a^{-\frac{n}{m}}$ *par* $a^{-\frac{p}{m}}$ *est égal à* $a^{-\frac{n+p}{m}}$.

En effet, puisque $a^{-\frac{n}{m}}$ est égal à $\frac{1}{a^{\frac{n}{m}}}$, que $a^{-\frac{p}{m}}$ est égal à $\frac{1}{a^{\frac{p}{m}}}$ (186), que le produit de $\frac{1}{a^{\frac{n}{m}}}$ par $\frac{1}{a^{\frac{p}{m}}}$ est égal à $\frac{1}{a^{\frac{n+p}{m}}}$ (190), et que $\frac{1}{a^{\frac{n+p}{m}}}$ est égal à $a^{-\frac{n+p}{m}}$ (186), il est évident que le produit de $a^{-\frac{n}{m}}$ par $a^{-\frac{p}{m}}$ est égal à $a^{-\frac{n+p}{m}}$.

196. *Le quotient de* $a^{\frac{n}{m}}$ *par* $a^{-\frac{p}{m}}$ *est égal à* $a^{\frac{n+p}{m}}$.

En effet, puisque $a^{-\frac{p}{m}}$ est égal à $\frac{1}{a^{\frac{p}{m}}}$ (186), et que le quotient de $a^{\frac{n}{m}}$ par $\frac{1}{a^{\frac{p}{m}}}$ est égal à $a^{\frac{n}{m}} \times \frac{a^{\frac{p}{m}}}{1}$ (82), c'est-à-dire $a^{\frac{n}{m}} \times a^{\frac{p}{m}}$, c'est-à-dire $a^{\frac{n+p}{m}}$ (190), il est évident que le quotient de $a^{\frac{n}{m}}$ par $a^{-\frac{p}{m}}$ est égal à $a^{\frac{n+p}{m}}$.

197. *Le quotient de* $a^{-\frac{n}{m}}$ *par* $a^{-\frac{p}{m}}$ *est égal à* $a^{\frac{-n+p}{m}}$.

En effet, puisque $a^{-\frac{n}{m}}$ est égal à $\frac{1}{a^{\frac{n}{m}}}$, que $a^{-\frac{p}{m}}$ est égal à $\frac{1}{a^{\frac{p}{m}}}$ (186), que le quotient de $\frac{1}{a^{\frac{n}{m}}}$ par $\frac{1}{a^{\frac{p}{m}}}$ est égal à $\frac{1}{a^{\frac{n}{m}}}$ $\times \frac{a^{\frac{p}{m}}}{1}$ (82), c'est-à-dire $\frac{a^{\frac{p}{m}}}{a^{\frac{n}{m}}}$, et que $\frac{a^{\frac{p}{m}}}{a^{\frac{n}{m}}}$ est égal à $a^{\frac{p-n}{m}}$ (191), il est évident que le quotient de $a^{-\frac{n}{m}}$ par $a^{-\frac{p}{m}}$ est égal à $a^{\frac{-n+p}{m}}$.

Si n était plus grand que p, en faisant n égal à $p+q$, on aurait $a^{\frac{-p-q+p}{m}}$, c'est-à-dire $a^{-\frac{q}{m}}$, ou bien $\frac{1}{a^{\frac{q}{m}}}$ (186). Si n était égal à p, il est évident que $a^{\frac{-n+p}{m}}$ serait égal à a^0; mais le quotient de a^{-n} par a^{-n} est égal à l'unité; donc a^0 est égal à l'unité.

198. Nous avons vu (185) que pour indiquer la racine m de a, on était convenu d'écrire la fraction $\frac{1}{m}$ à la droite de a, et un peu au-dessus, de la manière suivante, $a^{\frac{1}{m}}$.

La fraction $\frac{1}{m}$ s'appèle l'exposant de la racine de a.

199. Nous avons vu aussi (185) que pour indiquer que le nombre $a^{\frac{1}{m}}$ est n, p, q, etc. fois facteur, ou, ce qui est la même chose, que le nombre $a^{\frac{1}{m}}$ est élevé aux puissances n, p, q, etc., on était convenu d'écrire $a^{\frac{1}{m}\times n}$, $a^{\frac{1}{m}\times p}$, $a^{\frac{1}{m}\times q}$, etc., ou plus simplement $a^{\frac{n}{m}}$, $a^{\frac{p}{m}}$, $a^{\frac{q}{m}}$, etc.

200. Les fractions $\frac{n}{m}$, $\frac{p}{m}$, $\frac{q}{m}$, etc. sont dites les logarithmes des nombres b, c, d, etc., lorsque les nombres $a^{\frac{n}{m}}$, $a^{\frac{p}{m}}$, $a^{\frac{q}{m}}$, etc. sont égaux aux nombres b, c, d, etc., c'est-à-dire lorsque les puissances n, p, q, etc. de $a^{\frac{1}{m}}$ sont égales aux

nombres b, c, d, etc., ou du moins lorsque ces puissances sont celles qui diffèrent le moins des nombres b, c, d, etc.

Dans les Tables des logarithmes, on fait a égal à dix, et dans mon Traité, je fais m égal à un million.

201. *Trouver les logarithmes des nombres* 1, 2, 3, 4, 5, *etc.*

Cherchons d'abord les logarithmes des nombres premiers.

Puisque $10^{\frac{0}{1000000}}$ est égal à l'unité (191), il est évident que $\frac{0}{1000000}$ ou bien 0,000000 est le logarithme de l'unité (200).

Cherchons ensuite la valeur très-approchée de $10^{\frac{1}{1000000}}$, c'est-à-dire extrayons la racine millionième de dix avec un grand nombre de décimales, avec douze décimales, par exemple, (111, 112); que cette racine soit p. Élevons successivement le nombre p aux puissances 2e, 3e, 4e, 5e, etc., jusqu'à ce que nous ayons trouvé les puissances de p qui sont égales aux nombres premiers 2, 3, 5, 7, 11, etc., ou du moins les puissances de p qui diffèrent le moins de ces mêmes nombres.

En opérant ainsi, on trouvera que les puissances 301030e, 477121e, 698970e, 845098e, 1041393e, etc. de p, c'est-à-dire de $10^{\frac{1}{1000000}}$, sont égales aux nombres premiers 2, 3; 5, 7, 11, etc., ou du moins que ces puissances sont celles qui diffèrent le moins de ces mêmes nombres; et l'on conclura que les logarithmes des nombres premiers 2, 3, 5, 7, 11, etc. sont

$$\frac{301030}{1000000},\ \frac{477121}{1000000},\ \frac{698970}{1000000},\ \frac{845098}{1000000},\ \frac{1041393}{1000000},$$

ou plus simplement

0,301030, 0,477121, 0,698970, 0,845098, 1,041393, etc.,

puisque $10^{\frac{1}{1000000} \times 301030}$, c'est-à-dire $10^{\frac{301030}{1000000}}$, c'est-à-dire $10^{0,301030}$, est égal à 2; que $10^{\frac{1}{1000000} \times 477121}$, c'est-à-dire $10^{\frac{477121}{1000000}}$, c'est-à-dire $10^{0,477121}$ est égal à 3, etc. (200).

Les logarithmes des nombres premiers étant trouvés, on se conduira de la manière suivante pour avoir les logarithmes des nombres qui ne sont pas des nombres premiers.

Soit proposé 1°, de trouver le logarithme de 4.

Puisque $4 = 2 \times 2$, et que $2 = 10^{\frac{301030}{1000000}}$, on aura

$$2 \times 2 = 10^{\frac{301030}{1000000}} \times 10^{\frac{301030}{1000000}};$$

mais

$$10^{\frac{301030}{1000000}} \times 10^{\frac{301030}{1000000}} = 10^{\frac{301030+301030}{1000000}} = 10^{\frac{602060}{1000000}} \text{ (190)};$$

donc $\frac{602060}{1000000}$, c'est-à-dire 0,602060 est le logarithme de 4 (200).

Soit proposé 2°, de trouver le logarithme de 6.

Puisque $6 = 2 \times 3$, que $2 = 10^{\frac{301030}{1000000}}$, et que $3 = 10^{\frac{477121}{1000000}}$; on aura

$$2 \times 3 = 10^{\frac{301030}{1000000}} \times 10^{\frac{477121}{1000000}} = 10^{\frac{301030+477121}{1000000}}$$

$$= 10^{\frac{778151}{1000000}} \text{ (190)}.$$

Donc $\frac{778151}{1000000}$, c'est-à-dire 0,778151 est le logarithme de 6.

On trouverait de la même manière le logarithme de 8, en faisant $8 = 2 \times 4$, ou $8 = 2 \times 2 \times 2$; celui de 9, en faisant $9 = 3 \times 3$; celui de 10, en faisant $10 = 2 \times 5$; celui de 12, en faisant $12 = 2 \times 6$, ou $12 = 3 \times 4$, ou $12 = 2 \times 2 \times 3$; celui de 14, en faisant $14 = 2 \times 7$; celui de 15, en faisant $15 = 3 \times 5$; celui de 18, en faisant $18 = 2 \times 9$, ou $18 = 3 \times 6$, ou $18 = 2 \times 3 \times 3$, etc.

Les logarithmes des nombres 1, 2, 3, 4, 5, 6, etc. étant trouvés, on en dressera les tables de la manière suivante :

1	0,000000
2	0,301030
3	0,477121
4	0,602060
5	0,698970
6	0,778151
7	0,845098
8	0,903090
9	0,954243
10	1,000000
11	1,041393
etc.	etc.

202. Les nombres 10, 100, 1000, 10000, etc. ont pour logarithmes les nombres 1,000000, 2,000000, 3,000000, 4,000000, etc.

En effet, si nous élevons $10^{\frac{1}{1000000}}$, c'est-à-dire la racine millionième de dix aux puissances 1000000e, 2000000e, 3000000e, 4000000e, nous aurons

$$10^{\frac{1000000}{1000000}},\quad 10^{\frac{2000000}{1000000}},\quad 10^{\frac{3000000}{1000000}},\quad 10^{\frac{4000000}{1000000}},\ \text{etc.},$$

c'est-à-dire

$$10^{1,000000},\quad 10^{2,000000},\quad 10^{3,000000},\quad 10^{4,000000},\ \text{etc. (187)};$$

mais

$$10^{1,000000} = 10,$$
$$10^{2,000000} = 100,$$
$$10^{3,000000} = 1000,$$
$$10^{4,000000} = 10000,\ \text{etc.}$$

Donc les nombres 10, 100, 1000, 10000, etc. ont pour logarithmes les nombres 1,000000, 2,000000, 3,000000, 4,000000, etc.

203. Le chiffre ou les chiffres placés à la gauche de la virgule s'appèlent la caractéristique du logarithme.

204. *La caractéristique du logarithme d'un nombre contient autant d'unités moins une qu'il y a de chiffres dans ce nombre.*

En effet, puisque dix a 1,000000 pour logarithme, il est évident que les nombres au-dessous de dix auront pour logarithme un nombre plus petit que 1,000000; mais un logarithme plus petit que 1,000000 a zéro pour caractéristique; donc les nombres au-dessous de dix, qui sont représentés par un seul chiffre, ont zéro pour caractéristique; donc un nombre d'un seul chiffre a pour caractéristique 1 — 1.

Puisque 100 a 2,000000 pour logarithme, il est évident que les nombres au-dessous de cent, jusqu'à dix compris, auront pour logarithme un nombre plus petit que 2,000000; mais un logarithme plus petit que 2,000000, a l'unité ou zéro pour caractéristique, et le logarithme de dix a l'unité pour caractéristique; donc les nombres depuis dix jusqu'à cent, qui sont représentés par deux chiffres, ont pour caractéristique 2 — 1, et ainsi de suite. Donc, etc.

205. *Le logarithme du produit de deux nombres est égal à la somme de leurs logarithmes.*

Soient les deux nombres 5 et 7, qui ont pour logarithmes 0,698970 et 0,845098; je dis que le produit de 5 par 7 a pour logarithme 0,698970 + 0,845098, c'est-à-dire 1,544068.

En effet, puisque $5 = 10^{\frac{698970}{1000000}}$, et que $7 = 10^{\frac{845098}{1000000}}$, il est évident que

$$5 \times 7 = 10^{\frac{698970 + 845098}{1000000}} = 10^{0,698970 + 0,845098}$$
$$= 10^{1,544068} \text{ (190)}.$$

Donc 1,544068, qui est la somme des logarithmes de 5 et de 7, est le logarithme du produit de 5 par 7, c'est-à-dire de 35 (200); donc, etc.

COROLLAIRE.

Il suit évidemment de là que le produit de tant de nombres qu'on voudra est égal à la somme de leurs logarithmes.

Soit proposé, par exemple, de trouver le logarithme de $5 \times 7 \times 11$. Puisque le logarithme de 5×7 est égal à la somme des logarithmes de 5 et de 7, et que le logarithme du produit 5×7 par 11, est égal à la somme des logarithmes de 5×7 et de 11 (190), il est évident que le logarithme de $5 \times 7 \times 11$ est égal à la somme des logarithmes des nombres 5, 7, 11. Donc, etc.

206. *Le logarithme de la puissance* m *d'un nombre, est égal au logarithme de ce nombre multiplié par* m.

Soit le nombre 7, qui a 0,845098 pour logarithme; je dis que 7^m a pour logarithme $0,845098 \times m$.

En effet, puisque $7 = 10^{\frac{845098}{1000000}}$, il est évident que

$$7^m = 10^{\frac{845098}{1000000} \times m} = 10^{0,845098 \times m} \text{ (188)}.$$

Donc $0,845098 \times m$ est le logarithme de la puissance m de 7 (200); donc, etc.

207. *Le logarithme de la racine* m *d'un nombre, est égal au logarithme de ce nombre divisé par* m.

Soit le nombre 27, qui a 1,431364 pour logarithme; je dis que $\sqrt[3]{27}$ a $\frac{1,431364}{3}$ pour logarithme.

En effet, puisque $27 = 10^{\frac{1431364}{1000000}}$, il est évident que

$$\sqrt[3]{27} = 10^{\frac{1431364}{1000000} \times \frac{1}{3}} = 10^{1,431364 \times \frac{1}{3}} \text{ (189)}.$$

Donc $1,431364 \times \frac{1}{3}$ est le logarithme de $\sqrt[3]{27}$ (200); donc, etc.

REMARQUE.

Si la racine m du nombre dont on veut avoir le logarithme, n'était pas rationnelle, il est évident que ce logarithme tomberait entre deux logarithmes consécutifs des tables, et que la puissance m du nombre placé à côté du logarithme supérieur, serait plus petite que le nombre dont on veut avoir la racine m, et que la puissance m du nombre placé à côté du logaritgme inférieur, serait plus grande que ce même nombre.

208. *Le logarithme du quotient de la division d'un nombre par un autre, est égal au logarithme du dividende moins le logarithme du diviseur.*

Soient les nombres 35 et 7, qui ont pour logarithmes 1,544068, 0,845098; je dis que le logarithme de $\frac{35}{7}$ est égal à 1,544068 — 0,845098.

En effet, puisque $35 = 10^{\frac{1544068}{1000000}}$, et que $7 = 10^{\frac{845098}{1000000}}$, il est évident que

$$\frac{35}{7} = \frac{10^{\frac{1544068}{1000000}}}{10^{\frac{845098}{1000000}}} = 10^{\frac{1544068 - 845098}{1000000}}$$

$$= 10^{1,544068 - 0,845098} \ (191).$$

Donc 1,544068 — 0,845098 est le logarithme de $\frac{35}{7}$ (200); donc, etc.

REMARQUE.

Si le dividende n'était pas divisible par le diviseur, il est évident que le logarithme du quotient tomberait entre deux logarithmes consécutifs de tables, que le nombre placé à côté du logarithme supérieur serait plus petit que le quotient, et que le nombre placé à côté du logarithme inférieur serait plus grand que ce même quotient.

209. *Le logarithme d'une fraction qui a l'unité pour numérateur, est égal au logarithme du dénominateur, précédé du signe moins.*

Soit $\frac{1}{7}$; puisque $7 = 10^{\frac{845098}{1000000}}$, il est évident que

$$\frac{1}{7} = \frac{1}{10^{\frac{845098}{1000000}}} = 10^{-\frac{845098}{1000000}} = 10^{-0,845098} \text{ (186).}$$

Donc — 0,845098 est le logarithme de $\frac{1}{7}$ (200); donc, etc.

210. *Le logarithme d'une fraction plus petite que l'unité, est égal à l'excès du logarithme du dénominateur sur le logarithme du numérateur, ce logarithme étant précédé du signe moins.*

Soit la fraction $\frac{5}{7}$; puisque $5 = 10^{\frac{698970}{1000000}}$, et que $7 = 10^{\frac{845098}{1000000}}$, il est évident que

$$\frac{5}{7} = \frac{10^{\frac{698970}{1000000}}}{10^{\frac{845098}{1000000}}} = 10^{\frac{698970 - 845098}{1000000}} \text{ (191).}$$

Mais $$698970 - 845098 = -146128;$$

donc

$$= 10^{\frac{698970 - 845098}{1000000}} = 10^{-\frac{146128}{1000000}} = 10^{-0,146128}.$$

Donc — 0,146128, qui est l'excès du logarithme du dénominateur 7 sur le logarithme du numérateur, est le logarithme de la fraction $\frac{5}{7}$ (200); donc, etc.

REMARQUE.

Puisque $10^{-n} = \frac{1}{10^n}$ (186), il est évident que si le logarithme n se trouve dans les tables, — n sera le logarithme d'une fraction qui aura l'unité pour numérateur, et pour dénominateur le nombre des tables qui correspond au logarithme n ; que si le logarithme n se trouve entre deux logarithmes consécutifs des tables, — n sera le logarithme d'une fraction qui, ayant l'unité pour numérateur, aura pour dénominateur un nombre plus grand que celui qui correspond au logarithme supérieur, et plus petit que celui qui correspond au logarithme inférieur.

211. *Le logarithme du produit d'une fraction par un nombre entier, égale le logarithme du nombre entier moins le logarithme de la fraction, la soustraction étant faite comme si le logarithme de la fraction avait le signe plus.*

Soit $8 \times \frac{5}{7}$; puisque $8 = 10^{\frac{903090}{1000000}}$, que $5 = 10^{\frac{698970}{1000000}}$, et que $7 = 10^{\frac{845098}{1000000}}$, on aura

$$\frac{5}{7} = \frac{10^{\frac{698970}{1000000}}}{10^{\frac{845098}{1000000}}};$$

donc

$$8 \times \frac{5}{7} = 10^{\frac{903090}{1000000}} \times \frac{10^{\frac{698970}{1000000}}}{10^{\frac{845098}{1000000}}}.$$

Mais

$$\frac{10^{\frac{698970}{1000000}}}{10^{\frac{845098}{1000000}}} = 10^{-\frac{146128}{1000000}} = \frac{1}{10^{\frac{146128}{1000000}}} \text{ (191, 186);}$$

donc

$$8 \times \frac{5}{8} = 10^{\frac{903090}{1000000}} \times \frac{1}{10^{\frac{146128}{1000000}}} = \frac{10^{\frac{903090}{1000000}}}{10^{\frac{146128}{1000000}}}$$

$$= 10^{\frac{903090 - 146128}{1000000}} = 10^{0,903090 - 0,146128} \text{ (191).}$$

Donc $0,903090 - 0,146128$ est le logarithme de $8 \times \frac{5}{8}$ (200) ; donc, etc.

Nous ferons ici la même remarque qu'au n° 208, lorsque le produit d'un entier par une fraction ne sera pas divisible par le dénominateur.

212. *Le logarithme du produit d'une fraction par une fraction, est égal à la somme des logarithmes des deux fractions, cette somme étant précédée du signe moins.*

Soit $\frac{3}{5} \times \frac{7}{8}$. Puisque $3 = 10^{\frac{477121}{1000000}}$, que $5 = 10^{\frac{698970}{1000000}}$, que $7 = 10^{\frac{845098}{1000000}}$ et que $8 = 10^{\frac{903090}{1000000}}$, on aura

$$\frac{3}{5} = \frac{10^{\frac{477121}{1000000}}}{10^{\frac{698970}{1000000}}} = 10^{\frac{477121 - 698970}{1000000}}$$

$$= 10^{-\frac{221849}{1000000}} = \frac{1}{10^{\frac{221849}{1000000}}}$$

et

$$\frac{7}{8} = \frac{10^{\frac{845098}{1000000}}}{10^{\frac{903090}{1000000}}} = 10^{+\frac{845098 - 903090}{1000000}}$$

$$= 10^{-\frac{57992}{1000000}} = \frac{1}{10^{\frac{57992}{1000000}}} \text{ (191, 186).}$$

Donc

$$\frac{3}{5} \times \frac{7}{8} = \frac{1}{10^{\frac{221849}{1000000}}} \times \frac{1}{10^{\frac{57992}{1000000}}} = \frac{1}{10^{\frac{221849 + 57992}{1000000}}}$$

$$= 10^{-\frac{221849 + 57992}{1000000}} = 10^{-0,221849 - 0,057992} \text{ (190,}$$

186). Donc $-0,221857 - 0,057992$ est le logarithme de $\frac{3}{5} \times \frac{7}{8}$ (200); donc, etc.

213. *Si l'on ajoute une unité, deux unités, trois unités, etc. à la caractéristique du logarithme d'un nombre donné, le nombre correspondant à ce nouveau logarithme sera dix fois, cent fois, mille fois, etc. plus grand que le nombre donné.*

Soit, par exemple,

$$17 = 10^{1,230449};$$

il est évident que

$$17 \times 10 = 10^{1,230449 + 1,000000} = 10^{2,230449} \text{ (205),}$$

que

$$17 \times 100 = 10^{1,230449 + 2,000000} = 10^{3,230449}, \text{ etc.}$$

Donc, etc.

214. *Si l'on retranche une unité, deux unités, trois unités, etc. de la caractéristique du logarithme d'un nombre donné,*

le nombre correspondant à ce nouveau logarithme sera dix fois, cent fois, mille fois, etc. plus petit que le nombre donné.

Soit, par exemple,

$$1700 = 10^{3,230449};$$

il est évident que

$$\frac{1700}{10} = 10^{3,230449-1,000000} = 10^{2,230449} \text{ (208)},$$

que

$$\frac{1700}{100} = 10^{3,230449-2,000000} = 10^{1,230449}, \text{ etc.}$$

Donc, etc.

215. *Trouver le logarithme d'un nombre qui dépasse la limite des tables. Je suppose ici que les tables dont on fait usage ne dépassent pas le nombre* 21600, *qui a* 4,334454 *pour logarithme.*

Soit proposé, par exemple, de trouver le logarithme du nombre 399424, qui dépasse la limite des tables.

Retranchez deux chiffres sur la droite, pour que le reste ne dépasse pas la limite des tables.

Cherchant le logarithme du reste 3994, vous trouverez 3,601408 pour logarithme de ce reste.

Ajoutez à la caractéristique de ce logarithme deux unités, c'est-à-dire autant d'unités que vous aurez retranché de chiffres sur la droite, le nouveau logarithme 5,601408 sera celui de 399400 (213).

Cherchant le logarithme de 3995, vous trouverez 3,601517 pour logarithme de ce nombre; ajoutez deux unités à la caractéristique de ce logarithme; le nouveau logarithme 5,601517 sera celui de 399500 (213).

Cela posé, faites la proportion suivante :

$$399500 - 399400 : 5,601517 - 5,601408 :: 399524 - 399400 : x,$$

vous trouverez $x = 26,16$; ajoutant 26,16 au logarithme de 399400, qui est 5,601408, vous aurez, en négligeant 0,16, 5,601414 pour logarithme de 399424.

REMARQUE.

Quoique cette méthode de trouver les logarithmes des nombres qui dépassent les limites des tables ne soit pas rigoureuse, elle est cependant suffisante pour les usages ordinaires des logarithmes, parce que l'erreur ne peut guère être que d'une unité de la dernière décimale du logarithme cherché, et que cette erreur est regardée comme nulle, même dans les calculs des hautes sciences.

216. *Un logarithme étant donné, trouver le nombre correspondant à ce logarithme, lorsque ce logarithme tombe entre deux logarithmes consécutifs des tables, et lorsque ce logarithme dépasse la limite des tables.*

1° Soit le logarithme 3,620318, qui tombe entre deux logarithmes consécutifs des tables; il faut trouver le nombre correspondant à ce logarithme.

Ce logarithme tombant entre le logarithme de 4171, qui est 3,620240, et le logarithme de 4172, qui est 3,620344, faites la proportion suivante,

$$3{,}620344 - 3{,}620240 : 4172 - 4171 :: 3{,}620318 - 3{,}620240 : x,$$

vous trouverez $x = \frac{3}{4}$;

donc $4171 + \frac{3}{4}$ est le nombre qui correspond au logarithme 3,620318.

2° Soit le logarithme 5,601434 qui dépasse la limite des logarithmes; il faut trouver le nombre correspondant à ce logarithme.

Retranchez deux unités à la caractéristique de ce logarithme, afin que le logarithme restant, 3,601434, ne dépasse pas la limite des tables, qui est 4,334454.

Puisque le nombre correspondant au logarithme 3,601434 est cent fois plus petit que le nombre correspondant au logarithme 5,601434 (214), il est évident que si le logarithme 3,601434 se trouvait dans les tables, il faudrait, pour avoir le nombre correspondant au logarithme 5,501434, multiplier par cent le nombre correspondant au logarithme 3,601434.

Mais le logarithme 3,601434 tombe entre le logarithme de 3994, qui est 3,601408, et celui de 3995, qui est 3,601517; le nombre correspondant au logarithme 3,601434 est donc 3994, plus une fraction.

Pour avoir cette fraction, faites la proportion suivante:

$$3{,}601517 - 3{,}601408 : 3995 - 3994 :: 3{,}601434 - 3{,}601408 : x,$$

vous trouverez $x = \frac{26}{109}$;

donc $3994 + \frac{26}{109}$ est le nombre qui correspond au logarithme 3,601434; donc $399400 + \frac{2600}{109}$ est le nombre qui correspond au logarithme 5,601434 (213).

REMARQUE I.

La proportion que nous faisons dans cette proposition ne diffère de la proportion que nous avons faite au numéro 215, qu'en ce que, dans le premier cas, le terme inconnu est le nombre qu'il faut ajouter à un logarithme pour avoir celui d'un nombre donné; et que, dans le second cas, le terme inconnu est le nombre qu'il faut ajouter à un nombre pour avoir celui qui doit correspondre à un logarithme donné.

REMARQUE II.

La proportion employée dans cette méthode n'est pas rigoureusement exacte, et l'erreur ne cesse d'être insensible qu'autant que les nombres cherchés sont très-grands.

Pour rendre l'erreur la plus petite possible, il faut à la caractéristique d'un logarithme qui tombe entre les logarithmes consécutifs des tables, ajouter autant d'unités qu'on le pourra, sans dépasser la limite des tables, et diviser le nombre trouvé par l'unité suivie d'autant de zéros qu'on aura ajouté d'unités à la caractéristique. Le dernier nombre, sauf une erreur insensible, sera le nombre correspondant au logarithme donné.

Cela est évident. En effet, si l'on ajoute, par exemple, trois unités à la caractéristique du logarithme donné, il est évident que le nombre correspondant à ce nouveau logarithme sera mille fois plus grand que le nombre correspondant au logarithme donné (213). Donc, si l'on divise par mille le nombre qu'on aura trouvé correspondant au nouveau logarithme, on aura le nombre qui correspond au logarithme donné.

217. *Trouver la fraction qui correspond à un logarithme négatif donné.*

Si le logarithme donné, pris avec un signe contraire, se trouvait dans les tables, il est évident que la fraction qui correspondrait à ce logarithme serait égale à l'unité, divisée par le nombre correspondant à ce même logarithme; parce que $10^{-m} = \frac{1}{10^m}$ (186).

Mais que le logarithme donné, pris avec un signe contraire, tombe entre deux logarithmes des tables. Retranchez le logarithme donné, pris avec un signe contraire, d'une, ou de deux, ou de trois, ou de quatre etc. unités, de manière que le dernier nombre restant soit le plus grand possible, sans dépasser les limites des tables. Cherchez le nombre qui correspond au logarithme restant; divisez ce nombre par l'unité suivie d'autant de zéros qu'il y avait d'unités dans le nombre dont on a retranché le logarithme donné, pris avec un signe contraire; le quotient sera le nombre correspondant au logarithme donné.

Soit, par exemple, le logarithme $-1,532732$; retranchez $1,532732$ de 5; le logarithme restant $3,467268$, tombera entre le logarithme de 2932 et celui de 2933 Donc le nombre correspondant au logarithme restant égalera 2932, plus une fraction a; et je dis que $\frac{2732}{100000} + \frac{a}{100000}$ est le nombre qui correspond au logarithme donné.

En effet, puisque le nombre qui a 5, c'est-à-dire $5,000000$ pour logarithme, est égal à $10^{5,000000}$, et que le nombre qui a pour logarithme $-1,532732$, est égal à $10^{-1,532732}$; il est évident que $10^{5,000000} \times 10^{-1,532732}$ sera 100000 fois plus grand que $10^{-1,532732}$, puisque $10^{5,000000} = 100000$ (202). Mais

$$10^{5,000000} \times 10^{-1,532732} = 10^{5,000000-1,532732} = 10^{3,467268} \text{ (194)};$$

donc le nombre correspondant au logarithme $3,467268$, qui est égal à $5-1,532732$, est cent mille fois plus grand que le nombre correspondant au logarithme $-1,532732$. Mais $2932+a$ est le nombre qui correspond au logarithme $3,467268$; donc $\frac{2932}{100000} + \frac{a}{100000}$ est le nombre correspondant au logarithme $-1,532732$. Donc, etc.

APPLICATIONS.

Règles d'intérêt.

218. Lorsque l'on prête une somme d'argent à condition qu'on payera pour chaque année tant pour franc de la somme prêtée, la règle par laquelle on cherche ce que l'argent a rapporté après un temps donné, s'appèle *règle d'intérêt simple.*

219. La somme prêtée s'appèle *capital*, et l'argent que la somme prêtée a rapporté dans un temps donné, s'appèle *l'intérêt du capital.*

220. Lorsque l'on prête une somme d'argent à condition qu'on payera pour chaque année tant pour franc de la somme prêtée, et qu'à la fin de chaque année l'intérêt sera joint au capital pour former un nouveau capital, la règle par laquelle on cherche la somme due, tant en capital qu'en intérêts, après un temps donné, s'appèle *règle d'intérêt composée.*

Règles de l'intérêt simple.

221. *On demande l'intérêt de 450 fr. pour un an, à raison d'un vingtième pour franc de la somme prêtée.*

Puisque 1 fr. rapporte $\frac{1}{20}$, il est évident que 450 fr. rapporteront $450 \times \frac{1}{20}$, c'est-à-dire 22 fr. $\frac{1}{2}$.

222. *On demande quel sera l'intérêt de 450 fr. pour un an, à raison de six pour cent par an de la somme prêtée.*

Puisque 100 fr. rapportent 6 fr., il est évident que la centième partie de 100 fr. rapportera la centième partie de 6 fr., c'est-à-dire que 1 fr. rapportera $\frac{6}{100}$; donc 450 fr. rapporteront $450 \times \frac{6}{100}$, c'est-à-dire 27 fr.

COROLLAIRE.

Puisque $$100 : 6 :: 1 : \frac{6}{100},$$

et que $$1 : \frac{6}{100} :: 450 : 450 \times \frac{6}{100},$$

il est évident que

$$100 : 6 :: 450 : 450 \times \frac{6}{100};$$

d'où il suit que toute question d'intérêt simple peut se résoudre par le moyen d'une proportion géométrique.

223. *On demande quel était le capital de 477 fr., somme qu'on a touchée au bout d'un an, tant en capital qu'en intérêts, l'intérêt étant à raison de six pour cent.*

Soit x le capital; il est évident que $477 - x$ sera l'intérêt du capital au bout d'un an. On aura donc

$$100 : 6 :: x : 477 - x \text{ (222, corol.)};$$

mais $100 : 100 + 6 :: x : 477 - x + x$ (155),

c'est-à-dire $$100 : 106 :: x : 477.$$

Donc $$x = \frac{477 \times 100}{106} = 450 \text{ fr.}$$

224. *Le capital de 450 fr. a rapporté 27 fr. dans un an; on demande à combien d'intérêt pour cent on avait placé ce capital.*

On aura $100 : x :: 450 : 27$;

donc $$x = \frac{27 \times 100}{450} = 6.$$

225. *On demande quel sera l'intérêt de 450 fr. pendant trois ans et un tiers, l'intérêt simple étant à raison de 6 fr. pour cent fr. de la somme prêtée.*

Puisque 100 fr. rapportent 6 fr. dans un an, il est évident que 100 fr. en trois ans et un tiers rapporteront $6 \times (3 + \frac{1}{3})$, c'est-à-dire 20 fr.

Cela posé, on aura

$$100 : 20 :: 450 : \frac{450 \times 20}{100} = 90 \text{ fr.};$$

donc 450 fr. rapporteront 90 fr. en trois ans et un tiers.

226. *On demande quel était le capital de 540 fr., somme qu'on a touchée au bout de trois ans un tiers, l'intérêt simple étant à raison de six pour cent par an.*

Soit x le capital de 540 fr.; il est évident que $540 - x$ sera l'intérêt de ce capital.

Puisque 100 fr. rapportent 6 fr., il est évident que pendant trois ans et un tiers, 100 fr. rapporteront $6 \times (3 + \frac{1}{3})$, c'est-à-dire 20 fr.

Cela posé, on aura

$$100 : 20 :: x : 540 - x$$

et par conséquent

$$100 : 100 + 20 :: x : 540 - x + x \ (155),$$

c'est-à-dire $100 : 120 :: x : 540.$

Donc $$x = \frac{100 \times 540}{120} = 450 \text{ fr.}$$

227. *On a touché 540 fr., tant pour le capital que pour l'intérêt d'une somme de 450 fr. qu'on avait placée il y a trois ans et un tiers; on demande à combien d'intérêt pour cent on avait placé ladite somme.*

Soit x l'intérêt de 100 fr. par an; il est évident que $x \times (3 + \frac{1}{3})$, c'est-à-dire $\frac{10 \times x}{3}$ sera l'intérêt de 100 fr. pendant trois ans et un tiers, et que 540 — 450, c'est-à-dire 90 fr., sera l'intérêt de 450 fr. pendant trois ans et un tiers. Donc

$$100 : \frac{10}{3} \times x :: 450 : 90 \text{ fr.};$$

donc $$\frac{10}{3} \times x = \frac{100 \times 90}{450};$$

on aura donc

$$\frac{10}{3} \times x \times \frac{3}{10} = \frac{100 \times 90}{450} \times \frac{3}{100} \quad (29, 84)$$

c'est-à-dire $$x = 6 \text{ fr.}$$

228. *On a touché 540 fr., tant pour le capital que pour l'intérêt de 450 fr., somme qu'on avait placée à raison de six pour cent par an ; on demande depuis quel temps cette somme avait été placée à intérêt.*

Soit x le temps cherché ; il est évident que pendant ce temps l'intérêt de 100 fr. sera $6 \times x$, et que 540 — 450, c'est-à-dire 90 fr., sera l'intérêt du capital pendant ce même temps, et l'on aura

$$100 : 6 \times x :: 450 : 90.$$

Donc $$6 \times x = \frac{100 \times 90}{450};$$

donc $$\frac{6 \times x}{6} = \frac{100 \times 90}{450 \times 6} \quad (29),$$

c'est-à-dire que

$$x = \frac{100 \times 90}{450 \times 6} = 3 + \frac{1}{3}.$$

Règles de l'intérêt composé.

229. *Dans toute règle d'intérêt composé, les sommes dues à la fin de chaque année forment une progression géométrique dont le premier est égal au produit du capital par l'unité augmentée de l'intérêt d'un franc, et dont la raison est l'unité augmentée de l'intérêt d'un franc.*

Que le capital soit 1200 fr., et $\frac{3}{20}$ l'intérêt d'un franc.

Il est évident 1°, que la somme due à la fin de la première année, égalera une fois le capital 1200 fr. plus douze cent fois $\frac{3}{20}$, c'est-à-dire le produit de 1200 par $1 + \frac{3}{20}$, c'est-à-dire $1200 \times \left(1 + \frac{3}{20}\right)$.

Il est évident 2°, que la somme due à la fin de la seconde année égalera une fois la somme due à la fin de la première année, plus $\frac{3}{20}$ pris autant de fois qu'il y avait d'unités dans cette somme, c'est-à-dire que la somme due à la fin de la seconde année égalera le produit de la somme due à la fin de la première par $1 + \frac{3}{20}$, c'est-à-dire $1200 \times \left(1 + \frac{3}{20}\right) \times \left(1 + \frac{3}{20}\right)$.

Il est évident 3°, que la somme due à la fin de la troisième année, égalera une fois la somme due à la fin de la seconde, plus $\frac{3}{20}$ pris autant de fois qu'il y avait d'unités dans cette somme, c'est-à-dire que la somme due à la fin de la troisième année égalera le produit de la somme due à la fin de la seconde année par $1 + \frac{3}{20}$, c'est-à-dire

$$1200 \times \left(1 + \frac{3}{20}\right) \times \left(1 + \frac{3}{20}\right) \times \left(1 + \frac{3}{20}\right).$$

On démontrerait de la même manière que la somme due à la fin de la quatrième année égalerait le produit de la somme due à la fin de la troisième, par $1 + \frac{3}{20}$, etc.

Mais les nombres

$$1200 \times \left(1 + \frac{3}{20}\right),$$

$$1200 \times \left(1 + \left(\frac{3}{20}\right) \times \left(1 + \frac{3}{20}\right),\right.$$

$$1200 \times \left(1 + \frac{3}{20}\right) \times \left(1 + \frac{3}{20}\right) \times \left(1 + \frac{3}{20}\right),$$

$$1200 \times \left(1 + \frac{3}{20}\right) \times \left(1 + \frac{3}{20}\right)$$
$$\times \left(1 + \frac{3}{20}\right) \times \left(1 + \frac{1}{20}\right), \text{ etc.}$$

ou plus simplement

$$1200 \times \left(1 + \frac{3}{20}\right), \quad 1200 \times \left(1 + \frac{1}{20}\right)^2,$$
$$1200 \times \left(1 + \frac{1}{20}\right)^3, \quad 1200 \times \left(1 + \frac{1}{20}\right)^4, \text{ etc.}$$

forment une progression géométrique dont le premier terme est égal au produit du capital par l'unité augmentée de l'intérêt d'un franc, et dont la raison est égale à l'unité augmentée de l'intérêt d'un franc ; donc, etc.

Si a était le capital, et si r était l'intérêt d'un franc, il est évident qu'on aurait la progression suivante,

$$\div\div\ a \times (1 + r) : a \times (1 + r)^2 : a \times (1 + r)^3 : a \times (1 + r)^4, \text{ etc.}$$

COROLLAIRE.

Il suit évidemment de là que la somme due à la fin d'un certain nombre d'années, est égale au capital multiplié par $1 + r$, élevé à la puissance désignée par les années écoulées. Si le nombre des années écoulées était n, la somme due serait égale à $a \times (1 + r)^n$.

230. *On a placé* 1000000 *à raison d'un dixième pour franc ; on demande quelle sera la somme qu'on touchera au bout de cinq ans et six mois.*

La somme due à la fin de la cinquième année sera égale au cinquième terme de la progression géométrique suivante,

$$\div\div\ 1000000 \times \left(1 + \frac{1}{10}\right) : 1000000 \times \left(1 + \frac{1}{10}\right)^2, \text{ etc.}$$

ou bien

$$\div\div\ 1000000 \times \frac{11}{10} : 1000000 \times \frac{11}{10}, \text{ etc.}$$

c'est-à-dire

$$1000000 = \left(\frac{11}{10}\right)^5 = 1610510.$$

La somme due à la fin de la cinquième année étant connue, il reste à trouver la somme due pour les six mois restants.

Il est évident que la somme due au bout de cinq ans et six mois sera égale à $1000000 \times \left(\frac{11}{10}\right)^5$, plus l'intérêt de $1000000 \times \left(\frac{11}{10}\right)^5$ pendant six mois, c'est-à-dire pour une demi-année.

Mais l'intérêt de $1000000 \times \left(\frac{11}{10}\right)^5$, à raison d'un dixième pour un franc d'intérêt pendant un an, égale $1000000 \times \left(\frac{11}{10}\right)^5 \times \frac{1}{10}$; donc l'intérêt de $1000000 \times \left(\frac{11}{10}\right)^5$ pendant une demi-année, égalera la moitié de $1000000 \times \left(\frac{11}{10}\right)^5 \times \frac{1}{10} \times \frac{1}{2}$, c'est-à-dire $80525 + \frac{1}{2}$. Donc la somme due au bout de cinq ans et six mois, égalera $1610510 + 80525 + \frac{1}{2}$, c'est-à-dire $1691035 + \frac{1}{2}$.

231. *On a touché* 1610510 *fr. pour un capital qu'on avait placé depuis cinq ans, l'intérêt composé étant d'un dixième pour franc ; on demande quel était ce capital.*

Soit a ce capital; la somme touchée sera égale au cinquième terme de la progression géométrique suivante,

$$\div\div\; a \times \left(\frac{11}{10}\right) : a \times \left(\frac{11}{10}\right)^2, \text{ etc.}$$

c'est-à-dire à $$a \times \left(\frac{11}{10}\right)^5.$$

Mais la somme touchée est égale à 1610510; donc

$$a \times \left(\frac{11}{10}\right)^5 = 1610510; \text{ donc } \frac{a \times \left(\frac{11}{10}\right)^5}{\left(\frac{11}{10}\right)^5}$$

c'est-à-dire

$$a = \frac{1610510}{\left(\frac{11}{10}\right)^5} = \frac{1610510}{\frac{11^5}{10^5}} = \frac{1610510 \times 10^5}{11^5}$$

$$= \frac{1610510 \times 100000}{161051} = 1000000 \ (84).$$

232. *On a touché* 1691035 *fr.* $\frac{1}{2}$ *pour un capital qu'on avait placé depuis cinq ans et demi, l'intérêt composé étant d'un dixième pour franc ; on demande quel était le capital.*

On aura

$$a \times \left(\frac{11}{10}\right)^5 + a \times \left(\frac{11}{10}\right)^5 \times \frac{1}{10} \times \frac{1}{2} = 1691035 + \frac{1}{2},$$

c'est-à-dire

$$a \times \left[\left(\frac{11}{10}\right)^5 + \left(\frac{11}{10}\right)^5 \times \frac{1}{10} \times \frac{1}{2}\right] = 1691035 + \frac{1}{2}.$$

Donc

$$a = \frac{1691035 + \frac{1}{2}}{\left(\frac{11}{10}\right)^5 + \left(\frac{11}{10}\right)^5 \times \frac{1}{10} \times \frac{1}{2}}$$

$$= \frac{1691035 + \frac{1}{2}}{\frac{161051}{100000} + \frac{161051}{100000} \times \frac{1}{20}}$$

$$= \frac{1691035 + \frac{1}{2}}{\frac{161051 \times 20}{100000 \times 20} + \frac{161051}{100000 \times 20}}$$

$$= \frac{1691035 + \frac{1}{2}}{\frac{3221020 \times 161051}{2000000}}$$

$$= \frac{\left(1691035 + \frac{1}{2}\right) \times 2000000}{3382071}$$

$$= \frac{3382071 \times 1000000}{3382071} = 1000000.$$

En général, soit a le capital, s la somme touchée, r l'intérêt, n le nombre des années entières qui se sont écoulées, et p la fraction d'une année.

D'après la progression géométrique

$$\div\!\!\div\; a \times (1 + r) : a \times (1 + r)^2, \text{ etc.}$$

on aura

$$a \times (1 + r)^n + a \times (1 + r)^n \times n \times p = s,$$

c'est-à-dire

$$a \times [(1 + r)^n + (1 + r)^n \times n \times p] = s.$$

Donc $$a = \frac{s}{(1 + r)^n + (1 + r)^n \times n \times p}.$$

233. *On a placé* 1000000 *fr. et l'on a touché* 1610510 *fr. à la fin de la cinquième année; on demande quel était l'intérêt d'un franc.*

Soit r l'intérêt d'un franc.

La somme touchée sera égale au cinquième terme de la progression géométrique

$$\div 1000000 \times (1 + r) : 1000000 \times (1 + r)^2, \text{ etc.}$$

c'est-à-dire à $1000000 \times (1 + r)^5$.

Mais la somme touchée est égale à 1610510 fr.; donc

$$1000000 \times (1 + r)^5 = 1610510;$$

donc $$(1 + r)^5 = \frac{1610510}{1000000} \ (29);$$

donc $$1 + r = \sqrt[5]{\frac{1610510}{1000000}} \ (35^*);$$

donc $$r = -1 + \sqrt[5]{\frac{1610510}{1000000}} = \frac{1}{10}.$$

234. *On avait placé* a, *l'on a touché* s *au bout d'un temps* n, *l'intérêt était de* r *pour franc ; on demande* n.

Si s était égal à un des termes de la progression

$$\div a \times (1 + r) : a \times (1 + r)^2, \text{ etc.}$$

il est évident que n serait un nombre entier ; mais si s tombait entre deux termes consécutifs, il est évident que n renfermerait un entier et une fraction.

Puisque $a \times (1 + r)^n = s$, on aura

$$(1 + r)^n = \frac{s}{a} \ (29);$$

donc le logarithme de $(1 + r)^n$ est égal au logarithme de $\frac{s}{a}$. Mais le logarithme de $(1 + r)^n = n \times L\,(1 + r)$, et le logarithme de $\frac{s}{a} = L\,s - L\,a$; donc

$$n \times L\,(1 + r) = L\,s - L\,a;$$

donc $$n = \frac{L\,s - L\,a}{L\,(1 + r)}.$$

Le nombre $\frac{L\,s - L\,a}{L\,(1 + r)}$ sera un nombre entier ou un nombre composé d'un entier et d'une fraction. Si $\frac{L\,s - L\,a}{L\,(1 + r)}$ est un nombre entier, il est évident que ce nombre désignera le nombre des années écoulées depuis le placement du capital jusqu'au payement de la somme s. Si le nombre $\frac{Ls - La}{L(1+r)}$ égalait un entier plus une fraction q, $10 + q$, par exemple, il est évident que $a \times (1+r)^{10}$ serait la somme qu'on aurait touchée à la fin de la dixième année, et que le reste, $s - a \times (1+r)^n$, serait l'intérêt de $a(1+r)^{10}$ pendant la partie de la onzième année qui a précédé le payement de la somme s. Que cette partie de l'année soit p; il est évident que l'intérêt $a \times (1+r)^{10}$ pendant la portion p de l'année sera égal à $a \times (1+r)^{10} \times r \times p$. Mais cet intérêt est égal à $s - a \times (1+r)^{10}$; donc

$$a \times (1+r)^{10} \times r \times p = s - a \times (1+r)^{10};$$

donc

$$p = \frac{s - a \times (1+r)^{10}}{a \times r \times (1+r)^{10}} \quad (29).$$

REMARQUE.

Si l'équation $n = \frac{Ls - La}{L(1+r)}$ donnait, par exemple, $n = 2 + \frac{1}{2}$, on se tromperait grandement si l'on concluait qu'il s'est écoulé un an et demi depuis le placement de la somme a jusqu'au payement de la somme s. Dans l'équation

$$a \times (1+r)^{2+\frac{1}{2}} = s, \quad \text{c'est-à-dire} \quad a \times (1+r)^{\frac{5}{2}} = s,$$

le nombre fractionnaire $\frac{5}{2}$ indique que a est multiplié par la cinquième puissance de la racine carrée de $1 + r$ égale s, et nullement qu'il s'est écoulé deux ans et demi depuis le placement de l'intérêt jusqu'au payement de la somme s.

En effet, soit la progression géométrique

$$\div a \times (1+r) : a \times (1+r)^2 : a \times (1+r)^3, \text{ etc.};$$

il est évident que la somme qu'on touchera au bout de deux ans et demi, sera égale à

$$a \times (1+r)^2 + a \times (1+r)^2 \times r \times \frac{1}{2}.$$

Supposons que

$$a \times (1+r)^{2+\frac{1}{2}} = a \times (1+r)^2 + a \times (1+r)^2 \times r \times \frac{1}{2}$$

$$= a \times (1+r)^2 \times (1+r) \times \frac{1}{2},$$

on aura

$$(1+r)^{2+\frac{1}{2}} = (1+r)^2 \times \left(1+\frac{r}{2}\right) \quad (29).$$

Mais

$$(1+r)^{2+\frac{1}{2}} = (1+r)^2 \times (1+r)^{\frac{1}{2}} \quad (185);$$

donc

$$(1+r)^2 \times (1+r)^{\frac{1}{2}} = (1+r)^2 \times \left(1+\frac{r}{2}\right);$$

donc $$(1+r)^{\frac{1}{2}} = 1+\frac{r}{2} \quad (29);$$

donc $$(1+r)^{\frac{1}{2}} \times (1+r)^{\frac{1}{2}} = \left(1+\frac{r}{2}\right) \times \left(1+\frac{r}{2}\right) \quad (188),$$

c'est-à-dire $$1+r = 1+r+\frac{r}{4},$$

c'est-à-dire $$0 = \frac{r}{4},$$

ce qui est absurde. Donc, etc.

235. *On avait placé 1000000 fr. à raison d'un dixième pour franc; on a touché 1691035 +* $\frac{1}{2}$. *On demande depuis quel temps on avait placé cette somme.*

D'après la progression géométrique,

$$\div\div\ 1000000 \times \left(1+\frac{1}{10}\right) : 1000000 \times \left(1+\frac{1}{10}\right)^2, \text{ etc.}$$

on aura

$$1000000 \left(\frac{11}{10}\right)^n = 1691025 + \frac{1}{2};$$

donc

$$\left(\frac{11}{10}\right)^n = \frac{1691035+\frac{1}{2}}{1000000}.$$

Mais le logarithme de

$$\left(\frac{11}{10}\right)^n = n \times (L\,11 - L\,10,)$$

et le logarithme de

$$\frac{1691035+\frac{1}{2}}{1000000} = L\left(1691035+\frac{1}{2}\right) - L\,1000000 \quad (208);$$

donc

$$n \times (L\,11 - L\,10) = L\left(1691035 + \frac{1}{2}\right) - L\,1000000\,;$$

donc

$$n = \frac{L\left(1691035 + \frac{1}{2}\right) - L\,1000000}{L\,11 - L\,10} = 5 + \frac{21128}{41393}.$$

D'où je conclus que la somme qu'on aurait touchée à la fin de la cinquième année égalerait

$$1000000\left(\frac{11}{10}\right)^5 = 1610510\,;$$

et que le reste $1691035 + \frac{1}{2} - 1610510$,

c'est-à-dire $80525 + \frac{1}{2}$, serait l'intérêt de 1610510 pendant la portion p de la onzième année. Mais cet intérêt est égal à

$$1610510 \times \frac{1}{10} \times p, \quad \text{c'est-à-dire à} \quad 161051 \times p\,;$$

donc $$161051 \times p = 80525 + \frac{1}{2}\,;$$

donc

$$p = \frac{80525 + \frac{1}{2}}{161051} = \frac{\frac{161051}{2}}{161051} + \frac{161051}{161051 \times 2} = \frac{1}{2} \text{ (S2)}.$$

236. *On a placé, à raison de* r *pour un franc, la somme* a, *pour cinq années; la somme* b, *au commencement de la seconde année; la somme* c, *au commencement de la troisième; la somme* d, *au commencement de la quatrième, et la somme* f, *au commencement de la cinquième; on demande quelle est la somme qu'on touchera à la fin de la cinquième année.*

Il est évident que la somme a deviendra $a \times (1 + r)^5$; la somme b, $b \times (1 + r)^4$; la somme c, $c \times (1 + r)^3$; la somme d, $d \times (1 + r)^2$, et la somme f, $f \times (1 + r)$. On touchera donc, à la fin de la cinquième année,

$$a \times (1 + r)^5 + b \times (1 + r)^4 + c \times (1 + r)^3 + d \times (1 + r)^2 + f \times (1 + r).$$

237. *On a placé, à raison de* r *pour un franc, la somme* a *pour cinq ans, la même somme au commencement de la seconde année, la même somme au commencement de la troisième, la même somme au commencement de la quatrième, et la même*

somme au commencement de la cinquième; quelle est la somme qu'on touchera à la fin de la cinquième année?

Il est évident que la première somme deviendra $a \times (1 + r)^5$; la seconde, $a \times (1 + r)^4$; la troisième, $a \times (1 + r)^3$; la quatrième, $a \times (1 + r)^2$, et la cinquième, $a \times (1 + r)$. Mais les nombres $a \times (1 + r)$, $a \times (1 + r)^2$, etc., forment une progression géométrique dont la somme est égale à

$$\frac{a \times (1 + r)^6 - a \times (1 + r)}{r} \quad (183).$$

On touchera donc, à la fin de la cinquième année,

$$\frac{a \times (1 + r)^6 - a \times (1 + r)}{r}.$$

COROLLAIRE.

Appelant n le nombre des années qui se sont écoulées depuis le placement de la première somme jusqu'au payement des sommes dues, s la somme à toucher, on aura

$$s = \frac{a \times (1 + r)^{n+1} - a \times (1 + r)}{r};$$

d'où l'on déduira

$$a = \frac{s \times r}{(1 + r)^{n+1} - (1 + r)} \text{ et } n = -1 + \frac{L\left(\frac{s \times r}{a} 1 + r\right)}{L(1 + r)}.$$

Des Annuités.

238. On appèle annuités des sommes égales que l'on paye chaque année pour éteindre, dans un temps donné, un capital et ses intérêts composés.

239. *Une personne a emprunté une somme* a *pour cinq ans, à raison de six pour franc; il veut se libérer en cinq payements égaux faits à la fin de chaque année. On demande quelle est la somme qu'il doit remettre au prêteur à la fin de chaque année.*

Soit b cette somme.

Il est évident que s'il n'y avait pas eu de remboursement, il serait dû $a \times (1 + r)^5$ au prêteur à la fin de la cinquième année; mais l'emprunteur a remis au prêteur la somme b à la fin de la première année, qui serait devenue $b \times (1 + r)^4$; la somme b à la fin de la seconde année, qui serait devenue $b \times (1 + r)^3$; la somme b à la fin de la troisième année, qui serait devenue $b \times (1 + r)^2$; la somme b à la fin de la quatrième année, qui serait devenue $b \times (1 + r)$, et enfin b à la fin de la cinquième année. Faisons

$$b \times (1 + r)^4 + b \times (1 + r)^3 + b \times (1 + r)^2 + b \times (1 + r) + b = a \times (1 + b)^5.$$

Mais les nombres $b \times (1 + r)^4$, $b \times (1 + r)^3$, etc. forment une progression géométrique dont la somme est

$$\frac{b \times (1 + r)^5 - b}{r} \quad (183).$$

donc
$$\frac{b \times (1 + r)^5 - b}{r} = a \times (1 + r)^5;$$

c'est-à-dire

$$b \times \frac{[(1 + r)^5 - 1]}{r} = a \times (1 + r)^5.$$

Donc

$$b = a \times (1 + r)^5 \times \frac{r}{(1 + r)^5 - 1} = \frac{a \times r \times (1 + r)^5}{(1 + r)^5 - 1} \quad (29, 84).$$

Si le nombre des années de l'annuité était représenté par n, il est évident qu'on aurait

$$b = \frac{a \times r \times (1 + r)^n}{(1 + r)^n - 1};$$

d'où l'on déduira

$$a = \frac{b \times (1 + r)^n - b}{r \times (1 + r)^n} \quad \text{et} \quad n = \frac{L[b - L(b - a \times r)]}{L(1 + r)}.$$

240. *Trouver quelle somme il faut donner par an pour éteindre en trois années une dette de 500 fr., l'intérêt étant d'un dixième pour franc.*

D'après la formule $b = \dfrac{a \times r \times (1 + r)^n}{(1 + r)^n - 1}$, on aura

$$b = \frac{500 \times \frac{1}{10} \times \frac{11^3}{10^3}}{\frac{11^3 + 10^3}{10^3}} = \frac{500 \times \frac{1}{10} \times \frac{11^3}{10^3} \times 10^3}{11^3 - 10^2}$$

$$= \frac{50 \times 11^3}{11^3 - 10^3} = \frac{66550}{331} = 201 + \frac{19}{331}.$$

Il faudra donc une annuité de $201 + \frac{19}{331}$ pour éteindre en trois ans le capital 500 et les intérêts de ce capital.

Règle conjointe.

241. La règle conjointe est ainsi nommée parce qu'elle sert à trouver le rapport d'un nombre avec un autre par le moyen de plusieurs proportions.

242. *Soit* a *la livre pesant de Venise*, b *celle de Lyon*, c *celle de Rouen*, d *celle de Toulouse*, e *celle de Genève; que*

$$f \times a = g \times b$$
$$h \times b = k \times c$$
$$m \times c = n \times d$$
$$p \times d = q \times e$$

trouver le rapport de la livre pesant de Venise, qui est a, *avec la livre pesant de Genève, qui est* e.

Les égalités ci-dessus donnent (143)

$$a : b :: g : f$$
$$b : c :: k : h$$
$$c : d :: n : m$$
$$d : e :: q : p$$

Donc

$$a : e :: g \times k \times n \times q : f \times h \times m \times p$$ (158 et cor. 11);

donc $$a = \frac{g \times k \times n \times q}{f \times h \times m \times p} \times e;$$

ce qu'il fallait trouver.

Exemple. Que

$$100 \times a = 70 \times b$$
$$120 \times b = 100 \times c$$
$$80 \times c = 100 \times d$$
$$100 \times d = 74 \times e$$

nous aurons

$$a : b :: 70 : 100$$
$$b : c :: 100 : 120$$
$$c : d :: 100 : 80$$
$$d : e :: 74 : 100$$

Donc

$$a : e :: 70 \times 100 \times 100 \times 74 : 100 \times 120 \times 80 \times 100$$
$$:: 70 \times 74 : 120 \times 80 :: 7 \times 74 : 12 \times 80$$
$$:: 7 \times 37 : 6 \times 80 :: 259 : 480$$ (134);

donc $$a : e :: 259 : 480;$$

donc $$a = \frac{259}{480} \times e.$$

Règle de Société.

243. Cette règle sert à partager un nombre donné en plusieurs parties qui ayent entre elles des rapports donnés.

243. *Partager* 1200 *en quatre parties* u, x, y, z, *qui soient entre elles comme les nombres* 6, 5, 3, 2.

Puisque les parties u, x, y, z de 1200 sont entre elles comme les nombres 6, 5, 3, 2, on aura les proportions suivantes,

$$6 : 5 :: u : x$$
$$6 : 3 :: u : y$$
$$6 : 2 :: u : z$$

Donc

$$6 : u :: 5 : x$$
$$6 : u :: 3 : y$$
$$6 : u :: 2 : z \text{ (147)}.$$

donc $$6 : u :: 5 : x :: 3 : y :: 2 : z.$$

Donc (151)

$$6 + 5 + 3 + 2 : u + x + y + z :: \begin{cases} 6 : u \\ 5 : x \\ 3 : y \\ 2 : z \end{cases}$$

Mais $6 + 5 + 3 + 2 = 12$; et $u + x + y + z = 1200$;

donc $$16 : 1200 :: 6 : u = \frac{1200 \times 6}{16} = 450$$

$$16 : 1200 :: 5 : x = \frac{1200 \times 5}{16} = 375$$

$$16 : 1200 :: 3 : y = \frac{1200 \times 3}{16} = 225$$

$$16 : 1200 :: 2 : z = \frac{1200 \times 2}{16} = 150$$

COROLLAIRE.

Il suit de là que la somme des parties proportionnelles est à la somme à partager comme la première partie proportionnelle est à la première partie du nombre à partager; comme la seconde partie proportionnelle est à la seconde partie du nombre à partager; comme la troisième partie proportionnelle est à la troisième partie du nombre à partager, etc.

REMARQUE.

Si l'on proposait de partager 1200 en quatre parties, u, x, y, z, de manière que

$$10 : 7 :: u : x$$
$$6 : 5 :: u : y$$
$$3 : 2 :: u : z$$

En multipliant les deux termes du rapport $10 : 7$ par 6×3, les deux termes du rapport $6 : 5$ par 10×3, et enfin les deux termes du rapport $3 : 2$ par 10×6, on aurait (134),

$$10 \times 6 \times 3 : 7 \times 6 \times 3 :: u : x$$
$$10 \times 6 \times 3 : 5 \times 10 \times 3 :: u : y$$
$$10 \times 6 \times 3 : 2 \times 10 \times 6 :: u : z$$

et l'on opérerait ensuite de la même manière que ci-dessus.

NOUVELLES MESURES.

1. L'unité de longueur s'appèle mètre.

2. Le mètre est la dix-millionième partie du quart de la distance du pôle à l'équateur, cette distance étant prise sur le méridien de Paris.

3. Le mètre vaut 3,078444 pieds, c'est-à-dire 3 pieds 0 pouces 11 lignes $\frac{96}{1000}$.

Le mètre vaut 0,18845 de l'aune de Paris.

4. Le quart du cercle est divisé en 100 degrés, le degré en 100 minutes, la minute en 100 secondes, etc..

5. La cinquième partie du quart du méridien s'appèle degré décimal du méridien.

6. On a pris pour l'unité de capacité le mètre cube, qu'on appèle aussi stère; et le décimètre cube, qu'on appèle aussi litre.

7. L'unité de poids est le poids d'un centimètre cube d'eau distillée, mise au degré de la glace fondante, et pesée dans le vide.

Cette unité s'appèle gramme, qui pèse 18 grains $\frac{831}{1000}$.

8. L'unité de mesure agraire est une surface de cent mètres carrés.

Cette unité s'appèle are.

9. L'unité monétaire, qu'on appèle franc, pèse cinq grammes; elle contient neuf dixièmes d'argent fin et un dixième de cuivre.

10. Les unités dont nous venons de parler se subdivisent en dixièmes, centièmes, millièmes, etc., et l'on se sert des mots *déci*, *centi*, *milli*, etc. pour désigner des dixièmes, des centièmes, des millièmes, etc.

Soient, par exemple, 5,7 mètres, 5,73 mètres, 5,736 mètres, etc.; au lieu de dire cinq mètres et sept dixièmes, cinq mètres et soixante-treize centièmes, cinq mètres et sept cent trente-six millièmes, on dit cinq mètres sept décimètres, cinq mètres soixante-treize centimètres, cinq mètres sept cent trente-six millimètres.

11. Pour représenter 10000, 1000, 100, 10, on se sert des mots *myria*, *kilo*, *hecto*, *déca*. Ainsi, au lieu de dire dix mille mètres, mille mètres, cent mètres, dix mètres, on peut dire myriamètre, kilomètre, hectomètre, décamètre.

Mesures itinéraires.

Mesures itinéraires.	Synonymes.	Valeurs.
Kylomètre.	Mille.	100 mètres, ou 513 toises.
Myriamètre.	Lieue nouvelle.	10 kylomètres, ou 10 mille.

Mesures linéaires.

Mesures linéaires.	Synonymes.	Valeurs.
Décamètre.	Perche nouv.	10 mètres.
Mètre.	. . . .	3 pi. 0 po. 11 l. $\frac{2261}{1000}$.
Décimètre.	Palme.	$\frac{1}{10}$ mètre.
Centimètre.	Doigt.	$\frac{1}{100}$ mètre.
Millimètre.	Trait.	$\frac{1}{1000}$. mètre.

est à la première partie du nombre à partager; comme la seconde partie proportionnelle est à la seconde partie du nombre à partager; comme la troisième partie proportionnelle est à la troisième partie du nombre à partager, etc.

REMARQUE.

Si l'on proposait de partager 1200 en quatre parties, u, x, y, z, de manière que

$$10 : 7 :: u : x$$
$$6 : 5 :: u : y$$
$$5 : 2 :: u : z$$

En multipliant les deux termes du rapport 15 : 7 par 6×5, les deux termes du rapport 6 : 5 par 10×5, et enfin les deux termes du rapport 5 : 2 par 10×6, on aurait (134),

$$10 \times 6 \times 5 : 7 \times 6 \times 5 :: u : x$$
$$10 \times 6 \times 5 : 5 \times 10 \times 5 :: u : y$$
$$10 \times 6 \times 3 : 2 \times 10 \times 6 :: u : z$$

et l'on opérerait ensuite de la même manière que ci-dessus.

NOUVELLES MESURES.

1. L'unité de longueur s'appèle mètre.

2. Le mètre est la dix-millionième partie du quart de la distance du pôle à l'équateur, cette distance étant prise sur le méridien de Paris.

3. Le mètre vaut 3,078444 pieds, c'est-à-dire 3 pieds 0 pouces 11 lignes $\frac{96}{1000}$.

Le mètre vaut 0,18845 de l'aune de Paris.

4. Le quart du cercle est divisé en 100 degrés, le degré en 100 minutes, la minute en 100 secondes, etc..

5. La cinquième partie du quart du méridien s'appèle degré décimal du méridien.

6. On a pris pour l'unité de capacité le mètre cube, qu'on appèle aussi stère; et le décimètre cube, qu'on appèle aussi litre.

7. L'unité de poids est le poids d'un centimètre cube d'eau distillée, mise au degré de la glace fondante, et pesée dans le vide.

Cette unité s'appèle gramme, qui pèse 18 grains $\frac{831}{1000}$.

8. L'unité de mesure agraire est une surface de cent mètres carrés.

Cette unité s'appèle are.

9. L'unité monétaire, qu'on appèle franc, pèse cinq grammes; elle contient neuf dixièmes d'argent fin et un dixième de cuivre.

10. Les unités dont nous venons de parler se subdivisent en dixièmes, centièmes, millièmes, etc., et l'on se sert des mots *déci*, *centi*, *milli*, etc. pour désigner des dixièmes, des centièmes, des millièmes, etc.

Soient, par exemple, 5,7 mètres, 5,73 mètres, 5,736 mètres, etc.; au lieu de dire cinq mètres et sept dixièmes, cinq mètres et soixante-treize centièmes, cinq mètres et sept cent trente-six millièmes, on dit cinq mètres sept décimètres, cinq mètres soixante-treize centimètres, cinq mètres sept cent trente-six millimètres.

11. Pour représenter 10000, 1000, 100, 10, on se sert des mots *myria*, *kilo*, *hecto*, *déca*. Ainsi, au lieu de dire dix mille mètres, mille mètres, cent mètres, dix mètres, on peut dire myriamètre, kilomètre, hectomètre, décamètre.

Mesures itinéraires.

Mesures itinéraires.	Synonymes.	Valeurs.
Kylomètre.	Mille.	100 mètres, ou 513 toises.
Myriamètre.	Lieue nouvelle.	10 kylomètres, ou 10 mille.

Mesures linéaires.

Mesures linéaires.	Synonymes.	Valeurs.
Décamètre.	Perche nouv.	10 mètres.
Mètre.	. . . .	3 pi. 0 po. 11 l. $\frac{296}{1000}$.
Décimètre.	Palme.	$\frac{1}{10}$ mètre.
Centimètre.	Doigt.	$\frac{1}{100}$ mètre.
Millimètre.	Trait.	$\frac{1}{1000}$ mètre.

Mesures de capacité pour les matières sèches.

Noms des mesures.	Synonymes.	Valeur.
Kylolitre.	Muid.	10 hectolitres.
Hectolitre.	Setier.	10 décalitres.
Décalitre.	Boisseau.	10 litres ou litrons.
Litre.	Litron.	

Calcul relatif à la division décimale des mesures déduites de la grandeur de la terre.

Nous avons vu que les nouvelles mesures étaient divisées en parties de dix en dix fois plus petites, d'où nous devons conclure que les calculs relatifs aux nouvelles mesures, suivent les mêmes règles que les nombres décimaux.

Nous avons vu pareillement qu'un nombre décimal pouvait s'énoncer de deux manières; que le nombre 25,275, par exemple, pouvait s'énoncer ainsi : ving-cinq, deux dixièmes, sept centièmes, cinq millièmes; ou bien, plus simplement, vingt-cinq, deux cent soixante-quinze millièmes.

De même, dans le nouveau système, au lieu de dire cinq mètres, deux décimètres, quatre centimètres, sept millimètres, nous dirons cinq mètres, deux cent quarante-sept millimètres. Ce que nous disons du mètre, nous pouvons le dire de toutes les autres mesures.

Dans les nombres décimaux, on séparait les unités des dixièmes par une virgule; dans les nouveaux calculs, on emploie cette manière de séparer l'unité de ses subdivisions. Ainsi, pour représenter trois francs, deux décimes et quatre centimes, en écrit 3 fr. 24. Pour exprimer vingt mètres, sept décimètres, huit centimétres, on écrit $20^{m},78$, et ainsi des autres.

Lorsqu'une des subdivisions de l'unité se trouve nulle, on met un zéro à sa place. Si l'on n'avait, par exemple, que des mètres, des décimètres et des millimètres, on mettrait un zéro à la place des centimètres qui manquent. Exemple, $71^{m},506$; c'est-à-dire soixante-onze mètres cinq cent six millimètres.

De même, quand il n'y a point d'unités simples, on met un zéro devant la virgule.

Mesures agraires.

Noms des mesures pour les grandes surfaces.	Synonymes.	Valeurs.
Hectare.	Arpent.	100 ares.
Are.	Perche carrée.	100 mètres carrés.
Centiare.	Mètre carré.	1 mètre carré.

Noms des mesures pour les petites surfaces.	Synonymes.	Valeurs.
Mètre carré.	. . . .	100 décimètres carrés, ou palmes carrés.
Décimèt. carré.	Palme carré.	100 centimètres carrés, ou doigts carrés.
Centimèt. carré.	Doigt carré.	100 millimètres carrés, ou traits carrés.

Mesures de capacité pour les liquides.

Noms des mesures.	Synonymes.	Valeurs.
Décalitre.	Velte.	10 litres.
Litre.	Pinte.	1 décimètre cube.
Décilitre.	Verre,	$\frac{1}{10}$ litre.

Exemple d'Addition.

mètres.	décim.	centim.			mètres.
17	4	7			17,47
21	0	6		ou	21,06
99	8	4			99,84
12	5	9			12,69
					mètres. 151,06

Exemple de Soustraction.

mètres.	décim.	centim.	millim.		mètres.
17	0	7	8	ou	17,078
0	7	8	9		0,789
					mètres. 16,289

Exemple de Multiplication.

A raison de . . . . . 27,85 la chose,
Combien. . . . . . . 43 choses quelconques?

83,55
1114,0

fr.
1197,55

On sépare deux décimales au produit, parce qu'on doit en séparer autant qu'il y en a au multiplicande et au multiplicateur.

Exemple de Division.

213 mètres coûtent 1829,67; combien le mètre?

1829,67	213
1704	fr. 8,59
1256	
1065	
1917	
1917	
0	

On sépare dans le quotient autant de chiffres sur la droite qu'il y a de décimales au dividende. S'il y avait aussi des décimales au diviseur, on séparerait autant de décimales au quotient qu'il y a de décimales de plus dans le dividende que dans le diviseur. S'il y avait plus de décimales dans le diviseur, il faudrait mettre à la suite du dividende un nombre de zéros snffisant pour que le nombre des décimales fût le même dans le multiplicande et dans le multiplicateur.

Mais toutes ces règles peuvent se réduire à la règle suivante, qui est simple et facile, et qui de plus a l'avantage d'écarter toute distinction. Ecrivez à la suite de celui des deux nombres proposés, un nombre suffisant de zéros pour que le nombre des décimales soit le même dans chacun, et faites ensuite la division sans avoir égard à la virgule; s'il y a un reste, on le réduit en décimales.

25,243 mètres ont coûté 2747,2 francs, combien le mètre?

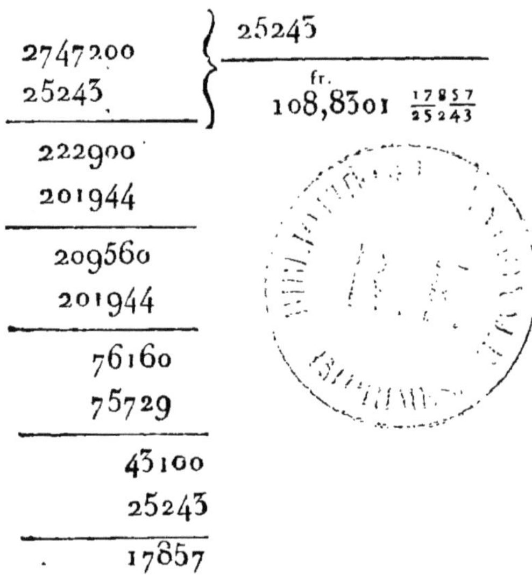

2747200	25243
25243	108,8301 fr. $\frac{17857}{25243}$
222900	
201944	
209560	
201944	
76160	
75729	
43100	
25243	
17857	

On peut, si l'on veut, négliger la fraction, qui est très-peu de chose.

FIN DE L'ARITHMÉTIQUE.

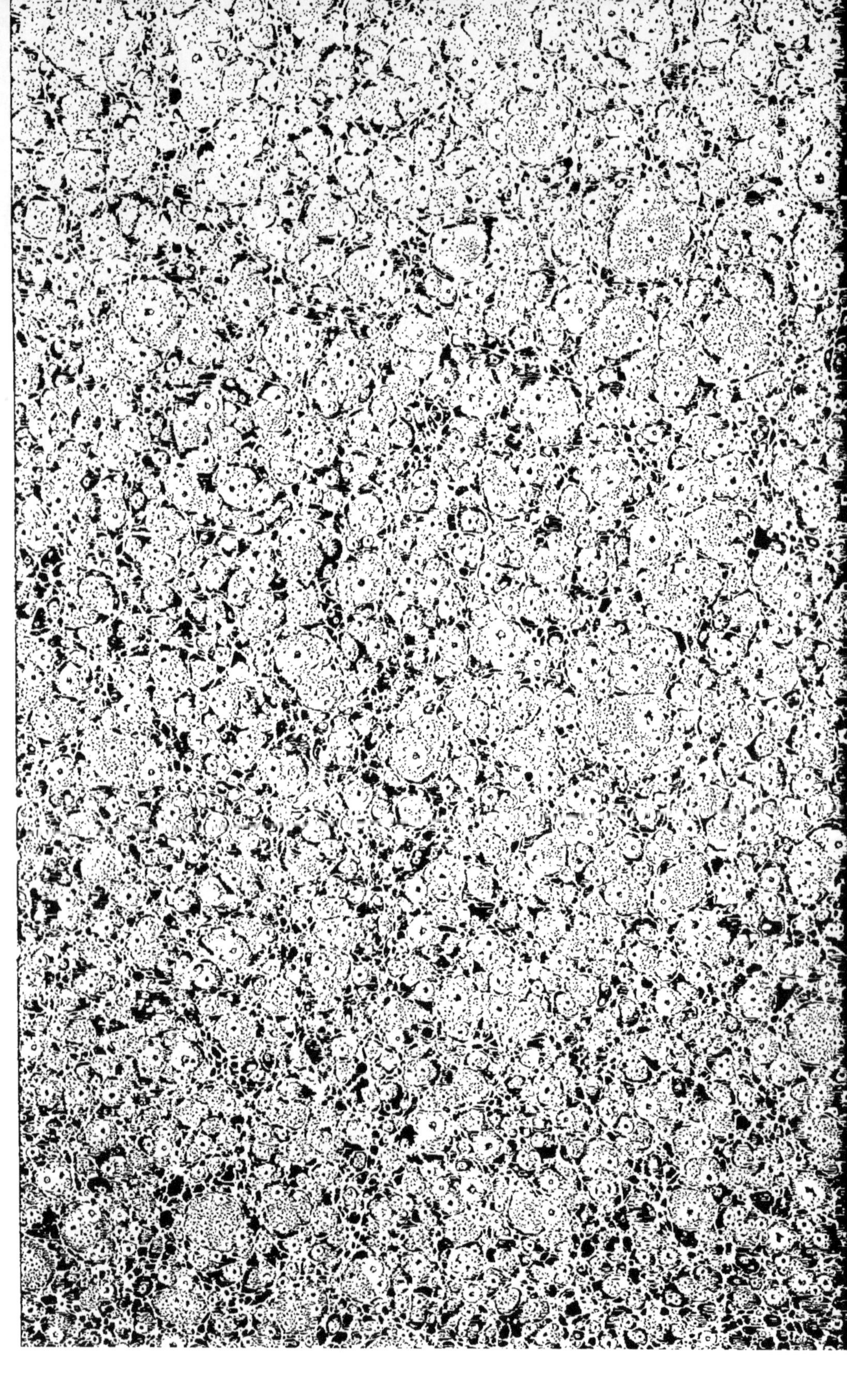

BIBLIOTHEQUE NATIONALE DE FRANCE

www.ingramcontent.com/pod-product-compliance
Ingram Content Group UK Ltd.
Pitfield, Milton Keynes, MK11 3LW, UK
UKHW022043190726
13855UKWH00002B/393

9 782013 481250